"十三五"普通高等教育本科部委级规划教材

服装美学（第3版）

CLOTHING AESTHETICS
(3rd EDITION)

华 梅 刘一品 ｜ 著

U0286131

中国纺织出版社有限公司

内 容 提 要

本书从服装材质的美学价值、服装设计的美学原理、服装穿着的美学理念、服装创作的美学风格、服装艺术的美学意境和服装研究的美学意义六部分来论述服装美学，从服饰文化学的范畴带领读者了解服饰形象的美及其具有的人文、宗教、民族、民俗、社会乃至生理、心理等诸多属性。

本书属于"十三五"普通高等教育本科部委级规划教材之一。适合各服装院校使用，也适用于对服装文化、美学等有兴趣的读者。

图书在版编目（CIP）数据

服装美学／华梅，刘一品著．--3版．-- 北京：中国纺织出版社有限公司，2021.4

"十三五"普通高等教育本科部委级规划教材

ISBN 978-7-5180-8316-9

Ⅰ．①服… Ⅱ．①华… ②刘… Ⅲ．①服装美学—高等学校—教材 Ⅳ．① TS941.11

中国版本图书馆 CIP 数据核字（2021）第 017988 号

策划编辑：谢婉津　郭慧娟　　　　责任编辑：郭慧娟
责任校对：楼旭红　　　　　　　　责任印制：王艳丽

中国纺织出版社有限公司出版发行
地址：北京市朝阳区百子湾东里 A407 号楼　　邮政编码：100124
销售电话：010—67004422　传真：010—87155801
http://www.c-textilep.com
官方微博 http://weibo.com/2119887771
北京通天印刷有限责任公司印刷　各地新华书店经销
2003 年 8 月第 1 版　2008 年 5 月第 2 版
2021 年 4 月第 3 版第 1 次印刷
开本：787×1092　1/16　印张：17.5
字数：301 千字　定价：59.80 元（附赠网络教学资源）

导　言

　　服装美学应该属于美学研究中的一个部门美学，它与普通美学有着本质上的相通，既与哲学相联系，又具有自己的研究重点，既有侧重于服装的审美意识、审美心理、审美标准、审美趣味等基础理论，又包括应用理论与发展理论。也就是说，服装美学有自己的独立体系和由此产生出的切合文化人类学研究的崭新立意和构思。服装美学，就是通过服装美的主客观效应，去发现服装创作的艺术根源与内外因影响，从而确立服装艺术在美学中的落点。

　　服装美的效应，是服装美学中首先应该注意到的。服装作为人类文化的凝聚物也罢，作为个体的艺术作品也罢，就是说从宏观和微观、广义与狭义哪一个方面来讲，服装美都应该具有美的特质。就好像京剧舞台上"穷生"的乞丐装（带补丁的长衣）和死囚服（泛称"罪衣罪裤"）一样，即使人物落魄到毫无炫耀余地时，也还是要讲求以美的服饰形象出现。因而乞丐装被称为"富贵衣"；死囚服全系大红色，绝不去丑化。戏剧小舞台是这样，人生大舞台又何尝不是如此呢？

　　讲求服装美，是健康人格的表现，是人的天性所致。因此可以说，围绕服装效应所付出的努力在很大程度上考虑到的是美的因素。古往今来，多少人为此努力过，从选取原料，对原料加工，再到设计并制作成型，最后通过人的穿着而完成整个塑造的服装美全过程，此间需要何等强烈的创作欲望与创作灵感，尤其是对服装艺术的执著追求啊！

　　从埃及的胯裙到英国的绅士服，从北美印第安人的羽毛饰品到东亚那些形式各异的耳环，哪一件不是出于人们对美的追求，不是体现出最理想的服装效应？

　　服装美作为一个固定词组，说明这是闪耀着独立的艺术形象的物质，我们应该将它放在美学总体范畴中，而不能轻易地不加识别地把它归为某一种美感。或者说，用美学的某一个概念和专用词语去套在服装美身上。因为服装美的产生既不同于一般的艺术创作，又有异于常规的生产过程。它必须通过从单体人到全社会，又回到单体人的循环程序；再经过每一个艺术细胞的迸裂、合成与流入血脉，最后才会创作出激动人心的、有着独立人格的服装——包含、孕育、体现出服装美的物质与精神混合物。

　　服装美是如何产生的呢？这是需要涉及的第二个问题。服装美的创造，最初当然要依赖于美感创造，这里主要是来源于客观：

其一是外部形式的美，是服装的造型、色彩、轮廓线与肌理、光泽、声响，甚至是光亮与乐声构成。在这种美妙的组合关系中，有时是以某一形式美因素为主的，有时却是通过相互穿插、拼合、对比等有机组合而呈现出来的。烹饪美学中讲究"色、香、味、形、声、境、德"，作为姐妹艺术的服装美创作同样具备这些美的基因与品格。除色、形、声毫无可疑之处以外，服装有香气、能品味、能创造出一种意境，并且体现出内涵来，当是极自然的。况且还能有光亮，而且善于活动呢。

服装美的创造来源客观之二是服装特有的，即服装美可以在服装的静态中体现出来，如通过商店橱窗和展示模型而体现出来的服装美；它又可以在动态中体现出来，那当然是活动的着装的人。这由静到动，带给设计者思维驰骋的余地；由动及静，又留给观赏者无限的情思；动与静的变化，使服装美立于无比丰富的艺术氛围之中，使它永远像诗、像画、像水、像云。不！诗画水云只有浑然天趣，服装却是集天地万物之大成于一身。诗画只能品味、只能欣赏，服装却在动静之间给人以新启示与说不尽的美感。所有这些都因为，诗画水云再美，创作者和观赏者只能站在它们之外，而服装经由人自己的穿着，方才创作出独领风骚的美感来。

其三就是要凭借人体——服装的骨架与支撑物，成为服饰形象的一部分。可以这样说，服饰形象美就是人体美的扩大、延伸与强化。即使是紧贴肌肤、薄如绵纸的腿部时装——高筒透明丝袜，也还是使肌体比原有形貌有所强化，更不用说其他服装。头上的巍峨高冠，腕部的飘然长袖，明显是人体的延伸。托起的胸部、束紧的腰部、夸张的臀部又无疑是对人体美的人为干预。人体美是固然存在的，而服饰形象通过以服装手段所造成的扩大、延伸和强化，是服装与人体的巧妙结合，是服装美之所以超乎牙雕、玉雕、壁画等诸艺术品的原因之一。更何况服装美的无数的作者（制作者和穿着者）以及观众（着装形象受众），又以绝对优势超过舞台表演艺术的气势呢！

人作为服饰形象的骨架，不是商店里陈列的服装模型。人是有生命、有内涵的。人的气质与服装所构成的服装美的独特美感，是设计者、制作者和穿着者共同寻求的。当然，不无遗憾的是，不可能每个意欲寻求美的人都能够找到服装美体现内蕴的真谛。因此，这些服装美的"虔诚的信徒们"仍然在苦苦思索，试图找到一条通向理想王国的途径。更何况，内涵还需修养呢！

服装美产生的另一个原因是来源于主观的，即美学界通常所说的审美意识。服装美的审美意识存在于创作者、穿着者和观赏者三方面，他们对于服装美的审美需求与感受，不排除有直觉的，即艺术创作中所称的本能冲动。当一种无论是对美、对成功、对富有还是对性的欲望在服装美上产生升华的奇景奇境出现时，情感趋向又促使审美意识与服装美逐渐靠近以至重合。

集主、客观于一体的对服装美的社会认知，体现出人的潜意识中对服装美的需求与衡量标尺。不同民族，不同时代，受各种传统意识熏陶或约束而形成的审美情感与价值观念，为服装美的产生构筑了基础。美的社会性时不时为偏离服装美中心的观念、行为敲响警钟。什么是服装美？难道"美"使社会为之瞠目，"美"得连自己也无法解释的服装，就能称为"美"吗？当然不能。我们不参与美学界对于自然美的争论，但是必须说明的是，服装美具有社会性。尽管服装美中有抽象美、形式美的成分，但是它首先必须被世人所认可，这才有可能成为真正的、能够成立的服装美。

这就牵涉服装美的认知过程。这是我们在继服装美效应、服装美的产生之后需要探讨的第三个大问题，即由什么构成服装美的认知全过程。

认知过程之首自然是人的属于美学范畴的视觉快感、嗅觉快感、听觉快感以及触觉快感。对于所有与服装发生关系的几方面人来说，脱离或违背了这些快感，是无法谈到服装美认知过程中的美感的，这也可以从最低限度上讲愉悦感和舒适感。反之，当然是无美感而言的。服装造型呆板、组构上没有章法、深裹或是暴露过分，非但不会给人带来美感（愉悦与舒适），反而会使人感到痛苦，包括视觉、听觉、嗅觉和触觉等人体各部位的本能的痛感以及给精神上所带来的禁锢与压抑。

服装美认知过程中很重要的一点是，只有当服装符合人自我审美心理定式，或称审美经验时，才会产生美感。而只有在这个时候，服装美才有可能被认知，才有可能成立。再加上对服装美的独特的审美想象，即相关审美评判，都成为服装美认知过程中不可缺少的过程。审美评判中一般包括着装形象和着装形象受众的评判结果，如别人看上去如何，别人穿着如何；还包括自我服饰形象检验，即自己穿上效果如何等的双重效应。只有这样，由认知而认同即接受的服装，才具有了服装美的条件与特征。

为将服装美学中论及的服装美三要素及其相互关系更清晰地显示出来，特意在这里列一个简要提纲如下：

（1）服装美效应。

（2）服装美产生过程：美感创造（客观）——外部形式、动静变换、人体美的扩大、延伸与强化、创作主体内涵。审美意识（主观）——直觉、本能冲动、欲望升华、情感趋向。社会认知——审美情感、价值观念。

（3）服装美的认知过程：满足生理快感，符合自我审美心理定式（审美经验）。诱发审美想象——一般着装形象受众的感受，自我服饰形象的检验。

服装美学是一门独立学科，它兼具审美与创作功能，直接关系到服装成型。但是，在美学体系中，它又显然与其他独立的部门美学和美学范畴外的各学科互相联系、互相影响，因而形成包含有审美社会学、审美心理学、生理学、民俗学和艺术哲学等在内的有关服装的美学体系，成为服装美学的必要的构成成分之一。

很显然，服装美学是服装设计专业的必修课，它不仅对设计者至关重要，对着装者也是同等重要的。实实在在地讲，服装美学应是所有人的必读教材，因为地球上现存的人都是着装者，即使有些部族不穿衣，但也有饰品。从这个角度看，服装设计专业不是仅仅读好服装美学的问题，更重要的是运用并发展它，使服装美学研究更趋于完善。

需要说明的是，这一版修订时发现2003年第一版、2008年第二版内容中都是以民服为主，官服不多，军服更少。可是，通过我三十多年的服装教学与研究，发现军服或称戎装中美学成分颇多。这就是说，军戎服装的设计中也要有相当大的审美考虑。尤其是在21世纪跨入第三个10年时，军戎服装的时尚性更加凸显出来，它会从一定程度上影响民服，而整体服装成型过程又会必然地被科技所引领，这就要我们更加下力量关注军戎服装。

《服装美学》教学内容及课时安排

课时分配	课程性质/课时	节	课程内容
第一讲（2课时）	基础理论（6课时）		• 服装材质的美学价值
		一	植物材质
		二	动物材质
		三	矿物材质
		四	人工合成物材质
第二讲（4课时）			• 服装设计的美学原理
		一	服装设计宗旨
		二	服装设计基础
		三	服装设计及制作过程
		四	服装设计的形态美法则
第三讲（8课时）	应用理论（20课时）		• 服装穿着的美学理念
		一	自我形象塑造
		二	服装的最佳选择
		三	服装的组合艺术
		四	服装与普通着装者
		五	服装与特殊着装者
第四讲（4课时）			• 服装创作的美学风格
		一	服饰形象的生活来源
		二	服饰形象的艺术依据
		三	服饰形象的艺术效果
第五讲（6课时）			• 服装艺术的美学意境
		一	天国意境
		二	乡野意境
		三	都会意境
		四	殿堂意境
第六讲（2课时）			• 服装研究的美学意义
		一	作为审美对象的服装文化圈
		二	服装美学的教育作用
		三	服装审美批评的重要性
		四	服装研究的关键在学术高度

注 各院校可根据自身的教学特色和教学计划对课程时数进行调整。

目　录

第三讲　服装穿着的美学理念　　　123

第五讲　服装艺术的美学意境

第六讲　服装研究的美学意义

第一讲　服装材质的美学价值

作为兼有精神与物质两种属性的服装，其材质是不可或缺的。在服装美学范畴之中，其材质也是至关重要的。毕竟，服装材质是服装形成的物质基础。当服装成为审美对象时，其材质的美学价值显而易见。可以这样说，在服装美形成的过程之中，服装材质具有无可替代的位置。甚至可以说，在服装美学意义的概念上，其材质常常起到决定性作用。

具体来看，服装材质可以分成四大类，即植物、动物、矿物和人工合成物。在构成服装美的时候，这四类物质只有性质的不同，而没有高低贵贱之分。从客观唯物主义的角度来分析这四种物质，我们也不能对其予以褒贬。不能因20世纪末起始的崇尚自然情愫，而对人工合成物或人工替代物抱有偏见。特别是21世纪第二个10年以来，人工智能发展惊人，3D技术已能打印成许多包括服装在内的物质作品，所以我们必须用新视角去看待材质。总之，在构成服装美的意义上，所用物质是平等的，存在就有其合理性，存在就成为现实。

第一节　植物材质

在地球上，植物是早于人类出现的自然物质，人类直接采集植物或将植物加工为服装材质，是出于植物的可利用性以及植物所给予人的美感。再一点，选用植物做材质去制作服装，相对其他物质来说，较为便利。因为凡有人生存的地方，一般都有植物。以植物为衣为饰，可能不会因此付出血的代价（图1-1）。

植物材质中有些是直接采集的，即直接应用；有些是经过加工的，即间接应用；还有些是人类基于经验和需求而有意栽培，以使之成为服装材质的。

图1-1　以植物为头饰的
南太平洋岛屿上的男孩

一、植物的直接应用

将植物的某一部分直接折下或摘来，使其成为衣服和饰品，这是神话中的现实，现实中的神话。《旧约全书》中说，亚当和夏娃最初用来遮掩身体的就是无花果树叶，这可谓是对植物的直接利用（图1-2）。神话虽属故事一类，但是将无花果树叶（当然是连同树枝）围在腰间，无疑是人类始祖的一大发明，可以被认作裙子的前身。当时虽情急所致，却开创了利用植物做服装的先河。这是全人类童年时期，在寻找服装原材料时迸发出的火花。

中国《楚辞》中也有大量诗句，描绘了直接用植物来做服装的情景与方式。屈原在《离骚》中一开始就写道："扈江离与辟芷兮，纫秋兰以为佩。"如果说这里述说的只是封建士大夫的哀怨，只是以花香草清来表达不混同世俗的高士之魂的话，那么屈原所描绘的山林女神如山鬼，也是以植物为衣裙的。这些带有原始文化色彩的服装，通过屈原笔下的众神形象，向我们提供了很多直接采用植物来做服装的可靠资料（图1-3）。

《滇书》卷中称中国古老的苗人"楫木叶以为衣服"。田雯的《苗俗记》中更详细记述"平伐司苗在贵定县，男子披

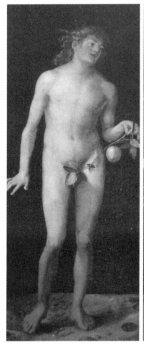

图1-2　用无花果树叶遮身的亚当和夏娃

图1-3　屈原《九歌·山鬼》意想图

草衣短裙，妇人长裙缩髻。"陈鼎《滇黔纪游》中写云南"夷妇纫叶为衣，飘飘欲仙。叶似野栗，甚大而软，故耐缝纫，具可却雨。"广东一些地区的山民们"衣者竹皮……履者竹鞋"，使我们想起中国宋代诗人苏轼"竹杖芒鞋轻胜马"的幽默诗句。当那秋天开出黄褐色小花，叶细长且有尖的多年生草本植物，用以编鞋穿在诗人的脚下，一定是泛着大自然的清新与光泽。

另外，中国台湾地区的高山族人以楮树皮为裙，雅美人以椰子丝编背心，云南西

双版纳傣族人也以箭毒树皮为原料，经过水浸、发酵、捶击等过程制成衣服，都属于直接利用植物为服装原材料。在国外，20世纪50年代的巴布亚新几内亚的原住民仍然穿着漂亮的草裙和树皮编织带。美国普吉特桑德地区的人们也依旧披着雪松皮的披肩。自古以来，世界很多民族更是讲究把一些草叶、树皮、藤条等细长的线状材料直接系扎在身上（图1-4、图1-5）。

直接应用植物而不做过多加工的饰品，古往今来最属鲜花。在那一个个阳光明媚的春日里，"山花插满头"的野趣不知醉倒了多少人？满山遍野的鲜花，含着露水，迎着晨风，确实是美丽无比的天然饰品，摘下一朵插在鬓边，艳丽的色彩、俏丽的造型合着那沁人心脾的芳香，一下子使人与无限美好的大自然融为一体。这难道只是今日久居大城市、远离自然界的人发出的一股返璞归真的情思吗？不是的。任何人都不能回避鲜花那色、香、形的审美情趣。因而，人们热爱生活，就会自然地想到以鲜花作为人的最鲜嫩、最清新、最能给人以生气的饰品（图1-6~图1-9）。

在有关服装史的著作中，有将中国人以鲜花簪首的风习追溯到汉代的说法，也就是距今两千多年前。这种结论的得出，是根据成都杨子山出土的古文化遗存。在汉代墓葬中出土的俑人头上，确实有不少是簪花的。四川成都永丰东汉墓出土的女俑，头上

图1-4　19世纪至20世纪初东南亚人草裙

图1-5　印度尼西亚苏门答腊的明达威群岛人草衣草裙

图1-6　可随时戴用的亚热带全年开放的鲜花（之一）

图1-7　可随时戴用的亚热带全年开放的鲜花（之二）

图1-8　可随时戴用的亚热带全年开放的鲜花
（之三）

图1-9　可随时戴用的亚热带全年开放的鲜花
（之四）

图1-10　四川成都永丰东汉
墓出土的簪花女俑

图1-11　印度
摩亨约·达洛出
土的簪花女神像

插满了鲜花，她的面容上也充满了喜悦（图1-10）。但是，这种当中插一朵硕大的花朵，大花旁又簇拥着几朵小花的头饰，或是插了数朵小菊花的女俑，并不能证明这是以鲜花为饰的上限年代。1920年，在摩亨约·达洛出土的古印度母亲女神，虽说是以泥塑成，但也戴着高大且装饰性极强的花冠（图1-11）。我们不能确定她戴的就是鲜花，但是鲜花的可能性显然是存在的。如果是那样，两千年前的鲜花头饰就以瑰丽形象留下了珍贵的资料。当然，这还不能说是最早的。

　　鲜花是难以长期保存的。这就使得数千年前的鲜花不可能像陶铜器物一样留给今人。鲜花也不易引起人们的注意，随手拈来一朵插在头上，惬意之外又不易做出太像样的文章。不过，尽管这样，非形象化的形象描写方式——文学作品，还是为我们保留了更早的以鲜花香草为饰的资料。《楚辞》中多次提到的申椒、菌桂、薜芷、若蕙、秋菊、芙蓉、芰荷等，无一不是被当时人佩之于身体之上的。可以这样说，簪鲜花佩香草的习俗在人们生活中始终盛行，并一直作为不用加工的直接取自植物的配饰品而存在着（图1-12、图1-13）。

　　中国人为自己选择饰品时，以佩戴鲜花为常事。无论是山西大同北魏司马金龙墓出土的木版漆画上的妇女，还是敦煌莫高窟唐代壁画上的贵妇，都在头上簪着数朵鲜花。从莫高窟130窟唐代壁画妇女手中拈着的花朵来看，与头上所戴为同一品

图1-12　元张渥《九歌图》
湘君及其侍女头戴手握鲜花

图1-13　元张渥《九歌图》
东皇真一等鲜花饰

种，更增加了鲜花的可靠性（图1-14）。五代画家周文矩所画《玉步摇仕女图》、宋人画《女孝经图》等绘画作品中簪花的形象屡屡出现。当然最为人称道、形象也最鲜明的要数唐代周昉所画的《簪花仕女图》了（图1-15）。那样鲜艳、饱满的花饰戴在仕女头上，确实使她们愈加妩媚，愈加光彩照人了。

图1-14　敦煌壁画上戴花并
持花的女性

　　宋代陆游诗写"小楼一夜听春雨，深巷明朝卖杏花"，虽不能肯定所卖之花就是插在头上的，但从李清照《浪淘沙令·卖花声》一词看，当时妇女买花戴已蔚成风气。街上摆摊卖鲜花和走街串巷挑担卖鲜花以供妇女做头饰的景象，至20世纪40~50年代末还在中国一些大城市中保留着。例如北京，每逢夏日清晨，即闻小贩吆喊："芭兰花儿来，茉莉花儿来！玉簪棒儿来！香蓉花儿来！"这些花朵都属于妇女头上的簪花。

　　直接应用植物做饰品，并不仅是由采摘到佩戴的简单过程，稍稍做一点加工仍然属于直接利用植物之类。这在以鲜花为饰品中已经有所表现。芭兰是白色的花，姑娘少妇们在花贩的花盒中选取一朵芭兰，再选取一两朵其他颜色的花，或是选一朵红花，下面并头垂下四朵白色的芭兰。在翁偶虹《北京话旧》中提到小贩卖茉莉花，插成绣球、花篮、盘肠、方胜及蝴蝶排子，亦缀小红花的花心，可挂于襟，可簪于发。这些花饰的颜色与香气混融一起，给人的视觉和嗅觉

图1-15　唐周昉《簪花仕女
图》局部

同时带来了美感（图1-16）。

明代诗人李东阳诗："青衫黄帽插花去，知是东家新妇郎。"清代净香居主人杨米人《都门竹枝词》记当时妇女配饰时写："一条白绢颈边围，整朵鲜花钿上垂。"看起来，妇女既是鲜花饰品的佩戴者、欣赏者，同时还是鲜花饰品的制作者。而且这些花是与那青衫、黄帽、白围巾搭配和谐才给人以美感的，不然的话，怎么会引发诗人的诗兴呢？清代旗人索芬曾写《迎年曲》："贵戚红妆翡翠楼，长安豪侠白狐裘。内城多少娇儿女，通草为花插满头"。通草，也称通脱木，属小乔木。它茎中含有大量白色髓，人们便采髓做薄片，制成通草花或其他饰品。这也可谓直接应用植物为服饰原料的艺术加工手段及精美成品了（图1-17、图1-18）。

被直接采摘来作为饰品的鲜花，必须根据四季时令。常见的有牡丹、茱萸、蔷薇、梅花、菊花、杏花、石榴花、海棠和茉莉等。如注重香气的除茉莉外还有玉兰、玫瑰、兰花、夜来香、含笑花之类。这还仅限于亚洲。其他如原产南美洲的倒挂金钟、蟹爪兰、虎刺梅、矮牵牛、美人蕉、一串红；秘鲁的朱顶红；巴西的大岩桐；墨西哥的小丽花；原产欧洲等地的虞美人、萱草花、石竹花、蝴蝶花、仙客来；原产南非的鹤望兰、绣球、小苍兰、百子兰；原产地中海、中亚、西亚一带的郁金香、仙客来，东亚的樱花以及西班牙和大西洋加那利群岛的瓜叶菊等，都曾经或仍然被作为直接采来的配饰品。说起来，鲜花本身就洋溢着生命的气息，因此始终普遍地受到人们的喜爱（图1-19、图1-20）。

试想在人类刚刚开始对鲜花发生兴趣的时候，也许还只是出于对瓜果一样的食欲。但当第一次把它折下来插在鬓角时，实际上是由实用的功利目的

图1-16 杨柳青年画上的簪花女性

图1-17 清代旗女"两把头"上的鲜花饰

图1-18 杨柳青年画《金玉满堂》中簪花女性

及对大自然的一般审美感觉，向强化自我的服饰美层面迈出了一步。从此，人们便在对鲜花的欣赏中，朦胧地意识到鲜花的审美价值，并逐步将它作为服饰美的基本元素之一，一直到如今（图1-21~图1-24）。

在南太平洋岛屿上，姑娘们还常常用鲜花来寄情。如果她把一朵鲜花戴在左耳上，那说明她仍是黄花闺秀；如果戴在右耳上，就说明已有了意中人或已经出嫁了。除了鲜花香草以外，植物果实也常被直接用来作为饰品原料。在喀麦隆的甸芒德姆，有用水果绑扎在头上做头饰的，这是艺术性极高而且趣味横生的饰品。它无论从取材到成型都倾注了人们对美的创造欲望与渴求。那些头饰，一般直接取用甜莓、苹果、椰果和香蕉，既可用整只的，也可以用一部分切割下来的水果，还可以

图1-19 怒放的红梅

图1-20 盛开的杏花

图1-21 敦煌彩塑菩萨衣服
上的鲜花纹饰

图1-22 日本女服上的鲜花纹饰

图1-23 印度女服上
的鲜花纹饰

图1-24 当代时装应用植物

图1-25　新疆阿斯塔纳墓出土的
绢花

图1-26　"宜男忘忧"植物纹样

将各种水果交叉镶嵌，拼制成各种立体图案的头饰。为防止做头饰的新鲜水果变色，她们常用当地产的一种叫酒米果的野果果汁将新鲜水果浸泡后再用，这样可使用于果饰的水果保持新鲜而不变色。谁要是能够吃到姑娘头上的果饰，那就说明他已得到了姑娘的青睐。为什么？因为那是姑娘精心创作的艺术品。尽管只是新鲜瓜果的直接拼制，但美的运用已充分体现在其中。

从美学角度来说，采用植物做衣服或配饰，及至衣服上的纹样，本身就是一种对美的选择与采撷。这一行为不仅是为了实用，更重要的是它会唤起穿着者的审美快感或愉悦感（图1-25~图1-28）。

二、植物的间接应用

不直接取用某植物来做服装，而是将植物的某一部分经过提取、加工再制成服装的过程，应该说是服装原材料选取中对植物的间接应用。

一般来说，以天然资源为基础的用于服装的纤维材料，加上经手工刻削而成的配饰品的木质原材料，即是人在服装创作中，间接应用植物为材质的最大发明和最聪慧的实践。

图1-27　"宝相花"植物纹样　　　　图1-28　"四君子"（梅兰竹菊）植物纹样

（一）服装与长纤维

人类在与植物同生并存的漫长岁月中，对诸如蔓草、树枝类线状体材料逐步有所了解，并积累了一些经验。这时人们发现，如果把有些植物表皮上的韧性皮层剥落下来，就可以得到比树皮细、长，而又比蔓草坚韧有弹性的线状材料，这即是人类最初应用植物纤维的阶段，也可称为长纤维阶段，因为它较棉花中的纤维要长得多。有足够的根据表明，人们采用长纤维最早是从麻、葛类纤维开始的。大麻、苎麻、葛和蕉麻等是人类早期采用植物纤维时最先关注到的。

大麻 是一年生草本植物，对土壤和气候的适应性很强。它的叶为互生掌状复叶，茎有沟轮，夏季开黄绿色小花，又被人们称为火麻、疏麻、线麻等。其中雄株茎细长，韧皮纤维产量高，质量好。

苎麻 是荨麻科，多年生草本植物。地下部分由根和地下茎形成麻蔸，可活数十年。茎丛生，被有茸毛。叶广卵形或近圆形，背面密生白茸毛。茎部韧皮纤维坚韧有光泽，耐霉，易染色而且不皱缩。在中国、印度尼西亚、马来西亚和墨西哥等地都有苎麻，分布较广但纤维质量不一。中国《诗经·陈风·东门之池》中记有："东门之池，可以沤纻"。左思《魏都赋》中记："黝黝桑柘，油油麻纻"。较为生动地记载了人们将苎麻加工成可供织布的长纤维的方法与条件（如水沤所需池塘等水域）。

亚麻 是一年生草本植物。茎高0.7～1.7m，细而柔韧，被有蜡质。叶披针形或匙形，花蓝色或白色。其中茎部韧皮纤维细而坚韧、耐磨，不易被水浸腐，可供纺织用。

葛 属豆科，是一种藤本植物。复叶，小叶三片，下面有白霜。夏季开花，蝶形花冠，紫色。荚果为带形，茎皮纤维可以织成葛布。

蕉麻 亦称马尼拉麻、麻蕉。芭蕉科，多年生草本植物。形似芭蕉，茎直立、柔软，由粗厚的叶鞘包叠而成柱状。叶极大，穗状花序。叶鞘内纤维粗硬、坚韧、有光泽、耐水浸，可以用来纺织。

人们采用植物韧皮做纺织用纤维的整个摸索阶段应该说是漫长的，与其他纺织用纤维的使用年代相比显然又是久远的。最迟在六千多年前，中国已经有了成熟的麻织物。因为新石器时代遗址如西安半坡遗址中，就有不少陶片上留下了麻织物的印痕。南方良渚、青莲岗等文化遗址中出土的陶器上更由于本身即属印纹陶，所以留下了当年的麻织物裹缠木板拍打陶器以加固时留下的印痕。

中国是大麻和苎麻的原产地，因此国际上常常习惯称大麻为"汉麻"，称苎麻为"中国草"。从种种古籍中可以得出这样一个印象，那就是当时的中国人冬日衣裘皮，夏日就主要以葛麻为裳。《诗经》中记有"不渍其麻，市也婆娑"。《韩非子·五蠹》篇中有关于尧的穿着考证，即称其"冬日麑裘，夏日葛衣"。而且从唐代杜甫诗中"焉知南邻客，九月犹绣绤"（绣是细葛布，再细者为绉，绤是粗葛布）

的描述来看，时已九月仍着葛布衣裳，在中原人看来即为有些不合时节气候的着装了。另外，《袁中郎文钞》中写"处严冬而袭夏之葛也"，也意在说明入秋以后就不应该再穿夏日的葛布衫了。所谓夏穿葛、麻布，主要因为葛和麻等植物纤维织物透气性能好，吸湿效果理想，而散热又很快。所以人们认为葛、麻布清凉、去汗又不粘身体，是夏季服用的最好衣料。

植物材质被大量应用在服装上，还有一个很重要的原因，就是其质美。古乐府《咏白苎》诗曰："宝如月，轻如云，色似银。"宋代诗人戴复古的《白苎歌》中也说："云为纬，玉为经。"如今虽无诗人赞咏的真品可以直观，但其质美一点，想来是可以与丝绸媲美的。即使是略逊于上述葛与苎麻的蕉麻，织出布来一定也是非常轻盈，非常精细柔润的，唐代诗人白居易曾咏其为"蕉叶题诗咏，蕉丝著服轻"。明代宋应星《天工开物》中也讲"蕉纱"，"乃闽中取芭蕉树皮析缉为之，轻细之甚"。

植物纤维还有一种天然的光泽，虽然不是熠熠生辉，但每一丝纤维都由自然的纤维膜闪射出一定的色彩与光泽，故而具备了服装材质美的条件，成为人类早期选择衣料的对象。将植物或其果实制成配饰也很普遍。可以设想，植物那天然的华美，自然是引起了人们的喜爱，因为植物本身的造型、色彩、光泽，都是非一般人力所能创造出的。

生产力发展到一定程度时，社会上人群已贫富不等，富人穿着丝质衣服和裘皮衣服为多。因此，也就将葛麻类衣服仅作为夏服着之。于是，作为买不起丝绸衣服的大多数百姓来说，也就只好主要以植物纤维为四季纺织原料，致使"薄饭蕨薇端可饱，短衫纻葛亦新裁"，完全成了一种最朴素生活的写照。除了穷苦百姓以外，士人隐居也以葛麻等植物纤维材质衣服为主，意取返回大自然的主观意绪，别具美的韵致。当然，这里有粗细之分。

（二）编织与木型

将植物加工成某种形制，如条状或方、圆形等，是人为地改变植物的原形，而又赋予植物以艺术性的最便利，最能短时间体现人的艺术构思的创作。即使只是将青草晒干披挂在人体上（后来发展为蓑衣之类），实际上也已经是经过人的思维活动了。因为披挂何处，如何披挂，都要做一番安排。它毕竟不同于更早期的人出于本能的防卫活动，即以植物枝叶、花、果直接遮掩在身体上。从选取植物到服装成型（当然指以植物制成服饰），其间必须有一个加工的过程，如前举披挂的干草为例，后来发展到编蓑衣的草。作为服装的原材料，两者绝不等同，尽管它质未变，但是角色、功能、作用全变了（图1-29、图1-30）。

如将竹子劈成细丝，削磨光滑，或是将草、麦秸晒干、捋齐、碾平，是最简单的准备工作。谁能想到，那些精美的草帽、箬笠就从这里诞生呢？据目前使用的编织服装的植物种类来看，蒲草、马兰草、黄草、咸水草、金丝草、蔺草、龙须草、南特草、麦秸、芒秆、金针叶、杂藤、芦竹和箬竹的叶子等，都被人们普遍采用，品种不计其数。

植物编织从原始社会时就成为人类的日常工艺之一，其间自然不能排除用植物编织首服。从中国浙江吴兴钱山漾新石器时代遗址中出土的大量竹编器物上，可以将早期编织基本上归为人字纹、梅花眼、菱形格、十字纹等各种花纹。并且可以看到，那些器物的主体都用竹子扁篾，边缘部分加工成"辫子口"，说明人们在注意到使用的功能性需求以外，已经关注到实用和美观相结合的制作原理了（图1-31、图1-32）。

无论是危地马拉玛雅人的编织竹帽，还是中国"黄草之乡"（上海嘉定）的编花草帽，都说明了植物之所以被人们用来编织首服，自然是注意到其本身所具有的材质美。巴拿马草帽流行于南美和南欧，进而闻名于全球，除了它的式样美观、图案色彩搭配大方协调等因素之外，一个不可否定并不可低估的原因，就是因为它的原材料美。巴拿马草帽的原产地不是巴拿马，而是厄瓜多尔。那里的热带丛林中盛产一种叫多基利亚的植物，质地非常柔软而且光泽美观，处理后色彩淡雅。很早以前，当地的印第安人就用这种质地上好的植物编织草帽，时

图1-29　以植物为设计灵感的时装

图1-30　时装中的植物与服饰

图1-31　东南亚人头戴草帽很普遍

图1-32　东南亚人植物编制草帽同时，也编各种日用品

间一长，质好形佳的草帽便吸引了整个南美洲人。由于拉美的殖民统治者也喜欢戴这种草帽，因而很快又传到了欧洲。1914年，沟通太平洋和大西洋的巴拿马运河修通以后，来往于运河的各国人看到众多的巴拿马人戴这种草帽，便把这种草帽称为巴拿马草帽。其实，如果没有热带丛林中的多基利亚草，怎么会有闻名遐迩的巴拿马草帽呢？在厄瓜多尔，最属蒙特格里斯提和基巴哈巴两镇的草为上乘，其草帽当然也是最受人欢迎的。

为编织服装而选取的植物，不管是劈成篾的竹，还是晒干扎好的草，都必须具备一些必要的为艺术创作提供物质基础的条件。首先是要柔软、坚韧，这样才便于经纬穿插，编织花纹与帽型。再者要质地光泽、细腻。唐代诗人李白的"初霜刈渚浦，……织作玉床席"诗句，虽然说的不是首服，但诗人以草比玉，可见其草的质地有如玉的润泽和光彩（图1-33）。

20世纪90年代以来，随着新的审美意识的确立，有些城市淑女们的草帽已不单纯讲究光泽细腻了，反而以粗糙、不锁边和编后凸棱丛生的野趣为美。因而，植物编织帽中出现了大量麻编帽，以为迎合时尚。就审美意识来看，这应属于另一种美，即原始、天然、粗放之美，它区别于人类历经千年追寻不已的细腻与巧夺天工的精致之美（图1-34）。

以草编鞋，实在是人们应用植物为服装原材料的最广泛而又最显见的例子。凡有草的地方，几乎都有编草履的历史。但它不能算作直接采用植物，因为大都是要将草晒干的，并不像鲜花那样，摘一朵就戴在头上。虽说草裙也有选用干草的，但不能排除使用鲜草。非洲丛林中的新娘就要穿上一条嫩绿的、带着水气的草裙。草鞋使用普遍，而且在文化成熟的民族中，也常常带有民俗含义。如将一颗心都编在草鞋里送给情郎穿的，是以物传情；亲人上路，打上十双八双草鞋伴随着亲近的旅人一路远行，是对亲属双方最切实的安慰。草鞋的历史可谓悠久，自人类童年起始，一直到如今为孩童脚下编织的保暖鞋，不仅依然受到家长的欢迎，而且还具有环保

图1-33 欧洲贵妇于19世纪上半叶头戴植物精编草帽

图1-34 头戴精编草帽的当代时尚女性

意义（图1-35、图1-36）。

以植物编织的鞋，除了草鞋以外，还有用细麻绳编的，在中国唐代时曾一度十分盛行。《旧唐书·舆服志》记："开元末，妇人例著线鞋取轻妙便于事。"张文成《咏崔五嫂》诗也称："傍人——丹罗袜，侍婢三三绿线鞋（鞋）"，这种线编鞋的具体形象在新疆吐鲁番唐墓有整双实物出土，同时在初唐画家阎立本的《步辇图》中也可以看到。现藏日本MOA美术馆的唐画《树下美人图》中，侍女即穿着线编的鞋。另外陕西长安韦顼墓、韦洞墓出土石刻及西安羊头镇李爽墓出土的壁画上，都有线鞋的形象。由于结构交代清楚，颜色有红色和麻本色的描绘，使我们基本能够看清人们以麻绳编鞋的工艺实况。亚热带、热带地区广植棕榈，也有编织美观的棕鞋，至今仍在流传（图1-37~图1-39）。

将植物刻削成型，也是服装制作中的一个重要组成部分。

中国考古科学曾提出一种见解，认为人类曾经有过一段"木器时代"，它与"石器时代"在人类文明史上有同样重要的地位。这种观点的提出有一定的道理。虽然中国古籍中"剥木以战""断木为杵""伐木杀兽"不能解释为与竹木质配饰有何直接关系，但是它还是从侧面说明了人类利用植物的历史非常久远。只是木器容易腐烂，竹木质配饰不可能为我们提供可靠的历史依据罢了。尽管这样，我们仍然可以断定，人类以植物，特别是竹、木刻削配饰应该是很早以前就有了。这从现存原始生活方式的部落人资料中，可以得到一些间接的认识和证明。

图1-35　苗族的手编草鞋

图1-36　东南亚克伦族妇女以植物编织短衫和鞋履

图1-37　湖北江陵西汉墓出土的麻履

图1-38　新疆吐鲁番唐墓出土的蒲履

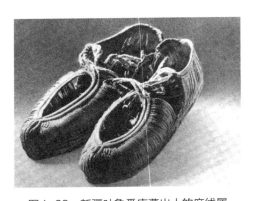

图1-39 新疆吐鲁番唐墓出土的麻线履

居住在莫桑比克、坦桑尼亚等国境内的玛孔德族女子就有在嘴唇上挂唇坠儿的习俗。这种唇坠儿一般是用轻小的圆木棍做成，多数只挂在上唇，有时也挂在下唇。唇坠儿的拉力使嘴唇上的孔眼越来越大，使整个嘴唇变得长而宽。这种唇饰一直被视为美的标志和民族的象征。那么，除了挂上唇坠儿后女子的容貌整体形象构成有特色的装饰形象以外，是否木质圆棍本身也给人们带来敦厚、朴拙、光滑的形式美的美感呢？答案应该是肯定的。

处于原始生活方式中的人，仍然以植物为原料加工成配饰品的例子很多，在美洲亚马孙河流域生活的卡雅波人，男人们从孩童时起，便在下唇穿一个小孔，孔中放进一粒珠子，待创口愈合以后，再在孔中放入大一些的物体。随着年龄的增长，下唇的孔越来越大，直至放入一个直径为5～6厘米的木盘。这个木盘磨得光滑平整，一律漆成红色，远远望去，卡雅波男人们都好像嘴里含着一个扁圆形的红色木盘，其实这个木盘是该部族武士的标志。

生活在秘鲁丛林中的奥列宗人耳饰大而奇特，他们不戴金银珠宝耳饰，而是每个人都在耳垂上穿个孔，然后在孔中塞进一个大木盘。这种耳饰还要根据年龄而增长。所以耳垂也就被不断地撑大。木盘与大耳垂不但显示出人的形象美，更重要的是智慧的象征。在这里，木质配饰品已不仅仅是点缀人生、衬托形象，而且是以其木质作为神圣的表征了。

将植物加工后，使之成为配饰品的还可从头上的木梳、木笄，耳上的木棍，臂上的竹圈，腰间的藤箍来看到一二。前面提到有很多民族将木质圆盘做成唇饰和耳饰。另外，以竹质长棍做耳饰的也不乏其人。阿特亚乐人成年男子耳垂上不戴金银环，而是塞着两只竹棍。当然，以竹为首饰，其中要属以竹木笄插头的最多。中国古人以及近代傣族、苗族等少数民族和东南亚一些国家的人们仍垂青于木梳插于发髻上做装饰（图1-40~图1-43）。而德昂族和景颇族女性则讲究腰胯之间佩戴藤圈，重重叠叠，难以计数，有宽有窄，并涂上红、绿、黄等彩色油漆（图1-44）。过去认为是与德昂族起源传说有关，后来已纯粹成为有特色的饰物了。

以木刻削成屐，是继头饰、唇盘、腰箍之后必须提及的。早期木鞋底是捆绑在其他材质的鞋以下的，在中国被称为"舄"。《古今注》上讲："舄，以木置履下，干腊不畏泥湿也。"后来发展为屐。而屐，又以日本人穿着最多，年代最长（图1-45）。虽说在中国魏晋南北朝时也着实时兴了一阵子，直至唐代时长安城内还可见到江南少女脚着木屐的倩影，但就全国来讲，没有像日本那样已作为国服形象

图1-40 湖北江陵楚墓出土的彩绘木篦

图1-41 古今多用的半月形木梳

图1-42 以木梳为头饰的唐代女性

图1-43 苗族女性
以木梳插头为饰

图1-44 德昂族女性
多圈腰箍

图1-45 日式女性套服中的木屐

的组构部分之一。

　　清末诗人黄遵宪在《日本杂事诗》中写木屐："声声响屐画廊边，罗袜凌波望若仙。绣作莲花名藕覆，鸳鸯恰似并头眠。"屐，是指古代鞋中的木底。由于春秋时吴国王宫有响屐廊，传说以梓板做地，板下置连排的空瓦坛，因而穿上木底鞋走在廊中，自然传出奇特而又悦耳的声响。黄遵宪见日本妇女穿屐在屋里走路时，步履清脆，随之便联想到《姑苏图经》中所写响屧廊的典故，可见是木质足服激发了诗人的美好情感（图1-46、图1-47）。

木屐上多是以蒲草、麻绳编成人字梁，因此更可将其视为是足服间接利用植物的典型范例了。《南史·虞玩之传》中写道："一屐着三十年，蒦断以芒接之。"古乐府中也写："黄桑柘屐蒲子屐，中央有丝两头系"（见《捉搦歌》），看来这是以植物编织并刻削的两种工艺的完美结合了。

图1-46　江西南昌东吴墓出土的连齿木屐

图1-47　安徽马鞍山三国时期东吴朱然墓出土的漆木屐

三、植物的有意种植

从以上内容不难看出，人们在创作服装之始，即选取原材料之时，就大量选用了植物，无论是直接利用，还是间接利用。这就已经说明，植物有其实用性，且特别具有装饰性或说审美价值的基质。

首先说植物随处生长，因而这种天然材质遍地皆是，人们可以就地取材，这就必然形成了材质的鲜明的区域性，这对构成以植物质服装所带有的地区风格，奠定下坚实的物质基础。那漫山遍野的竹、藤、棕、草和树木，取之不尽，用之不竭，它启发了人的美感，又发展并促成了人对天然材质美的认知。天然的色彩与光泽是人工所难为的，自然形成的各种不同的肌理，更是毫无隐藏地向人们提供了美。尤其是竹、藤、柳、草、棕、麻等材质的表面效果不同，包括色泽与纹理，而且竹中不同品种又是各有各的特色，这就为服装特殊效果的创作与体现提供了最大的可能（图1-48）。

不仅这样，植物本身还富有大自然的清新气息，不只是鲜花，几乎各种天然植物都有着自己独特的馨香，只不过有的浓烈一些，有的清淡一些而已。其中如沉香木、檀香木、樟木等香味浓郁，而普通的一棵青草，也是带着淡淡的非人为的幽香，这就使得人在以植物为原料来创作服装时，很自然地将自己融于天地草木之中，又使服装永远带着丛林、原野的天籁与情趣（图1-49）。植物本身还具有可塑性，通过切削、染色、拼接、变形、编织等手法，达到服装适用目的，并突出其审美特质，成为人们喜爱的手工艺品和服饰品，并因此丰富了民间工艺美术的大花

图1-48　运用植物来强调环保的时装

图1-49　工艺花朵为时装增添
　　　　自然效果

圃。同时，奠定了服装美学的自然基础。

由于人们在服装创作中对植物原料的需求从不间断到越来越多，要求也越来越高，于是逐步发展为人工有意种植，以供其需。

（一）服装与短纤维

在利用长纤维制作服装的过程中，人们逐渐积累了经验。这就使得人们不仅懂得种植长纤维类植物，如前述葛、麻类，然后直接加工编织，而且还期望将长纤维再加长加固，以求更广泛地适用于服装。人们经过逐步地探索，发明了绩、捻、纺等原始纺织技术。绩是通过加捻把长纤维续接起来，纺是通过加捻把平行并列的纤维集束缠绕在一起再续接起来。无论是绩还是纺，都少不了一个共同的工序，即是加捻。通过加捻使纤维变长，同时又可使纤维更结实，更富有弹性。因此可以说，自纤维加捻操作这一大发明出现以来，直接导致了短纤维的应用。

用于服装面料的短纤维植物主要是棉花。自从棉花被人们利用以来，在世界各地都被人工培育种植着。如将棉花品种归纳起来，主要有亚洲棉、草棉、陆地棉、海岛棉四大类。

亚洲棉　亦称"中棉"，是人工栽培棉种之一。一年或多年生亚灌木或灌木，苞叶三角形，蒴果小而下垂。纤维粗短，不能纺细纱。

草棉　亦称"非洲棉""小棉"，也是栽培棉种之一。株型矮小，蒴果极小，圆形。纤维细而短，不耐湿，产量低。

陆地棉　亦称"高原棉"。株型大，叶掌状，苞叶心脏形，花大，乳白色。纤维细长，可纺细纱，为世界上栽培最广的棉种。

海岛棉　也是栽培棉种之一。株型高大，叶掌状，蒴果中等大。纤维极细长，可纺细纱。

多年生海岛棉中还有联核木棉和离核木棉两个亚种。既是栽培棉种之一，也多有野性。历史古籍中谈及纺织原料时曾有木棉之说，实际上就是指的这种海岛棉中的亚种，不能混同于真正的木棉。木棉亦称"攀枝花""英雄树"，蒴果长椭圆形，内壁具绢状纤维，只能做救生圈和枕芯等填充料用，因其果内纤维无捻曲，不能纺纱。

（二）主要栽培品种和产区

陆地棉（细绒棉）　主要产区为亚洲各地、美洲各地和非洲各地。

海岛棉（长绒棉）　主要产区为中南美洲大西洋沿岸诸岛、美国和埃及，适宜做高级纺织品。

亚洲棉（粗绒棉）　主要产区为印度、巴基斯坦、中国。

在所有植物纤维的人工栽培中，属棉花的栽培最普遍，产量最大，应用也最广。如果将前述葛麻类植物的产区归纳起来的话，就会看到那些被称为韧皮纤维的葛麻类比起被称为种子和果实纤维的棉花来，产区的局限性要大一些。如：

苎麻　主要产区为中国、日本、菲律宾、巴西。

亚麻　主要产区为俄罗斯、波兰、法国、罗马尼亚、中国。

大麻　主要产区为印度、俄罗斯、中国、罗马尼亚。

还有一种被称为叶纤维的，是由单子叶植物的叶鞘取得的纤维。如：

蕉麻　主要产区为菲律宾、厄瓜多尔。

剑麻　主要产区为坦桑尼亚、巴西、中国。

龙舌兰麻　主要产区为墨西哥、中美、南美、菲律宾、中国。

弓弦大麻　主要产区为印度。

如果将韧皮纤维和叶纤维中能够做粗纺布或编织物的品种也综合起来的话，下面还可做些补充：

槿麻　亦称洋麻，主要产区为中国、泰国、印度和孟加拉国。

苘麻　亦称青麻，主要产区为中国、印度、俄罗斯。

菽麻　亦称印度麻，主要产区为印度、巴基斯坦、孟加拉国。

荨麻　主要产区为法国和德国。

木槿树韧皮　主要产区为印度尼西亚。

鹰爪豆属纤维　主要产区为欧洲。

赫纳昆麻　主要产区为墨西哥和古巴。

菠萝麻　主要产区为新西兰和阿根廷。

菲奎纤维　主要产区为中美洲。

坎塔拉剑麻　主要产区为菲律宾和印度尼西亚。

阿叶纤维　主要产区为巴西。

毛里求斯麻　主要产区为毛里求斯。

这些植物纤维被人类发现以后即被大量应用（当然，这种应用有其优胜劣汰的历史选择过程。如剑麻在人类早期曾选为制衣材料，后只用作缆绳之类），因而也就促进了人工栽培。植物纤维在服装以植物纤维为原料的工艺创作中，起到了决定性的作用。

（三）植物染料

除了在服装纺织、编制所用植物原料之外，是不是有必要将植物染料也作为服装美学的植物材质内容来论证一下呢？例如染指甲的凤仙花和染衣料的蓝草等，看来是有这个必要的。

凤仙花也称"指甲花"，一年生草本植物。夏季开花，花两三朵同生叶腋。大型，不整齐。萼有一距，呈角状，向下弯曲，花色不一。原产中国、印度和马来西亚，后来经人工栽培，已遍及很多国家，且园艺品种颇多。

以凤仙花染指甲是中国妇女的发明。据宋人周密《癸辛杂识》等书记载，凤仙花是一种腐蚀性很强的植物，花开之后，将花放在小钵中反复捣击。捣压后再加少量明矾，便可用来染指甲了。另据明代李时珍《本草纲目》记，还有一种专称指甲花的："有黄白二色，复月开，香似木樨（按俗称桂花），可染指甲，过于凤仙花。"实际上，凤仙花还是应用最广泛的。

中国妇女用植物汁液染指甲，主要是染成红色。唐张祜诗："十指纤纤玉笋红，雁行斜过翠云中。"明杨维桢诗曰："夜捣守宫金凤蕊，十尖尽换红鸦嘴。"

将服装面料用植物染料直接染上颜色，早期是较为常用的方法。辑录西周至春秋《诗经》中就有用蓝草、茜草染色的记载。湖南长沙马王堆汉墓中出土的绚丽多彩的织物，更表明中国在两千多年前已经熟练地掌握了提取、制作植物染料，并用来染衣料的技术了（图1-50、图1-51）。

图1-50　湖南长沙马王堆汉墓出土织物上的颜色依然鲜艳

图1-51　唐墓出土散花缬绢纱上表现出的印染效果

把植物中的色素提取出来做染料并染色，一般被称为"草染"，用以区别于矿物染料的"石染"。而中国与世界其他国家相比，应用植物染料要比应用动物、矿物染料早一些。对西汉马王堆墓出土丝织品化验的结果表明，光泽鲜艳的金黄色是用栀子染的，色调和谐的深红色是以茜草染成，而棕藏青和黑藏青等深暖色调是用靛蓝还原并复色套染的。

为了较为全面地了解早期植物染料的名称、染为何色、用作染料的部位以及植物的特征，我们可以参看纺织类书，在那里，即可以看到能将服装面料染红的红花、茜草、苏木，染紫的紫草，染黄的黄栌、黄檗、黄槐、绿草和黄栀子，染蓝的马蓝、菘蓝、蓼蓝，染绀黑（暖黑）的胡桃和栎树等。如果按《本草纲目》的五种蓝草来分就更详细了。

在早期应用植物染料的基础上，人们逐渐发现并陆续采用更多的植物为服装面料染色。如到近两千年前，染黑色已发展为用栎实、橡实、五倍子、柿叶、冬青叶、栗壳、莲子壳、鼠尾叶、乌桕叶等，由于这些植物含有单宁酸，它和铁盐相作用使之在织物上生成单宁酸铁的黑色色淀。这种色淀性质稳定，经日晒和水洗后的牢固度都比较好。

与此同时，由于生产和生活的需要，对植物染料的需求量不断增加，因而出现了以种植染草为业的人，中国《史记·货殖列传》"千亩栀茜，千亩姜韭，此其人皆以千户侯等"，说明了当时种植栀茜的盛况。

到13世纪以后，可用来染色的植物已扩大到几十种，除了以前所用的以外，黄柏树、开着红色花苞的郁金草以及山野到处生长着的楸树、柞树等，都是染色的好原料，还有很多地区都生产的含有鞣酸的五倍子，更是从古至今重要的植物染料。

各种可用来染色的植物，本来就有着一定的区域性，再加上人工有意种植，更加发展为有地区特色的植物染料了。这些植物染料的集中栽培、提取、制作，在中国则形成了"福州而南，蓝甲天下"的繁荣局面。

植物直接（包括对其纺织、刻削等加工）用作配饰、衣料，虽然加工中也包括美化过程，但一般来说只是达到了实际应用的目的，提取植物色素作为染料，才使服饰形象在体态美之外又增强了色彩美，使人类本身及视觉世界变得五光十色，鲜艳夺目。而且，这一切都是由人本身来设计创造的。另如漆树分泌的汁液，也曾经成为人类配饰的原材料。它不仅可以使木质、石质材料变得更加绚丽，而且当汁液凝固后，也可作为配饰原材料。如漆质手镯、项饰上雕满密密的花纹，不正是全面地表现出人的审美潜质、艺术灵感与创造美的实践能力吗？

植物气息与人的服装美的生命同在，是服装美学中不可忽视的根本。

第二节　动物材质

在犹太教和基督教的圣经故事里，有一个人叫诺亚。《旧约全书·创世纪》中称他为义人。据说上帝降洪水灭世时，诺亚曾遵上帝旨意，造了一个长方木柜形大船，带着全家人和多种动物一起躲入方舟，致使人类和动物并未因特大洪灾而彻底灭绝。在其他民族的创世神话中，也都在描绘人的起始时，少不了谈到与人俱来或先人而有的动物。动物与人，同生共存，有着天然的亲缘。

人无疑是在动物身上发现了美，包括形体的外在美和力量的内在美。于是，人们开始用动物身上的美来装饰自己，补充自身原有的不足。通常，人们认为原始人文身主要是为了显示忍受痛苦的耐力。实际上，这种忍受痛苦的设想是后人强加上去的。为什么要忍受痛苦呢？为了表示自己勇敢，这应该是当人类有了强烈的个人意识以后才会萌生的。我们为什么不会想到原始人的初衷是模仿动物呢？因为某些动物身体上有斑纹，但是人却没有。原始人在舞蹈中常常模仿动物的姿态，这说明人类童年的审美感受和创作，在很大程度上是出于对动物的热爱与畏惧（图1-52）。

如果说人为了显示自己的强有力，那么最鲜明的例子莫过于人将猛兽的牙齿和脚爪装点在自己身上，这样才在事实面前证明自己是强者（图1-53、图1-54）。尽管这样，也还是有模仿动物的痕迹，因为他们披挂在自己身体上的鸟羽兽牙，不仅仅取自于凶禽猛兽，其中不乏那些美丽无比但毫无威严凶狠可言的弱小禽兽。况且，当人们已经摆脱了那种以狩猎经济为主的生活以后，仍然喜欢将头巾扎成两个角状，形同某些禽类的尾羽，谁还能说中国苗族双角状的头饰仅是为了显示降伏猛兽的威力

图1-52　法国三兄弟洞窟壁画上的鹿角巫师

图1-53　非洲祖鲁人以自己猎获来的野兽皮毛装饰自身

图1-54　巴布亚新几内亚人头上插满天堂鸟羽毛

图1-55 埃及法老的"猛兽"服饰

图1-56 以虎神为头饰的墨西哥巫师

呢？因此可以说，人类童年时期从动物身上发现了自己所缺少的表皮美、凸饰美和灵巧、勇敢的性格美，于是便开始将自己按照动物的美来装扮修饰。只有到了人的意识成熟起来后，即脱离蒙昧时期而进入野蛮时期后，才会更多地吸取动物的野性，从而为自己的勇敢去炫耀（图1-55、图1-56）。无论怎样说，人都因喜爱、钦佩而产生了最初的对动物的审美意识。俄罗斯人普列汉诺夫曾说："原始狩猎者的心理本性决定着他一般能够有审美的趣味和概念，而他的生产力状况，他的狩猎的生活方式则使他恰好有这些而非别的审美的趣味和概念。"普列汉诺夫在《没有地址的信》中谈到人民因狩猎生活方式这一特有的经济基础而产生了对动物的爱，这种论点无疑是精辟的。但如果从人类服装史源头，去探索人类早期是如何从植物、动物、矿物等诸物质中摄取形式美潜质的话，那么此说就显得有些片面了。

人类并未满足于对动物的直接应用，在创造服饰文化的悠悠岁月中，人们创作服装、加工和制作服装原材料的双手更加灵巧，头脑也更加充满智慧。缝接好并做了些装饰的兽皮服，雕琢后的兽牙、骨管和蚌壳，都表现出人类以动物为服装取材对象，具有无尽的想象力，是一项独立的艺术创造，并为以后千百年的服装发展远景奠定了坚实的基础。《史前艺术》的作者斯凯尔特玛在著作中指出："关于这种装饰形式同时是纯粹的审美形式，这是毫无疑问的。不仅这种装饰，而且由贝壳组成的项链也是完全有意识地作为一种美来感受，这种同样大小的构件按照自然界根本不存在的秩序排列，不仅是一种纯粹想象的产物，而且作为颈部装饰品的贝壳链条只有这样才能理解：作为一种纯粹的形式，它是一种适当的对象形式，即人体的对象形式，也就是用艺术来解释它。因此，项链才获得了它充满意义的装饰美，构件的轮廓突出和衬托了均匀而圆润的颈部"（转引自卢卡契《审美特征》）。就书中所谈的项链而言，1972年，在中国陕西临潼姜寨新石器时代遗址的发掘中，发现有一具少女的遗骸。从她身旁散落的8720颗骨珠全部具有钻孔来看，确定是少女配饰毫无疑问。这是真正的间接利用动物，也就是在动物骨、牙上经雕琢才制成的配饰，我们不得不敬佩古人在那样低水平的生产方式中，竟以人工创造了这样伟大的艺术。同时，我们也在这配饰上深深感受到人（即使是原始人）也是那样热爱动物，想靠拢动物又想占有动物的复杂心理（图1-57）。

由于人类在动物身上发现了无穷尽的美和实用资源，向动物的索取也就越发直接而且没有休止了。这时一个最好的解决办法，就是人工养殖

图1-57　巴布亚新几内亚人头戴贝珠头饰

图1-58　法国出使西班牙使臣所着的高档兽皮服

动物，让所需动物在人类为其设置的樊笼里安全、顺利地成长与繁殖，从而为人类生活，其中包括为衣服和配饰提供了可靠的原材料来源。我们只消看一看新石器时代的文化遗存（猪与人共存）就会体会到这一点。

从人类童年起，人对动物的爱意和敌意就总也撕扯不清。人在直接应用动物和间接应用动物来做服装原材料时，甚至在人工大量养殖动物以后，人对动物的态度始终是不公正的，一面斥其不如人，一面又拼命地以动物的美来装饰自己（图1-58）。

一、动物的直接应用

将动物身体上的某一部分直接取来，使之成为人的配饰品，这是人对美的一种自然需求。如今我们在谈论装饰美原则时，认为脖子上挂一串兽牙、贝壳是质朴的审美理念表现，那不做或稍加修饰、浑然天成的饰品，具有后人凭手工所难以获得的天然趣味。这种论断被很多人接受。应该说，它在逻辑上是没有错误的。但是，如果以为这就是人的追求目标，那就难以令人信服了。

当人将刚刚被射死的獐子或狍子的皮，从血淋淋的尸骸上剥下来后，未经加工就直接披在身上；或是迅疾切割下它的牙或角，粗粗钻个孔就挂在颈间，这种举动一切都是受当时生产力条件所决定，并不意味原始人就喜爱那些未经加工的动物材质服饰。只是他们当时根本没有意识到还需要加工，甚至还能够加工得更完美。人在没有认识到事物所可能达到的新高度时，是不会有新的奢望的。这正好反映了人类早期低下的生产力水平。

时隔近万年后，虽然当时曾引起原始人审美感受的粗糙的皮服、骨饰，如今还能使我们为之激动不已，但是现代人由此所产生的无限的审美畅想，却是因为我们已不再那样出于直觉动机去利用动物，而是站在现代文明的高度，在欣赏中更多地领略了那种原始趣味和朦胧的审美理念这恐怕就是追求的所谓返璞归真吧（图1-59）。

图1-59 现代人造毛皮服装的美感

图1-60 美洲明尼达里部落印第安
人的"狼皮服"

原始人在选取动物直接做成衣服和配饰的举措中，无疑是好奇心与斗胜心同时占了上风。人类也是在满足实用需求的同时而不是以后，发现了以动物为服饰原材料的最切合实际的价值，包括保暖与审美。

（一）衣服与毛皮

一般来说，直接将动物毛皮披在身上，总还是要经过最简单的裁取和缝接的。中国辽宁海城小孤山原始人遗址中，发现了近五万年前原始人使用的骨针，说明至迟在那时已经有了缝制衣服的发端。

将动物毛皮的爪部和头部剪去，留当中最齐整的毛皮再行缝接是常态，但是也有特殊的例子。如美洲明尼达里部落的印第安人，只把猎获来的狼的毛皮剥下来，在当中挖一个洞套在颈上，任凭狼头悬挂在胸前，狼尾垂挂在臀后，这种服装在外人看来毛骨悚然、不寒而栗，但是他们自己却怡然自得（图1-60）。这种不加任何修饰和裁缝的动物毛皮服装，看来是对动物的直接应用，以其作为服装材质的最原始的创作行为了。

更多的、历时更久远的还是将动物毛皮略作加工，如南美洲火地人的衣服是用水獭皮或海豹皮做成的。火地人盛行穿皮披肩，于是就要将两三张水獭或海豹的皮缝接起来，再行裁制。当地妇女除了肩披皮披肩外，还总要围上一条三角形的毛皮小围裙。

居住在中国黑龙江南岸的赫哲族人，讲究以鱼皮为服装原材料。当男人们忙于打鱼的时候，女人们却将精力放在了鱼皮服装的设计与制作上，她们取来大马哈鱼皮和鲑鱼皮，先行鞣制，再以植物汁液染上各种颜色，然后将加工好的鱼皮缝起来。在那些鱼皮长袍、鱼皮套裤、鱼皮鞋、鱼皮手套中，甚至包括那些用鱼皮制成的围裙、护腿、腰带等服装中，人们的生理需求、工作需求、适应环境需求都得到了极大的满足。不可忽视的是，在鱼皮耐磨、轻便、不透水和不挂霜的诸特点之外，鱼皮服的一些美质还引起了人们对形式美的兴趣，从而满足了人们的审美需求，即精神上的需求。不然的话，不会在19世纪中叶以后，赫哲族人面对毛织或棉布制服装的冲击，仍然保留下他们喜爱的鱼皮服。而鱼皮服的所有特点，无论是符合人类生理功能还是适合人类精神需求的特点，都以强有力的事实说明了，这种受人喜爱的服装取决于鱼皮——具有审美价值的动物表皮，这是大自然的恩赐（图1-61、图1-62）。

图1-61　赫哲族人的鱼皮服装（之一）　　　　图1-62　赫哲族人的鱼皮服装（之二）

　　卡拉莫琼人分布在乌干达与肯尼亚交界的干旱地区。他们没有接触过海豹和水獭，但是他们常与陆地上的狮、豹相遇。强烈的求成取胜心理驱使着他们去将猎获来的狮、豹皮披在身上。于是，他们认为狮、豹的勇猛已经转移到他们自己身上，人们缺少的狮、豹毛皮的那种美也被他们占有了。如果是小伙子们披挂起自己杀死的凶猛野兽的毛皮，那么，他们显示了勇敢与能力，自然又增添了几分骄傲。

　　人类看重动物毛皮，是因为动物毛皮具有保暖性能的同时，更主要的是能够体现出美与获得感，或说是满足了占有欲。这种心态与举动不用到原始人那里去找，看一看身边的现代人吧！这些已非原始人的绅士、淑女们依然对动物毛皮为原料的服装爱不释手，这还不是最有力的说明吗？现代人实在是为动物毛皮所具有的质地、色彩、斑纹的美所迷恋。20世纪70年代初，在内蒙古河套一带的农村中，我作为下乡知青，还长时间见到人们兴致勃勃地穿着不挂面儿的羊皮大袄和羊皮坎肩。我想，原始人穿的兽皮服也许不过如此。由于对服饰文化学的一种特殊兴趣，我向他们问道："你们穿羊皮袄就是为了暖和吗？"出乎意料的是，他们说："还为了好看呀！你看这些毛毛……"他们用手不无温情地扯着前襟和后摆以及袖口翻露出的黑或白的直毛、卷毛，无限钟爱地说着，"你们的棉衣上却没有。"言语间显然流露出自豪，流露出对他们特有服装材质的特有的爱。无疑，回答与我的设想相距甚远。我就像那个向莫桑比克境内马可洛洛部落酋长询问女人为什么戴"呕来来"（唇环）的探险家一样。酋长一句"为了美呀！"显然感到这种问话没有必要，而那个探险家也始终认为没有得到更理想的答案。

　　就服装原材料来说，动物毛皮资源丰富，又确实具备天然的形态美，难怪人们至今还在以它为服装材质（图1-63、图1-64）。即使是国际有关组织三令五申保护珍贵的，尤其是濒临灭绝的动物，但是一些人仍然不顾人类生态失衡的威胁，为走私珍贵动物毛皮铤而走险。假如人们对以动物毛皮做服饰的兴趣不似以前那样浓厚，可能这种破坏生态平衡的行径会自动消失的。很显然，人工养殖的动物不能完全满足人们的需求，因此就无法以实用功能的说法去解释，而只能说是为了美并为了显示富有（图1-65、图1-66）。

（二）配饰与牙角

人类将飞禽羽毛直接插在头上，或是做成头饰扎在头上，将走兽的爪、角、牙、骨、毛皮条垂挂在身上；将水中贝类软体动物的外壳穿缀在身上，是最主要的直接应用动物来作为服装、特别是配饰原材料的普遍事象（图1-67、图1-68）。

头饰上以羽毛直接为饰，恐怕是最便当的配饰创作手段了。从原材料到成品的创作时间如此之短，而头上的羽饰又如此醒目、美观，难怪自远古到如今人们一直喜欢它。虽然远古的羽饰未能保留下来，但"活化石"——如今尚存的北美红种印

图1-63　现代毛皮服装（之一）　　　图1-64　现代毛皮服装　　　图1-65　染色拼缝毛皮服装
（之二）

图1-66　人造毛皮背包　　　图1-67　原始五彩羽毛头饰　　　图1-68　丰富的配饰材质

第安人仍然以满头排列有序的羽毛为饰，就是一个十分有力的例子。

自古以来，凡是处于游猎经济之中的民族，有的在头上饰袋鼠毛，有的饰鸵鸟羽、鹰羽、七弦琴尾鸟羽、熊耳毛，有的在鸵鸟蛋的壳上再插上鸟羽，或是将黄色或白色鹦鹉羽编成扇状头饰。这些仅仅是羽毛饰。有些民族干脆将一只鹭鸟或一只乌鸦顶在头上。在南部非洲森林中生活的布须曼人，靠采集和打猎为生，他们讲究将猎得的鸟类的头割下来，经除血加工后，直立着安在自己头上作为头饰。看上去，就像戴了一顶小小的彩色王冠，动物的美的姿质、美的形象确实移到人的头上了，而且是活生生的（图1-69）。

图1-69　巴布亚新几内亚人以鸟头装饰在头上

项饰和耳饰、面饰上所应用的动物材质品种显然较之头饰要更加丰富一些。有用海狗皮切成的带子，有用兽毛织成的绳子，有的还以一条绳穿上红珊瑚、螺壳、玳瑁、鸟羽、兽骨、兽牙等。北美西北部印第安人喜欢用凶猛的灰熊爪作为装饰品；缅甸南部山区的那加族人，至20世纪还处于刀耕火种的原始社会生活方式中，他们不仅喜欢戴犀牛鸟羽毛和猪牙装饰的帽子，而且讲究佩戴耳饰。男人们也要扎耳孔，然后戴上丝纹贝壳或是山羊角。印度尼西亚的安斯马特人，是1973年才在印度尼西亚的西伊里安岛发现的原始部落。他们喜欢在鼻梁上穿洞悬挂漂亮的贝壳，佩戴野猪牙或狗牙穿成的项链。

至于身上，如腰部、腕部和踝部的配饰，更是大量地应用了动物——这一绝妙的配饰原材料。人们通常在腰间束上一条带子，这个带子多以兽皮制成，然后再在带子上缀上一些腰挂，有鸵鸟羽、蝙蝠毛或鼠毛束成的垂饰，有用一排铃羊皮碎条，再穿上蛋壳的。缅甸境内的钦族人认为虎骨可以辟邪驱害，钦族儿童常常以虎骨挂在身上为饰。印度东北部那加山区的奥那加人男子在戴熊皮帽的同时，也戴上象牙做成的大臂钏。而莱索托的巴苏陀人，当男女青年结婚时，手腕和颈项都要戴上用药浸过的手镯和项圈。这手镯和项圈的材质不是别的，是地地道道的动物材质——经牛胆汁浸过的牛的脂肪（有薄膜包裹的牛肥油）。直接佩戴动物毛，不是原始人的专利，20世纪的淑女们曾热衷于以猴毛做装饰。埃塞俄比亚猴有着长长的、光滑的黑毛，人们将其佩缀在身上，很是流行了一段时间。

还有什么比以动物为原料所直接制成的服装更为动人吗？如果仅从斑斓的色彩来讲，也许它只能与植物乃至矿物平分秋色，但是如果从那些意想不到的造型来看：新月形的兽牙、扇形的蚌壳、树形的珊瑚以及各种形状的羽毛，那却是植物和矿物所难以相比的。若是再论其柔中有刚、刚中含柔的质感，那更是既比植

图1-70 动物与金属材质制作的头饰

物坚硬，又比矿物润泽。尤其是动物在未经刻意加工时所拥有的生机与动感，绝对是植物和矿物都不能相比的。这就是说，动物直接被用来制作服饰，有着一股难以觅到的带有原始狂放意趣的美。在动物所具有的形式美和内蕴美面前，植物的美显得富有生气但难免柔弱，矿物的美显得坚实敦厚，却又无奈于永恒的静态。

就在人们喜爱以动物皮毛为服装，同时又不满足于只是略作加工时，由于审美需求的提高，人们开始将精力较多地向动物材质的精细加工上倾斜，从而导致了服装原材料加工工艺上的重要发展（图1-70）。

二、动物的间接应用

用动物分泌液形成的纤维，而不是用动物本身去作为服装的原材料，实在是人类一个杰出的具有划时代意义的发现与发明。从此人类服装用的纤维达到空前的坚韧、纤细、柔软和光泽。在所有天然纤维中，蚕丝始终是最高档的服装用纤维。

在此前提下，人们以动物身上的毛纺制成毛线，又开辟了服装用纤维的新天地。这样，随着纺织工艺水平的提高，兽牙、兽骨的加工也愈益精湛。随之，以动物作为服装原材料的应用进入了一个崭新的富有美学高度，同时有缤纷色彩的新时代。

（一）服装与蚕丝

以蚕吐出的丝（成蚕结茧时所分泌丝液凝固而成的长纤维，也称"天然丝"）织成丝绸，无论在石器时代，还是现代，始终属于高级衣料，而这一工艺起源于古老的中国。直至如今，中国仍然是生丝产量最高的国家。从蚕本身来看，有桑蚕、柞蚕、蓖蚕、木薯蚕、樟蚕、柳蚕和天蚕（日本柞蚕）等。应用最广泛的是桑蚕和柞蚕。桑蚕先属野蚕驯养，后属家蚕，因而习惯上也将桑蚕称为家蚕。为了论述方便，这里将蚕丝放在本题中，而将人工饲养蚕的种类和产区等放到下一小题"动物的有意养殖"中去，至于柞蚕等蚕丝的特点也归为本题——"动物的间接应用"范围之中。

蚕丝主要由丝蛋白和丝胶组成，除去丝胶的蚕丝光泽良好，柔软而强韧，并富有弹性，电绝缘性很高。在直观上丝缕绵长、轻盈、纤细、柔韧并具有丝光。其他天然纤维，不管是葛麻还是动物体毛，虽论质感各有千秋，但若论综合美感，则根本无法和蚕丝相媲美。试想，当人类第一次发现蚕丝竟如此美好时，一定是激动异常的。

据现有资料考证，人类利用蚕茧，可能是从取食蚕蛹开始的，继而才发现茧壳上的丝缕可以抽出。这从1927年在中国山西夏县西阴村仰韶文化遗址中出土的半个蚕茧上可以得出推论。蚕茧被锋利的工具（估计是石刀）切去一半，这说明很可能是在人们吞吃野桑葚时，误食了野蚕茧，当发现有些不易嚼烂的物质时，那些经过唾液浸泡的蚕茧早成了一团乱糟糟的丝。受此启发的人们既想食其蛹，又想用其丝，于是用石刀将蚕茧切开。这种推论，笔者认为是可以成立的。

半个蚕茧是公元前5000~前3000年的遗物。这绝不是中国人发现蚕丝的上限年代。因为距今七千多年以前的浙江余姚河姆渡村新石器时代遗址中，就曾发现一批纺织用的工具。而且其中一件牙质盅形陶器上用阴纹雕刻着类似蠕动的蚕的体态图形，周围还配有编织花纹。这些可作为人对蚕已经有了充分认识或是开始用于纺织的象征。1958年在浙江吴兴钱山漾遗址中发现了距今约五千年前的一批丝、麻纺织品，其中有平纹绢片和用蚕丝编结的丝带以及用蚕丝加捻而成的丝线。这一考古发现令人信服地证明，中国的养蚕、抽丝、织绸的起始年代不会晚于这个时期。

精美的丝织品随着中国与欧亚大陆其他国家的交往而使世界很多国家的人为之震惊。以蚕丝织成的丝绸面料轻盈、透明、柔软、细腻，同时发着一种诱人的、柔和的光。这无疑使世人公认蚕丝是最美的服装原料。而以动物为服装原材料的选择与制作工艺，确实因蚕丝的"实力"登上了至今无强硬对手的宝座。应该肯定地说，蚕丝的发现与使用，是服装面料上的至为关键的一个重大发明与卓越贡献；没有蚕丝，富有光泽而又轻柔美丽的服装只能是一个永远的梦（图1-71）。

柞蚕丝，具有天然的淡黄色。其光泽明亮与手感柔软等特点类似于桑蚕丝，也具有良好的吸湿和透气等性能，可以作为原材料，织造成各种组织的厚、中、薄型柞丝绸，再制成男女皆宜的衣装。用柞蚕丝织制的丝织物，除具备上述优点以外，还具有耐酸、耐碱，热传导系数小、有良好的电绝缘性能等特点，这就使得它不仅可用来制作日常衣着面料，还可以在工业和国防上用于制作耐酸工作服、带电作业服等。这些天然纤维被人们在反复实践中采用并历久不衰，都从不同侧面说明了它具有美的特质。

（二）服装与畜毛

在没有蚕丝业的国家里，人们应用动物纤维作为服装原材料的主要品种是动物（以兽为主，以禽为辅）的体毛。不同长度、不同色彩、不同质感的动物毛被纺成毛纱或毛线后，应用于世界大部分地区。当然首先是处于游牧经济中的民族。

图1-71　蚕丝制作

在所有动物毛中，人们用来织成面料或织成毛线再编织成服装的主要是羊毛，其中又以绵羊毛为主。另外在特种动物毛（纺织业术语）中，主要有长毛型山羊的毛（如马海毛）、绒山羊的绒毛、骆驼毛、兔毛和牦牛毛等。

羊毛　是人类在纺织上最早利用的天然纤维之一。人们利用羊毛的历史可以上溯到史前三四千年的新石器时代。羊和羊毛在古代从中亚西亚向地中海和世界其他地区传播，随后便逐步成为亚洲和欧洲的主要纺织原料之一。

羊毛纤维柔软且富有弹性，有天然形成的波浪形卷曲。用羊毛纺织面料制成的服装，不仅保暖性能好、穿着舒适、手感丰满，而且可以染成各种颜色，织出各种图案，充分体现出毛织品服装的艺术美来。尤其是在纺织中做成的各种毛的长度和曲度的变异，更使不同羊毛有不同的毛织物质感与形态美，甚至同一种羊毛也可以给人不同的美感。

细分起来，羊毛可分为发毛和绒毛两个类型。而羊毛品种又可分为细毛、半细毛、长毛、杂交种毛和粗毛五类。仅中国羊毛，就可分为蒙羊毛、藏羊毛、哈萨克羊毛等种。就服装面料所突出的羊毛原质美来说，其中细羊毛，即美利奴羊毛或以美利奴血统为主的绵羊毛最佳。绵羊毛，毛质均匀，手感柔软且有弹性，光泽柔和，毛丛长度5～12厘米，卷曲密而均匀，是制作高档毛料服装的最理想的原材料。藏羊毛毛辫长18～20厘米，弹性大，光泽好，是织造长毛绒的良好原料。罗姆尼羊毛长度为11～15厘米，最长可达20厘米，毛丛呈圆形结构，有较大的波形卷曲和较好的光泽。林肯羊和具有林肯血统的考力代羊和波尔华斯羊，都是优良的半细毛羊品种。林肯羊毛毛丛呈松散的扁平结构，毛丛卷曲少而均匀，呈波长较长、波幅较小的波浪卷曲，毛丛长度为20～30厘米，羊毛的强度和伸长度大。因此，以林肯羊毛为原料制成的衣服，不仅手感柔软，而且具有一种丝光或玻璃光般的明亮光泽，显得格外有魅力。最为实际的特点是，以林肯羊毛为原料制成的衣服经久耐用，尤其是保形性好，不易起球毡缩。

在纺织业中被称为特种动物毛的主要有山羊绒、马海毛、骆驼毛、兔毛、牦牛毛、羊驼毛、美洲驼毛、骆马毛、原驼毛等。近代纺织业还开发出一些新的品种，如兔毛、麝鼠毛，以及牛、马、鹿等其他属种动物的毛，如中国高原的牦牛毛等，这些毛类纤维被统称为特种动物毛。特种动物毛大多由粗刚毛和细绒毛混合生成，纺织工业在加工服装用面料时只利用其中的细绒毛。

特种动物毛及其来源主要有如下几种：

山羊绒　从绒山羊和能抓绒的山羊体上取得的绒毛，属特种动物毛，这是一种贵重的纺织原料。国际市场习惯称其为"克什米尔"，中国谐音为"开司米"。山羊绒具有细、轻、柔软、滑糯、保暖性能好等优良特性，主要用于纯纺或与细羊毛混纺，制作羊绒衫、羊绒围巾、羊绒花呢、羊绒大衣呢等高档贵重纺织品。

马海毛 安哥拉山羊的毛，又称为安哥拉山羊毛，是光泽性很强的长山羊毛的典型。"马海"一词来源于阿拉伯文，意为"似蚕丝的山羊毛织物"，后来成为安哥拉山羊毛的专称。马海毛在皮质细胞之间有空气间隙，毛质轻而膨松。一般来说，它属于多用性纤维，可纯纺或混纺织制男女西服衣料、长毛绒运动服、人造毛皮、花边以及假发等。制品具有很好的弹性和手感，亮度高，光泽悦目，属于高级纺织品。

骆驼毛 用于纺织的骆驼毛多取自双峰骆驼（单峰骆驼毛粗短，无纺织价值）。其中构成外层保护毛被的粗长纤维可称为驼毛，但它不能做服装面料，只用来制作工业用织品。而构成内层保暖毛被的细短纤维，被通称为驼绒的，才用来制作高级外衣织物，尤其适于做针织物或填充料以代替絮棉，有轻暖、舒适的特点。

兔毛 纺织用的兔毛主要源于安哥拉兔和家兔。其中属安哥拉兔毛细长、毛质优良。兔毛的保暖性极好，而且纺纱后织成衣服暖且轻，细软柔和，穿着舒适。兔毛还适于和羊毛等其他纤维混纺。

牦牛毛 构成牦牛毛被的粗毛和绒毛，属特种动物毛。从牦牛毛中分离出的牦牛绒是一种可与山羊绒媲美的高档毛纺原料。牦牛毛只作为衬垫织物或毛毡等原料。牦牛绒与细羊毛混纺可织制拷花大衣呢、顺毛大衣呢和针织绒衫等，在服装面料中属高级产品。

羊驼毛 羊驼毛有两个亚种，一种类似罗姆尼绵羊，一种类似安哥拉山羊。前者纤维多卷曲，有银色光泽；后者纤维平直少卷曲，有强烈的丝光光泽。羊驼毛本身有浅褐、深褐、灰、黑等，常以天然色毛与其他纤维混纺，制成服饰织物或织成起绒织物，用做外套或衬里。

美洲驼毛 美洲驼毛纤维中有空腔或毛髓，故密度低，重量轻，可混纺制成针织或机织产品，供制外衣用。

骆马毛 骆马毛纤维有弹性，光泽好，手感极为柔软。因为它对化学染剂非常灵敏，所以常常不染色，就直接织成原色高贵外衣、晨衣、披巾等。

原驼毛 原驼毛是20世纪初才开始用于纺织的，利用它的柔软性可制成复杂花纹组织的织物。

另外，还有动物的一些鬃、鬣、尾毛等，也可做纤维用，统称为鬃尾毛。具有一定资源价值的常见品种包括猪鬃、野猪鬃、马（骡、驴）鬃（鬣）、马（骡、驴）尾、牛尾、牦牛尾和腹毛等。商业中还更广泛地把山羊胡、獾针毛和狗尾、狼尾、黄鼬尾、松鼠尾等也归入鬃尾毛内。鬃尾毛纤维弹性好、韧性强、坚牢挺括、粗硬耐磨，并有良好的耐湿、耐热、耐酸性能。用于服装上的理想材料主要是猪鬃、马鬃等。马尾因长而粗细适中，用于西服内衬是绝好的原料，显得十分挺括且富有弹性。不过，这种材质的应用至20世纪上半叶，后来很少实施了。因为真的马尾不足以供应西服制作商，况且化学纤维占有位置已越来越多了。

（三）配饰与牙角

配饰直接应用动物和间接应用动物的区别是，直接应用只是将动物牙、角、羽等略做加工，在基本上不改其原形的条件下制成配饰；而间接应用动物，是取其动物身体上的某一部分作为原料，加工使其成为"人为形式"的配饰。在这里，动物牙、角、羽等成了名副其实的配饰艺术品的原料（如雕刻品中的象牙），已不像早期（当然现在也有）那样单纯将动物躯体某一部分直接作为配饰品了（如贝壳）。

《诗经·卫风·淇奥》中有"有匪君子，如切如磋，如琢如磨"。"切磋"一词后引申为学术上的商讨研究；而"琢磨"如今被人们一致认为是思索考虑的同义词，再深一步也只是比喻德行文章的砥砺、修饰。其实，"切""磋""琢""磨"的汉语原义分别是对"骨""角"（一说为象牙）、"玉""石"的加工。其中骨、角是从动物身上取来的材质。而把动物的骨和角加工成人理想中的配饰，正是服饰创作中动物的间接利用。

以梳子来说，象牙梳、犀角梳、玳瑁梳等都曾作为古代妇女的头饰。甘肃永靖张家嘴新石器时代遗址中，发现制有五齿的骨梳。虽说还只是在保持骨形基本状态下，在兽骨一端锉出几个夹角，但这已经萌发了利用动物作为配饰原材料的意识了。1959年，山东宁阳大汶口新石器时代遗址中，出土了两柄梳子，都是以象牙制成的（图1-72）。其中保持完整的高16.7厘米，开了16个细密的梳齿。梳把顶端刻了四个豁口，与豁口相间的是三个圈孔，连同其他的镂空纹饰，都明显地说明了人在早期创作配饰（即使仅作梳发用的梳子）时，也已经完全倾注人的匠心、巧工与装饰美感了。20世纪70年代末期，考古工作者在山西襄汾陶寺遗址清理一批四千多年前的墓葬时，发现的梳子全部在人头骨部周围，有的还紧贴着头骨，表明梳子不仅具有实用功能（梳理头发），还具有头部配饰的美化功能。

唐代以后的骨、牙、角梳（包括两边有齿，齿密的篦）的制作工艺和插戴艺术，越来越显示出新的美学风格。《安禄山事迹》中写："太真赐（安禄山）金平脱装一具，……犀角梳篦、刷子一。"罗隐在《白角篦》中有诗句："白似琼瑶滑似苔。"宋代陆游在《入蜀记》中载，西南一带妇女，"未嫁者率为同心髻，高二尺，插银钗至六只，后插大象牙梳，如手大"。孟元老《东京梦华录》及王栐《燕翼贻谋录》等书中都记载，北宋时期的京都妇女，以漆纱及金银珠翠制成发冠，冠上缀把白角大梳，号称"冠梳"。冠梳的尺

图1-72　山东宁阳大汶口新石
器时代的象牙梳

寸很大，长宽超过一市尺……由这种插戴动物骨质、角质梳篦的习俗，不难看出江苏丹徒丁卯桥唐墓出土的牛角梳、江苏淮安凤凰墩明代孙氏墓出土的扇形玳瑁梳（图1-73）等无数件牙、角配饰品是通过人对动物角、壳等进行加工后所形成的艺术创作，更确切地说，是服装美学概念中的美的创造之一。

还有一类配饰原材料，不属于动物本身，而是由动物提供的。诸如珍珠等，是某些海水贝类或淡水贝类（如马氏珠母贝、三角帆蚌、褶纹冠蚌、背角无齿蚌等），在一定外界条件刺激下，所分泌并形成与贝壳珍珠层相似的固体粒状物，具有明亮艳丽的光泽。珍珠也被称为"真珠"，是制作配饰的绝好材料。这种珍珠大都是直接用来制作配饰的，但它并非直接取材于动物本体，因此只能把它列为间接应用动物这一部分内容中。在性质划分中，珍珠有些类同于蚕丝。

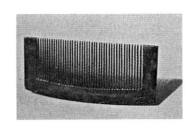

图1-73　江苏淮安凤凰墩明孙氏墓出土扁形玳瑁梳

由于珍珠外形圆润而又有美丽的荧光闪色，十分珍奇，所以自古以来就成为帝王嫔妃占有的宝物。在皇冠上嵌有大量珍珠是常见的装饰手法（图1-74）。俄国王冠、伊朗王冠、罗马帝国王冠、英帝国王冠和中国的凤冠上都讲究镶嵌粒大而又量多的珍珠。在英国伦敦博物馆的一顶王冠上，有一颗珍珠重达85克。在中国清代末年慈禧太后的珠冠上有一颗大珠重市制四两，约合125克。当然，这还只是在配饰上发现的。世界上最大的一颗珍珠被称为"真主的珍珠"，它长24.1厘米，宽13.9厘米，重量达6350克，是1934年5月7日在菲律宾的巴拉旺湾的一只巨大的贝里发现的。

图1-74　奥托一世珍珠宝石镶嵌金王冠

珍珠很早以前就被用来作为首饰，"珠光宝气""满头珠翠"等形容词，足以表现珍珠的光泽莹润。唐代杜甫诗《丽人行》中"背后何所见？珠压腰衱稳称身"，形象地描绘出当时妇女的镶珠腰饰。珍珠的雍容华贵的姿质，决定了珍珠饰品的高贵和别具异彩的美（图1-75）。

再一类属于动物却又不直接显现动物形态的是珊瑚。珊瑚常被人们归为翠钻珠宝一类。但它并不是矿物。它是海内的一种珊瑚虫在不断地繁衍生长中所堆积的骨骸，其主要成分是碳酸钙。

图1-75　珍珠、黄金垂饰

珊瑚的颜色以艳红为上。深红色的称"辣椒红"，暗红色的称"蜡烛红"，红艳而有光泽的被中国俗称"关公脸"，质润而色鲜呈粉红色的被称为"孩儿脸"。由于珊瑚玲珑剔透，因此多被用来制作配饰。在世界首饰习俗中，被人们誉为"勇敢之石"（尽管它不是石），就因为它有着火一样的颜色，常用来象征人的勇气、果敢与沉着。

在中国官服中，珊瑚曾标明级别与官品，如清代官帽上以珊瑚制成"顶子"，嵌在帽顶端，即表示官至一品或二品高位。珊瑚那不透光却润泽的红，使它看上去格外典雅、奇珍。

昆虫也被用来作为配饰品。古代常见的是取其造型，如珠翠宝石镶嵌的蝴蝶、蜻蜓等，可谓为仿生配饰品（图1-76~图1-78）。

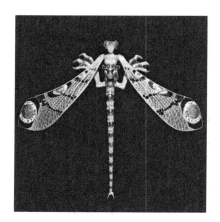

图1-76 古代仿生配饰（之一）

图1-77 古代仿生配饰（之二）

图1-78 当代仿生配饰

在现代，则利用原生态的昆虫，经过药物处理使其定型和固化，再施以涂漆、镀金或喷塑，既保持昆虫的天然体态——鲜活的动感，又产生变幻的色彩效果，作为头饰或胸花，斑斓且美丽，具有极高的审美价值，因而受到人们的喜爱。

三、动物的有意养殖

因为动物的全身乃至分泌物能够对人类服装提供如此丰富的原材料，所以，随着人口的不断增多，随着人们对服装数量和质量的需求不断提高，由人类有意养殖动物已成大势所趋。服装原材料从大自然选取到人工培育，是服装发展史上的伟大进步。因为它是用美的法则改造世界的重大步骤。它不但着眼于经济、适用，也是一种美的创造。

由于在这里涉及的主要是服装原材料，所以非服装用的人工养殖动物在此不涉及。也就是说，我们将前面所论述到的可用其毛纤维的动物作为此部分的重点。

（一）蚕丝产区

桑蚕　在"动物的间接应用"中谈到蚕是由野蚕转化为人工饲养的。这里需要进一步说明的是，后来干脆被称作"家蚕"的桑蚕，有中国种、日本种、欧洲种三个品系。现在世界上共有50多个国家饲养桑蚕，生产桑蚕茧。主要有中国、日本、印度、俄罗斯、朝鲜、越南和巴西等。中国产量最高，日本次之，分别占世界总产量的51%和15%。其中的中国种桑蚕茧多为白色或乳白色，日本种多为白色，欧洲种为略带红色的乳白色或淡黄色。就质量来说，当然以茧色洁白、富有光泽者最佳。

柞蚕　蚕的一种，采取人工放养方法培育，使其生长在野外的柞树也就是栎树上，由人看护。放养柞蚕的国家有中国、印度、日本、朝鲜和俄罗斯等。

蓖麻蚕　原来是野外生长的野蚕，除了食用蓖麻叶外，也食木薯叶、鹤木叶、臭椿叶、马桑和山乌桕叶等，原产印度东北部阿萨姆森林中，20世纪20年代在中国台湾试养成功，30年代传入广东。第二次世界大战期间，日本在中国广东、越南、泰国、缅甸、马来西亚、新加坡、印度尼西亚、菲律宾等地种植蓖麻，饲养蓖麻蚕。日本投降时毁掉所有在华蚕种，到1950年才由中国又从日本引进一批蓖麻蚕试养，并在各地相继发展起来。

（二）毛纤维产区

服装中所用毛纤维的来源主要是羊毛、牛毛和驼毛等，尤以羊毛产区最广，分布于世界大部分地区，而且人工养殖也最普遍。

美利奴羊　最早约在15～17世纪育成于西班牙，在各地区不同的自然环境和饲养管理条件下，衍生而形成美利奴羊的各个族系。如西班牙美利奴、法国朗布依埃美利奴、德国萨克森美利奴、澳大利亚美利奴、美国美利奴、南美美利奴和俄罗斯美利奴等。其中澳大利亚年产美利奴毛（原毛）约35万吨，相当于世界细羊毛产量的40%，是美利奴羊毛的最大生产国和供应国。

新疆细毛羊　1934年以高加索美利奴和泊列考斯美利奴两个细毛羊为父本，以中国哈萨克和蒙古种粗毛羊为母本，经过复杂杂交选种选配，并不断改善饲养管理而培养成功的。由于天山北部水草茂盛，改良工作进展较好，因此，所产羊毛油汗较多，毛被形态稳定，品质优良，在1954年被中国农业部正式命名为"新疆毛肉兼用细毛羊"。

蒙羊　指中国历史悠久的蒙古种绵羊，也是中国数量最多、分布地区最广的主要粗毛羊。随着历代人们的迁徙，蒙古羊能适应各种气候条件，耐粗放饲养加之与从国外引进的细毛羊和半细毛羊进行杂交等一系列绵羊改良工作的顺利进展，羊毛品质随改良代数的增加有明显改进。

罗姆尼羊　育成于英国东南部的肯特郡，在英国又称肯特羊，是19世纪中期引用莱斯特公羊改良当地羊，经长期选育而成的肉毛兼用绵羊。罗姆尼羊是新西兰的主要用于收选毛纤维的饲养品种，其他如阿根廷、乌拉圭、澳大利亚、美国、加拿大、俄罗斯等国家也有饲养。

林肯羊　原产于英国东海岸林肯郡，于中世纪育成地方纯种林肯羊。18世纪中叶，用当地纯种林肯母羊与莱斯特公羊杂交育成长毛种林肯羊。许多国家先后引进，经长期选配、育种，相继培育出阿根廷、新西兰、乌拉圭等林肯羊。

考力代羊　最早育成的美利奴羊和长毛种羊的杂交品种。1868年，新西兰的考力代羊场开始用林肯公羊与美利奴母羊杂交，选择一代理想型个体，进行自群繁育，经过多年选育，并引入了莱斯特羊血统，于1902年育成并以羊场名命名的。考力代羊分布很广，主要养育国家有澳大利亚、新西兰、乌拉圭和阿根廷等。

绒山羊　特种动物中的绒山羊产地主要在中国的内蒙古、新疆、辽宁、陕西等省区和蒙古、伊朗、印度、阿富汗、土耳其等国家。亚洲克什米尔地区在历史上曾是山羊绒向欧洲输出的集散地。

安哥拉山羊　原产于土耳其安哥拉省，19世纪末和20世纪初输出到南非好望角和美国的得克萨斯州等地。

骆驼　目前在全世界有多国饲养，最集中的人工饲养区在中国、蒙古、阿富汗等国。

安哥拉兔　纺织用兔毛的提供者。发源于中东，后来法国、英国、德国、俄罗斯、日本等国先后培养成各自的安哥拉兔品系。中国从20世纪20年代起开始培育，80年代初年产量已达世界总产量的90%。

牦牛　产于中国青藏高原及其毗邻地区高寒草原的特有牛种，如今饲养牦牛头数占世界总头数的85%以上，其余则分布于蒙古、俄罗斯和中亚地区。

至于那些产于中国的藏羊和哈萨克羊，产于秘鲁的羊驼，生于南美洲南端的原驼等都被人们大量饲养。早在印加时代的南美洲安第斯高山区就有繁殖的美洲驼，当代玻利维亚、秘鲁、厄瓜多尔、智利和阿根廷等国家均有饲养。同样在印加时代就野生于南美洲安第斯山区的骆马，19世纪时秘鲁人就开始驯养。从20世纪前半叶开始有少量家养的骆马群，后来主要产区为玻利维亚、秘鲁和智利等国家。

（三）珍珠产区

珍珠的"生产者"贝类动物，应该说在沿海地区或靠近江河的地区都存在着，但是最早发现并使用珍珠的国家是中国。在先秦古籍如《禹贡》《山海经》《尔雅》《淮南子》《管子》《周易》等书中，都记载有珍珠。战国时期的吕不韦就是经营珍珠的商人。中国成语中也有很多典故、传说与珍珠有关。例如"人老珠黄""珠圆玉润""掌上明珠""珠联璧合""鱼目混珠""合浦珠还"等成语，如今仍然脍炙人口。

最早人工养殖珍珠的国家也是中国。在九百年前的宋代，即有世界上最早的关于人工养殖珍珠的记载。据宋人庞元英在《文昌杂录》中所载："礼部侍郎谢公言，有一养珠法：以今所作假珠，择光莹圆润者，取稍大蚌蛤以清水浸之，伺其口开，急以珠投之，频换清水，夜置月中，蚌蛤采玩月华，比经两秋，即成真珠矣"放置月下采光一说是无根据的，但是这一段记载说明了养珠的大体过程。中国古代有人以珍珠磨制成佛像形，置于珍珠蚌体内，入水培养，取得成功，发明了佛像珍珠，俗称为蚌佛，一时传为奇迹。此当为最佳的帽饰或项坠。

1912年，日本人御木本幸吉采用科学方法培育珍珠成功，从此养珠方法不断完善，以致使日本在世界养珠业中占有相当重要的地位。

1958年，中国也开始采用现代方法养珠，至90年代之后的淡水养珠，更是飞跃发展，在国际养珠业中，中国的淡水养珠产品已形成特有的民族风格。除此之外，南方沿海各省也积极培养珍珠的载体——珠蚌，在江南水乡格外活跃。

世界其他地区也有人工养珠的庞大产业。澳大利亚、缅甸、菲律宾、越南、印度、斯里兰卡、墨西哥等以及海湾地区培育的珍珠非常出色。如有名的"南洋珠"就是缅甸、菲律宾生产的。由于那里得天独厚的气候条件，加之良好的水质与地理环境，所产珍珠质量极佳，多为珍珠中的上品。其珍珠粒大、形圆、质厚、光润且晶莹，成为配饰件中具有特色而且名贵的品种。

如果细分的话，珍珠可按用途分（如药珠与饰珠）、按形成形式分（天然与人工）、按水质分（海水与淡水）、按皮光分（色黄与色白）、按颜色分（白、青、彩）、按形状分（圆、扁圆、椭圆等）、按重量分（颗粒、厘、毛、扣等）。这里重点分析其地域不同所产珍珠的区别以及名称：

东珠　产于日本。

南珠　产于中国合浦一带。

西珠　产于中国南海以西。

北珠　也称东珠或江珠，养殖于黑龙江和松花江下游一带，颗大圆润，辽金以来一直是贡品。

南洋珠　产于缅甸、菲律宾等地。

孟买珠　产于印度。

动物还可以用来给纺织品染色，历史上小亚细亚腓尼基人就曾用一种海螺分泌物作为紫色染料，罗马帝国的贵族曾用过这种染料染制袍服。

动物的身体乃至动物的分泌物等为服装的创作提供了五彩缤纷、形象各异、质地多样的原材料。正因为有如此美丽的材料基质，才使服装美的装饰性成为可能，并愈益强化，以至提升到美学价值的更高层次。

第三节　矿物材质

矿物，指地质作用中各种化学成分所形成的自然单质（如金刚石、自然金等）和化合物（如方解石、石英等）。除少数呈气态或液体以外，绝大多数矿物呈固态。矿物是组成岩石和矿石的基本单元。部分岩石具有玻璃质。矿石一般是从金属矿床中开采而出，经技术处理后即是固体，可塑性强，因而都是制作服饰的理想材料。

矿物作为配饰的原材料，起源很早。由于矿物质（这里既指岩石，也指矿石，既指处理过的，也指未处理的原生矿物）坚硬，经得起岁月的磨损，因此在如今发现的人类早期配饰中，石珠、石块较之其他材质的饰品显然要多一些（图1-79）。

矿物在人的配饰中始终占有重要地位，它也如同植物、动物一样，伴随着人类创造了美，同时创造了文明，而且从此再也未与人类分开。最有趣的是，人们处于社会生产力高度发展的现代，体现在配饰上利用矿物材质的变化，其加工工艺上的进展并不显得多么惊人，虽然有了电力，有了激光。因为，众多的五六千年前的玉石配饰表明，当时的加工水平并不比现代差多少。甚至于说原始加工工艺呈现出的美态，有很多还是现代人所不可企及的。只是当时所用的工时可能很多，人们是在耐心的琢与磨中去进行艺术创作的。现代人最大的突破，不是在矿物饰件上比原来精益求精，而是在利用矿物做饰件材质上的"造假"。这在工业生产上是一个划时代的"跃进"，在矿物原体利用上却是一种带有亵渎性的行为。

矿物，是天地造化之物。它没有植物和动物那样新陈代谢的生命，却充满了融万物为一体的大自然的钟灵毓秀之气。草木苍翠欲滴，但是有盛也有衰，鸟兽万般灵动，无奈摆脱不了由生到死的过程，只有矿物与天地同在。中国古老神话中女娲炼五色石以补苍天，即说明了采石之早与石质之坚，女娲有无不是关键，美轮美奂的金银玉石与日月同辉，才是永恒的美。

矿物用于服装原材料时包括多种多样，当它们经人工剥去外皮（玉石等）、淘去杂质或提炼而成（金、银、铜、铁等）以后，便现出了天然生就的奇光异彩。仅宝石类中，就有那闪烁夺目的钻石耀光，瑰丽变幻的欧泊石彩光，清新辉洁的月光石银光，更有那酷似猫眼的猫眼宝石，绿如翠羽的翡翠玉石，红如鸽血的红宝石以及紫如葡萄的紫晶，润白如脂的白玉，色如蓝靛的青金石，雨过天晴般的绿松石……（图1-80）

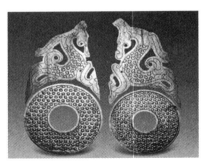

图1-79　战国谷纹璧玉饰

图1-80　春秋玉琥配饰

雕琢后的矿物质太美了，于是人们想象海中的龙宫就是水晶做的，龙宫的门前长满了珊瑚"树"，龙王胸前挂着玉佩，龙王的宝座上镶金包银，神话的景象来源于矿物和其他物质那神奇的质与色。无论是传说中的神王，还是现实中的皇妃，身上都是戴满了金银翠玉的配饰（图1-81、图1-82）。

矿物质原料之美，使得历史在跨越千万载后，现代"汽车族"的新潮女郎们仍然对此爱不释手，不仅以其衬托美丽的容貌，同时以其显示着拥有的财富。中国古代一块"和氏璧"曾经价值15座城，英国伦敦在1980年11月时出售的一颗名叫"北极星"的方形钻石，价格高达450万美元。配饰用矿物由于其本身的美丽与稀有，兼具艺术价值和经济价值，使得它的艺术生命长盛不衰。除此之外，矿物纤维（往往是非金属矿石）和矿物染料也为服装艺术做出了难以取代的不朽的贡献。

矿物本身无生命，但配饰因矿物材质所具有的永恒的美却放射出异乎寻常的光彩。

图1-81　戴各种饰品的清代皇妃

图1-82　戴饰品的埃及王妃

一、配饰用矿物种类

（一）玉石类

翡翠　翡翠即矿物学中的硬玉。国际上就以硬玉为这种玉石之名，是辉石族中比较稀少的钠铝辉石，化学成分为硅酸铝钠。中国人称其为翡翠，是因为有一种红色羽毛的小鸟叫"翡"，另一种绿色羽毛的小鸟叫"翠"，翡翠即由此而得名。由于翡翠极美，人们便将它拼嵌在首饰上。汉代班固《西都赋》中写道："翡翠火齐，含耀流英。""火齐"据后人考证为水晶。东汉张衡的《西京赋》也以翡翠与火齐并举，至于宋代欧阳修《归田录》中更明确说明翡翠是玉石。翡翠的基本颜色是各种深浅不同的绿色，另有红、黄、白、紫、灰、黑等，其中最为名贵的是它的翠色。所以人们每逢谈及翡翠首饰时，总会不由自主地首先联想到柔润而娇艳的绿色。常见的翡翠多为细晶或隐晶的致密块状集合体、非常坚韧。翡翠的产地主要为缅甸北部的密支那、孟拱、南坎等地区。

钻石　钻石的矿物名称是金刚石。人们常把加工好的称为钻石，而把未经加工的称为金刚石或金刚钻。钻石的化学成分为纯碳，与石墨相同，但因晶体构造不同，造成两者之间的巨大差别。钻石的硬度为10，是自然界中最硬的物质。它的颜色一般是无色，全透明，另外也有淡黄、褐色或黑、绿、紫、蓝、粉红等色。由于钻石的物理特征，再加之人们有目的的琢磨，使钻石饰品闪现出耀眼的光芒，连天上那奇幻艳丽的彩虹也难以与它媲美。历史上出产金刚石最著名的国家是印度，其他的国家和地区还有南非、巴西、莱索托和塞拉利昂等。

祖母绿　祖母绿的名称来源于对波斯（现伊朗）语的音译，中国古籍中所称"助不刺""祖母绿""子母绿""芝麻绿"等，都是这种宝石原名的译音。祖母绿石是矿物中绿柱石的一个绿色品种。其晶莹凝重的绿色，是由于含有微量的铬元素引起的。绿柱石常呈六角柱状晶体产出，透明。在中国谷应泰《博物要览》中记："西洋默得那国，产祖母绿宝石，色深绿如鹦鹉羽"，又有："回回国所产祖母绿，色浅绿微黄如新柳色，中有兔毫纹"。其描写是极为具体并准确的。祖母绿宝石的产地有哥伦比亚、巴西、俄罗斯等国。

猫眼　猫眼宝石是矿物中的金绿宝石。因为石中有一道白线形的光，这种光现象与猫的眼睛一样，能够随着光线的强弱而变化，所以人们干脆就以猫眼来称谓这种宝石。除了猫眼、猫睛、猫精这一类形象性的名称外，也有称为金绿玉或波光石的。它一般有透明、半透明或不透明几种，颜色有各种黄色、棕色或灰绿色，以颜色鲜明的葵黄色且透明、晶亮者为上品。《波斯志》中有一段文字记载得非常详细："猫精，生南蕃，性坚，黄如酒色，睛活者中间有一道白横搭，转侧分明，与猫儿眼睛一般者为佳，故云。若眼睛散及死而不活者，或青黑色者皆不为奇，大如指面者尤好，小者价轻，宜镶嵌用。"猫眼宝石确实像书中所描述的那样，当它在阳光的照耀下，由宝石内部反射出的一条聚集的耀眼活光格外动人，特别是当光线的强弱有所变化时，宝石的光线也随着光的强弱而忽粗忽细，当微微摇动宝石时，那闪烁的光线更是灵活地变幻，明亮的像猫眼的水晶体，甚至像一泓秋水般清澈。猫眼宝石的著名产地是斯里兰卡岛西南部的拉特纳普拉和高尔等地。

红宝石　在矿物学中属刚玉类，珠宝行中称其为玫瑰紫宝石。一般有鸽血红、水红、粉红、石榴红、葡萄紫等色，透明、半透明或不透明。当红宝石内部的某种杂质按宝石的结构特点有规律地排列时，经光源照耀，就会反射出一种迷人的神奇瑰丽的六射星光。难怪古人以"深红色明莹娇艳非常""嫩红娇倩如新开石榴花""红光如曙名照殿红""红而娇嫩如樱桃"等去描绘红宝石，字里行间充满了人们对红宝石的无比喜爱之情。红宝石的著名产地是缅甸、柬埔寨的拜林和斯里兰卡岛南部的拉特纳普拉。此外，泰国、巴基斯坦等国家也生产红宝石（图1-83）。

图1-83　红宝石饰品

蓝宝石　在矿物学中也属刚玉类。其颜色有深浅浓淡的区别，透明、不透明或半透明。当蓝宝石具备一定条件时，也能产生出美丽的六射星光，而被称为"星光蓝宝石"。当然，不是所有的蓝宝石都有星光表现。是否能够产生星光，决定于蓝宝石的自身条件，这就是宝石内部按宝石结构的规律排列的反光物质。其他蓝宝石一般颜色艳美、体质明净，如果无绵无绺，再具有鲜亮而浓艳的最上等蓝色——矢车菊蓝，那也是佳品。蓝宝石产地有缅甸、斯里兰卡、泰国和澳大利亚等国，其中星光蓝宝石以斯里兰卡出产的最好（图1-84）。

图1-84　蓝宝石饰品

欧泊石　欧泊石的主要成分是二氧化硅，在矿物学中属于蛋白石，其颜色在宝石中最为绚丽，有些竟五彩缤纷，瑰丽多变，因而以色彩取长。这主要因为欧泊石是由大小均匀的二氧化硅球粒聚集而成，颗粒之间有着规律的间隙，而欧泊的颜色及其变化，就是这种特殊的内部结构对光的衍射造成的。欧泊中黑色的由于底色较深，所以各种颜色的反光就显得格外耀眼，白色的和橘红、橙黄的就比较一般了。如果按色彩分，有七彩、五彩、三彩和单彩。主要产地为墨西哥和捷克、斯洛伐克等地，尤以澳大利亚为最多，质也最佳。

变石　变石也叫紫翠玉，在矿物学中与猫眼宝石一样，同属于金绿宝石。据说由于当年的沙皇亚历山大二世特别喜爱这种宝石，后来人们也把这种宝石称为亚历山大石。变石的特点是，在一般阳光下呈现为各种蓝绿色，但在灯光下，宝石的颜色又变为暗红色或紫红色了，这一变色的特点使它产生出无穷的魅力。其产地主要是斯里兰卡，也有产于乌拉尔山脉附近地区的。

水晶　在矿物学中属于石英，因为水晶的特点主要是透明，所以有没有杂质就成了衡量水晶材质档次的主要依据。无论是无色透明的水晶，还是带有颜色倾向的紫晶、黄晶、茶晶、墨晶、发晶、鬃晶，都以透明、洁净、明艳、无绵绺的为最上品。即使发晶中有细如毛发的针状包裹体，鬃晶中有粗如鬃毛的针状包裹体，也仍然要求透明、晶体明莹。只有矾晶色白，属于半透明的乳石英之类。中国是水晶的主要产地，古代称"水晶"为"水精"。

玉　玉在矿物学中属软玉，系相对翡翠而言。它是透闪石族的矿物。油脂光泽，半透明至不透明，因所含杂质的不同，有白、黄、淡褐、青、绿、黑、粉红和红色。因玉质不同，也有粗、细、润、洁、干、老、鲜、闷、混、嫩之分。玉被称为美石，与翡翠、玛瑙、松石属于一类，即矿物之集合体，而前述宝石则是矿物的单个晶体或晶体碎块。玉的产地主要是中国新疆和田一带，自古以来源源不断，因而常被称为"和田玉"。除此之外，朝鲜、美国、加拿大、澳大利亚等国也有玉石

图1-85　和田羊脂玉项链

图1-86　和田黄玉璃龙鸡心佩

出产（图1-85、图1-86）。

松石　松石在矿物学中也称松石或绿松石。油脂呈蜡状光泽，不透明，颜色为娇艳的天蓝色、月蓝色、豆绿色等。主要产地为中国、土耳其，20世纪以来美国、澳大利亚等国也有开采。

玛瑙　玛瑙是胶体矿物，具有各种颜色，俗话说"千样玛瑙万种玉"，而且其中的花纹也呈各种斑驳状，有些竟如同缠绵的细丝那样被人们称为"缠丝玛瑙"。由于玛瑙出产多，量大又普遍使用，因此现在被看作是一种普通的玉石，经济价值不太高，产地也很多，有中国、缅甸等国。

琥珀　琥珀是一种树脂的化石，为有机质矿物，透明至不透明，颜色为红、黄色，著名的琥珀产地是欧洲的波罗的海，中国很多省份也有出产。

蜜蜡早在汉代与丝绸之路相关的书籍中，曾有蜜蜡一说。它的形式有30余种，近似琥珀。当代蜜蜡已很稀少，但21世纪的年轻人忽然迷上蜜蜡，致使以其制成的首饰颇受欢迎。追究其广泛应用的程度，最多的应该也是生珂巴珠，即活树上直接流出来的松脂。非洲每年有大量的生珂巴生产。

除此之外，其他如紫鸦乌（矿物学中属于石榴子石）、碧玺（矿物学中属于电气石）、大红宝石（矿物学中属尖晶石）、勒子石（主要成分为石英）、锆石、托帕石和青金石、东陵石、澳洲玉（矿物学中为玉髓）、木变石（矿物学中为硅化石棉）、孔雀石（铜的表生矿物）、岫玉、芙蓉石、苏打石（矿物学中称方纳石）、软水紫晶（矿物学中称萤石）等，这些在珍宝行中被严格地划分为宝石和玉石两类，在我们这本书论及配饰用矿物种类时，一并划为玉石类。

（二）金属类

矿物中金属类物质用于配饰的，主要是金、银、铜、铁等，这在全世界都很普遍。其产地也较广泛，几乎遍布全世界，这一点区别于玉石类。

金　金是贵金属之一，一般的为黄色金属，白金价值更高。它在自然界中以游离态存在。有的产于山中金矿，有的产于水中沙金，再有便是从含金物质中经过提炼而成。金延展性强，便于加工，但是它在空气中又极稳定，不易被腐蚀或氧化，加之金光闪闪，光泽柔和，形成了金独有的质地与色彩，以至人们称誉最宝贵的精神或物质时，总喜欢以金做比喻。

银　银属白色金属，更富有延展性，便于加工。由于银矿较之金矿容易觅到，银的价值始终低于金。再加上银在空气中暴露时间长了以后会产生腐蚀色，如发黑、发暗等，使得银在贵金属中的地位无法逾越纯金。不过，它的化学性质还是比较稳定的，所以常被人们用来制作货币或饰品。

铜　铜属淡红色金属，所以纯铜又称红铜。当它与锡制成合金后，即称青铜，颜色也成了青绿色。铜也富延展性。在干燥空气中稳定，有二氧化碳及湿气存在时，表面会生成绿色的碱或碳酸铜，俗称"铜绿"。铜矿主要有黄铜矿、辉铜矿和前述孔雀石等。铜的用途极广，大可到车、兵器、工具，小可到器皿和饰品。

铁　铁是经济建设中最重要的金属。延展性良好，含有杂质的铁在潮湿空气中容易生锈。重要矿石有赤铁矿、褐铁矿、磁铁矿、菱铁矿等，纯铁可用氢气使纯氧化铁还原而得。铁的光泽与质感都比不上金银，甚至也无法和钢相比。因此，铁多用来制作工具。但饰品中也不是没有，如很多民族的人身上佩戴的铁环。只是铁的经济价值和艺术价值都比较低。铁饰品相对出现在较为贫穷的地区，如同一地区之中，铁饰品为贫穷人所佩戴。

铝　铝属银白色轻金属，有延展性。在自然界中以复杂的硅酸盐形态存在，含量占地壳总量约8.8%。提取铝的矿石为铝土岩，也称"铝矾土"，主要是由一水软铝石、一水硬铝石或三水铝石组成的沉积岩。铝不属于贵金属，较之金、银、铜、铁等发现、提取、应用都晚。铝可与铜、硅、镁、锌或锰，甚至镍、铁、钛、铬等构成铝合金。铝合金质轻而坚韧，20世纪后有以此为饰品的，如发卡、纽扣、垂饰物等，价值较低。值得一提的是，20世纪40年代，多·贝蒂氏公司推出了金属纤维丝织物的商标。铝丝与棉花、锦纶、黏胶纤维、丝绸、毛纤维一起纺织或编织成套装，特别适合做晚礼服，一直流行到70年代。

其他金属　即从矿物中提取的金属类原质物，在不断地被开掘、被利用作为配饰的材料，如钛等。

二、配饰上的矿物应用

以上所谈到的矿物，一般很少直接应用于配饰之上，这一点与植物和动物都不同。无论其化学性质如何，无论开采、提取方式如何，都需要经过人的一系列再加工，这样才有可能使其显现出美质，或是使其更加趋于完美。民间所谓"玉不琢，不成器"的说法，正好说明了矿物用于配饰加工的必然性与必要性。哪怕是迄今为止发现的最早的石质饰品，也一律是经过琢磨的（图1-87）。

图1-87　金属宝石镶嵌的埃及胸牌饰

在五千多年前的古埃及，人们就已经把矿物质加工成项链，普列达纳蒂克出土的文物中，就有一串串小贝壳和亮晶晶的带色小念珠。特别是那些雕琢成圆形或长方形的水晶石、玛瑙以及紫石英等，在闪现出早期配饰品的精工与巧思的同时，也闪烁着人类童年时期的灵巧与智慧。第三王朝时期的妇女已经佩戴对称的手镯。手镯直径大约有12.7厘米，看上去好像是密纹螺旋式金属饰箍。

《诗经》中记载的矿物质饰品很形象，也更带有人的情意。《诗经·卫风·木瓜》中以三段文字专门写到情人之间赠送饰品，其中有三处谈到美玉饰："投我以木瓜，报之以琼琚。……投我以木桃，报之以琼瑶。……投我以木李，报之以琼玖。……"其中琼表示赤色的玉，同时也泛指美玉。而琚、瑶、玖虽然也点明颜色，如玖是黑玉，但都已经是玉饰的泛称了。中国古人配饰当中有很多是"玉"字偏旁的字，这也证明了配饰中有相当多的玉石类物质。至于说新石器时代遗址中的玉石配饰，更多得数不清。

现存古人固定发髻的笄，就曾在广东清远潖江支流新石器时代遗址中有实物出土。这件石笄以绿松石磨制而成，器身呈扁平状，在笄的顶端有一个三角形托，插入发髻的那一端还略呈钩状，现在残存7.7厘米，宽0.2～1.3厘米。其他玉笄和铜笄在距今三千多年的墓葬中更是屡见不鲜。

另外，在四川巫山大溪遗址出土的玉石类耳饰六十多件，除了少数是象牙的以外，其余主要是以白玉和绿松石做成。形状有圆形的、梯形的和长方形的。从墓葬中遗骨旁散落的饰件形状来看，好像当时人佩戴耳饰，并不像我们今日似的一定要对称，而是不求一致。因为在128号墓葬中见到的女性墓主，就是在人骨左耳部位有一枚玉玦，即圆形，中央有孔且旁侧有缺口的耳饰，但是在她的右耳处却是一个石质的圆环。

随着人类社会冶金技术的产生和逐步提高，从而出现了大量的金属饰品，首先登上人身装饰地位的就是青铜饰品。中国发现最早的青铜耳环，应该属四千多年前的夏代遗物（经碳14测定）。河北蔚县出土的一件耳环说明了青铜饰品的一段重要里程，不过形式非常简单，只要用一根粗铜丝一弯便制成，略显细致的地方在于将一头磨尖，或许是为了便于穿过耳垂上的小孔。

从石珠串饰到玉珠项链，从石耳环、青铜耳环到金、银耳饰，人们努力摸索着新鲜的矿物质配饰的形式，这正是人类早期对服饰美的渴求的实际表现，还有什么能比那经过艰辛磨砺的玉石金属饰品更激动人心呢（图1-88）？矿物质虽然在传世上具有植物和动物缺少的耐久坚固的优势，但是由此也不难设想当时

图1-88　伊特鲁里亚的金属宝石
镶嵌耳饰

加工的艰难。世界著名人类学家佛朗兹·波阿斯在他的《原始艺术》一书中说："追求艺术表现和优雅的外观，是人类的共性。甚至可以说，原始社会中，许多人已经感觉到美化生活的必要，他们的意识，要比文明了的后人敏锐得多，强烈得多。"

以矿物质为饰品的原材料，至今人们也难以舍弃。如果说古罗马人在共和末期和帝政初期就已经应用了红玉髓、紫水晶、红柱石、绿柱石、黄玉、橄榄石和条纹玛瑙等，是认为这些玉石不仅美，而且还具有驱除恶魔和救死扶伤的作用，那么，现代人选择矿物质配饰主要是为了显示美和财富了。即使也有金子能美容、玉石能治病的说法，不过其中除了有一定科学依据以外，就主要是经营者的宣传手段了。任何人都不能够忽视的一点，正是矿物材质本身所具有的光泽和质地之美，是其他服装材料所无可比拟的。再加上它那样坚固，有的是那样稀有，魅力当然会永不消失且与日俱增了。何况金、银等不仅可做成配饰，而且还可以制成金线制衣绣花，从而出现金衣、金裳和金鞋子呢（图1-89）。

最需要提到的是，人类在利用矿物质做配饰时，创造出一系列美的形式。这种美的形式是不以机械设备的先进与否为前提的，例如钻石，几个世纪以来，在人们的努力下，钻石的样式不断地得到改进和发展，因而使钻石的多面体更加优美，更加光彩照人。将钻石磨成圆形、长方形、方形、椭圆形、心形、梨形和榄尖形是人们的精心创造。

上至珍贵的钻石，下至一般的紫晶，人们一直在艰苦地、不厌倦地，甚至怀着极大的兴趣去探索着新的形式，以使宝石表现出冲击极限的美。宝石是含有化学元素的物质，但在人们加工时，又以物理的原理进行再创造。根据光的照射特点去磨制宝石，就是人类的艺术心灵的最好表现（图1-90）。我们知道，当光线照射到透明物体时，一部分光线会被表面反射，而另一部分光线则被折射后穿过物体。宝石的琢磨角度就在于，如何使那折射透入物体的光线尽量地又反射回来，只有这样，宝石才会更加光辉灿烂。因为精确磨制宝石棱面的角度，以达到使光线全部反射出来的目的，是科学与艺术的完美结合。人们在磨制实验中发现：不同的宝石折光率不同，角度过大或角度过小，都会影响宝石的明亮和耀眼的程度，即影响了光线的最佳反射角。

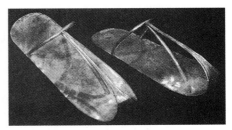

图1-89　埃及黄金鞋

图1-90　宝石饰品

在考虑到宝石折光率的同时，还需顾及宝石的颜色特点，如何根据宝石不同的颜色特点来切取宝石，如何确定宝石的方向和位置都直接关系到配饰品上宝石的效果。既不可为了角度的准确而影响到颜色的艳美，又不可只考虑颜色的美观而放松了对角度的选择。否则，颜色浅的宝石会因角度过小造成直观上的单薄，从而显得轻飘，缺乏厚重感，既不美观，也影响价值。颜色本来很重的又因为角度太大使宝石过厚而显得闷滞、沉重且缺乏光彩。高明的技师，曾根据蓝宝石中一滴水蓝种的特点，在琢磨成镶嵌品时放弃立式，因为那样在宝石中仅看到一丝蓝线，而采取了卧式，因为这样一来，宝石呈现出通体湛蓝的美感。再如碧玺，颜色在宝石中常常形成一种同心状，浓艳的颜色位于宝石的外层，越往中心部位，颜色也就越淡，这种宝石的切取，就应该着重考虑如何更好地表现宝石外部的颜色。

图1-91　宝石镶嵌项链

据宝石切取磨制的行家讲，一切手段和目的应是为着价值。当宝石原料的情况不同时，宝石的样式要以最小的损耗、最大的重量、最美的颜色、最纯的质地、最精的雕琢为目标，以找到最为理想的加工方案从而取得最高的价值（图1-91）。

这种追求宝石加工后最高价值的精神，就是人类热爱美创造美的最深刻的体现。矿物配饰自此始，矿物配饰的美当然也从此迈出第一步。

三、矿物纤维与染料

比起植物和动物来，矿物总会给人以坚硬的印象。但是事物总会有它的二元性，一种称作石棉的矿物纤维说明了矿物也有其柔软的另一面。再者，当矿物被碾成碎末后，还可用做染料，间接给服装带来美的要素。

（一）矿物纤维

石棉　依其矿物成分和化学组成不同，可以将石棉分为蛇纹石石棉和角闪石石棉两类。其中蛇纹石石棉又称温石棉。它是石棉中产量最多的一种，具有较好的可纺性能。蛇纹石石棉是镁的含水硅酸盐类矿物，属单斜晶系层状构造。原始结构呈深绿、浅绿、浅黄、土黄、灰白、白等色，半透明状，外观呈纤维状，看上去具有蚕丝般的光泽。蛇纹石石棉纤维的劈分性、柔韧性、强度、耐热性和绝缘性都比较好，而且还可以不受碱类的腐蚀。角闪石石棉属于单斜晶系构造，颜色一般较深，也具有较高的耐酸性、耐碱性和防腐性。用石棉纤维纺织而成的布，还具有不燃性，经火烧过以后，石棉布上原有的污垢可以就此消失。

中国人早就开采并利用石棉。由于石棉布的不燃性，被中国人称为"火浣布"，即说明石棉衣可以通过燃烧去除污垢，相当于其他衣料要用水洗的概念一样。战国时期的《列子》一书中记载："周穆王大征西戎，西戎献锟铻之剑、火浣之布。……火浣之布，浣之必投于火，布则火色，垢则布色，出火而振之，皓然凝乎雪。"元代，中国在石棉的开采、石棉布的织制和清洁方面已具有相当高的水平。

石棉主要产地有加拿大、俄罗斯和中国等，其中以加拿大产量最多。早年的石棉制品用于灯芯和火葬布等。19世纪以后，逐渐应用于工业。20世纪末，为了防止污染空气及造成人工矽肺，采用湿法纺纱，首先制成石棉薄膜带，然后再加工成各种石棉制品，如织成石棉布，再缝制石棉服、石棉靴、石棉手套等劳动保护用品。

石棉纤维之所以被应用数千年，不仅仅因为它有着稳定的化学性质并具有许多特点，还由于它有着美的基质，如具有蚕丝般的光泽，这都成为服装材质所可能提供的审美基础。

（二）矿物染料

矿物染料被人们发现、采用比较早，在我们迄今发现的较早的文化遗存中，矿物染料就被用来染配饰品了，两万年前的北京山顶洞人已经开始用红色氧化铁粉末涂红石、骨饰件的钻孔内壁了。距今约七千年前的人们，也已经用赤铁矿粉末将麻布染成红色。在中国江苏邳县大敦子新石器时代遗址中，曾出土了五块赭石，赭石表面上有研磨过的痕迹。在矿物中，赭石可将织物染成赭红色，朱砂可将织物染成纯正、鲜艳的红色，石黄（又叫雄黄、雌黄）和黄丹（又叫铅丹）可做黄色染料，而各种天然铜矿石可作为蓝色、绿色染料。另外，天然矿物硝还可以将织物浸染得雪白……

图1-92　宝石饰品（之一）

虽然矿物染料的重要位置后来被更为广泛、更为便利的植物染料所替代，但是，矿物染料的历史和矿物染料的染色效果，是其他材质的染料所难以取代的。

矿物无声无息地在大地的怀抱中生成。当它跃然于配饰之上时，不但叩之清脆如乐曲一般动听，而且实际的乐器（铜钟、石磬）和无形的音符始终伴随着它，使它装饰在人体上时，更会随着人体的扭动、举止，随着光源角度的变化和光亮的强弱而显现出美妙的听觉效果和光幻视觉效果（图1-92、图1-93）。那些玉佩，那些金步摇、银跳脱乃至鼻

图1-93　宝石饰品（之二）

环、耳坠和腿上的大铁环铿铿锵锵、五光十色所产生的美，不都是矿物在配饰上所显示出的魔力吗？

第四节　人工合成物材质

人类物质文明和精神文明的大幅度提高，反映到服装上，必然引发出两个问题：一个是自然资源比起人口增长和服装需求量，已明显处于逐年缺乏的趋势；再一个是人们出于各种各样的心态，曾一度表现出对原有材质（植、动、矿物）的不满足。于是，就在人们寻求一种自然材质的替代物和急切创造出一种超越天然的材质的复杂感情中，人工合成物诞生了。这可能算是人在服装材质上否定自我的第一个跨越。这个否定是针对以前千万年来的发明与利用。服装材质跨上了一个新的台阶。

不过，就在人们还未从创造了新的服装材质的沾沾自喜中冷静下来时，永远怀有好奇心，同时又舍不得忘却和离开大自然的人们，又开始试图摆脱自己曾苦苦摸索出的服装材质的桎梏。因为人们发现，人工合成物有许多优点，但绝不能避免那随之而来的某些缺憾。例如天然纤维的衣服吸汗、透气，而化学纤维的就相对差一些，特别是那几乎乱真的人工宝石造成的名副其实的"鱼目混珠"的局面，人们在其价值和价格上困惑得无可奈何。再有，医学界的警钟频频敲响，提出某些化学物对人身的危害匪浅。这些都不同程度地影响了人们在赞叹人工合成物"巧夺天工"之美的同时，又随即表示出冷淡。

世界就是这么充满矛盾。都想穿真正的不掺假的海豹皮甚至熊猫皮，那么，我们何谈生态保护呢？何况各个国家都颁布了野生动物保护法。射杀珍贵动物的要抵命。21世纪很多国家海关以销毁象牙的极端手法来遏制穿戴野生动物的人们的占有欲。这样看的话，以人工合成物制成各种珍贵动物材质的效果，来满足人们的穿着欲，应该说是十分明智的，对于制作者和穿着者来说，两方面都可以达到不与社会抵触、不破坏生态平衡的目的（图1-94、图1-95）。但是由于人工合成物来之较易，又是确凿无疑的赝品，穿在身上虽美却实在缺乏韵致。这个矛盾至今也无法解决。最微妙之处，在于某些人一方面坚决保护野生动物资源，另一方面又对穿腈纶皮毛大衣的人嗤之以鼻。这样不得不使人工合成物与服饰的关系处于一种尴尬当中，无奈之下，人们想出了人工驯养。

由于人们对自然的植物、动物、矿物服装材质的钟爱，也必然使得人工合成原材料的价格和形象难以再像刚刚兴起时那样辉煌。因此，人们在要求美的同时，还力求以服装体现出经济实力，这也使得人工合成物进退维谷。总之，人类的返璞归真情感势必造成这种结果。

无论怎么说，人工合成物用于服装，作为服装材质这一点，功不可没。它毕竟为人们的服装之美打开了一个广阔的天地，并以此展示出灿烂的前景。它的某些长处，如纤维挺括，着色鲜艳，加工便利，一句话，无可比拟的价廉物美，还是使它不可能完全退出服装艺术舞台。人工合成物作为服装原材料，昨日、今日已现英姿，明天还会更辉煌。这既是人类的骄傲与自信，也是人的两全之策。

人工合成物有两类。一类是化学和天然混合而成的物质，像混纺就是最典型的，再有是人将其化学物质进行分解、合成利用，如玻璃、陶瓷等。另一类是纯人工制成品，化学纤维和人工矿石以及塑料、有机玻璃等，都是人的高度智慧的体现，它反映出人类科技水平的提升（图1-96）。

图1-94　佩戴人造宝石

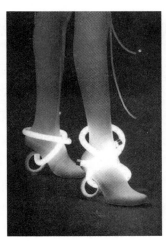
图1-95　具有科技感的鞋子

图1-96　佩戴人工合成饰品

一、化学与天然合成物材质

用科学方法和先进技术，将以化学元素构成的物质和天然物质混合为一种物质，是现代科学技术高度发展的必然结果。但是，将含有化学元素的矿物质与天然物质巧妙结合，或是附着在天然物质之上，可以说是人类早期的重大创造。前者如化学纤维和植物、动物纤维即天然纤维的混合纺织品，后者如陶瓷、玻璃、琉璃、珐琅、纸等。这一类放在"纯人工制成材质"之前，主要是因为延续天然材质这条主线而来，从天然材质角度来看，化学与天然合成材质毕竟还留有天然物质的某些精华，可是这样一来，化学纤维和天然纤维混合纺织物也就不必先行论述了。因为这一部分之后，要专门论述化学纤维。陶瓷等物质在配饰上的利用成为这一节的重点。

陶　　陶的形成是人类的发明，它是由水白云母、蒙脱石、石英和长石等组成，矿物成分非常复杂。陶器在人类历史进程中有近万年的历史，属于最早制造的器具之一。

这主要因为陶的原料可直接取自于黏土。当把那些颗粒大小不一致，常含砂粒、粉砂的黏土用水混合搅拌后，即可将其塑成各种理想的造型。陶器的起源尚无定论。它与人类使用火有直接关系。可能是由于附着泥的草篮被火烧过，成了不透水的容器，这启发了人类。远古时颜色纯净的陶很少，白陶、黑陶应该算是父系氏族社会末期繁荣的见证了，代表了古人类制陶的最高水平。另外绝大多数的则是红陶和灰陶。由于陶有一定的可塑性，因此人类早期配饰中就出现过陶珠穿起的项饰。这在许多新石器时代遗址中都有发现。但是可塑性强是陶的长处，而易破碎、易断裂又是陶的缺陷。因此，随着新材质的开发，用于配饰上的纯陶质材料越来越少了。不过，现在又出现一种与陶质有异曲同工之妙的软陶，既可做成各种配饰又不易损坏，色彩还可随心所欲。

瓷　瓷与陶都属于同类物质，只不过瓷的原料以高岭土为主，如需合成，则以石英、白云母及少量长石、方解石等矿物构成。原石经过粉碎、淘洗后制成的土块就成了制瓷的原料。瓷比陶发明的时间要晚。以中国为发源地，不像陶器在每个民族的早期文明中都有发现。中国在3000年前的商代中期已能制瓷，可是欧洲在15世纪时才在对中国瓷反复研究的基础上制出了瓷器。瓷经1200℃以上火温烧成，比陶精致，吸水率低（不透水），坚固度高，叩之还会发出清脆的响声。加以表面涂上一层矿物质釉料或施彩绘，因而造型、色彩、纹样都可以达到人们在审美与实用上的需求。以瓷珠串成项链、手链，不仅古来有之，现在市场、商店中仍然有售。戴上一枚青花瓷的扳指儿或是戒指、一串青花瓷项饰或是手镯，虽然经济价值上无夸口之处，美学价值还是具备的。人工的精巧与天然物的美质共同构成了它的审美价值。

图1-97　琉璃珠、宝石、金属制成的战国带钩

图1-98　埃及琉璃项饰

琉璃　指一种有色半透明体材料，主要化学成分为氧化铅，属低温釉料，有时可内衬陶胎，也可以单独制造小型琉璃珠。中国战国时的琉璃珠就已能烧制出类同蜻蜓复眼一样的纹饰效果，并镶嵌在铜鎏金的带钩上，极富装饰意蕴（图1-97）。《汉书·西域传》上写"（罽宾国）出……珠玑、珊瑚、虎魄、璧、流离"，说明琉璃已和玉璧、琥珀、珊瑚等珠宝列为一类。颜师古注引《魏略》，更说道"大秦国出赤、白、黑、黄、青、绿、缥、绀、红、紫十种流离"。欧亚大陆早就以琉璃作为服装的点缀物与配饰件，看来确定无疑（图1-98）。

玻璃 由二氧化硅和金属氧化物组成，经过高温熔化、冷却凝固而成为非晶状固体物质，属于硅酸盐化合物。玻璃比琉璃透明、烧制温度高，也相对具有一定的机械强度。中国战国时期的琉璃球虽已具备了玻璃的性能，但从材质的质量来看，还有一段距离。关于玻璃的起源，历来有两种说法，一种说是早在公元前3000年即出现过带有玻璃质釉料的陶器，但是无实物可查，有据可查的是在古埃及十八王朝期间确有玻璃器出现。另一说法是腓尼基的商船在叙利亚伯尔斯河口停靠时，船员们用船上的碱块当石头支锅在沙地上野炊，经烈火烤炙后，从碱块里流出了透明的液体，于是玻璃便出现了。玻璃制品不像植物材质那样易于霉烂，也不像金属材质那样易于腐蚀，只是怕重物锐器撞击。玻璃最大的特点除了透明以外，还可塑成各种形状。尤其是其中的料器（比一般玻璃熔点低）具有透光和折光的性能，进行折面或磨花等工艺处理后，可以与真正的宝石媲美，这就为以后制作人工宝石埋下伏笔。

珐琅 指覆盖于金属制品表面的玻璃质材料。以石英、长石等为主要原料，并加入纯碱、硼砂等为熔剂，氧化钛、氧化锑、氟化物等为乳浊剂，金属氧化物为着色剂，经粉碎、混合、熔融后，倾入水中急冷却成珐琅熔块，再经细磨而得珐琅粉，或配入黏土经湿磨而得珐琅浆。涂敷于金属制品的表面，经干燥、烧制，即得成品。珐琅器以中国明代景泰年间的制品最为精美，而且以蓝色为最多、最精美，因此也被称为景泰蓝。现代人以其做成球状串成项链，也有做成手镯或戒指、头饰的，已成为民族工艺美术品。

纸 纸在性质上很难将其硬性划分为植物类还是矿物类或纯人工制成物。在中国，"纸"字的偏旁从"糸"。因为早期的纸是由经过制浆处理的植物纤维的水悬浮液，在网上交错组合，初步脱水，再经压榨、烘干而成。中国西汉时蔡伦曾以树皮、麻头、破布、旧渔网等为原料造成"蔡侯纸"。近世又发展为用无机纤维，即玻璃纤维、陶瓷纤维等制成，还有的以金属纤维、合成纤维和塑料薄膜造成。由于纸制品的工艺水平越来越高，所以今人已不再局限于像中国古人那样剪彩纸为头饰，或以色纸制假花戴在头上了。纸制饰品已经发展到与金银饰品几乎乱真的地步，在一些发达国家，妇女们出门索性戴纸质饰品，一不怕遗落，二不怕被抢被盗。加之纸制饰品价格相对低廉，因此可以经常性地弃旧易新。20世纪60年代欧洲还曾流行起纸制服装。男女纸外套和纸内衣，非常美观洁净，21世纪的中国人也应用纸质头饰或纸内衣。由于其价格不贵，使用后就可以扔掉了。这样一来，等于佩戴纸质饰品可以经常换花样，赶时髦，佩戴一次就扔掉也不足为惜。纸质饰品和衣服正在世界范围内兴起。

二、纯人工制成物材质

在纯人工制成的服装材质中，品种最多、发展最快且覆盖面最大的要数化学纤维，它主要被用来做衣服，少量做佩戴用的花饰。在配饰品中应用广泛的是人工宝石，人工宝石的整体效果已经达到非借助仪器不能辨别出真假的境地了。除此以外，还有价格相对低廉的塑料等制品。不管其经济价值（指本身所表示的财富价值，不是指生产中经济核算）如何，它们正在以绝对的新兴工业、工艺的美学价值向天然材质公开挑战（图1-99）。

（一）化学纤维

所谓化学纤维，简言之，就是用天然的或人工合成的高分子物质为原料制成的纤维。根据原料来源的不同，可以分为再生纤维（以天然高分子物质如纤维素等为原料）、合成纤维（以合成高分子物为原料）、无机纤维（以无机物为原料）。自从18世纪抽出第一根人工丝以来，化学纤维品种、成纤方法和纺丝工艺技术逐年提高，并取得了相当可观的进展。尤其是一些特种纤维为生活带来了更多便利。

再生纤维的主要品种有黏胶纤维、富强纤维、醋酯纤维、铜氨纤维、乳酪蛋白质纤维、大豆蛋白质纤维等。

图1-99　佩戴各种人工饰品

合成纤维的主要品种有聚酰胺纤维（锦纶）、聚丙烯腈纤维（腈纶）、聚酯纤维（涤纶）、聚乙烯醇纤维（维纶）等。

特种纤维中有耐腐蚀纤维、耐高温纤维、高强度高模量纤维、阻燃纤维、弹性纤维、功能纤维等。

科学的发达，使得人们可以从棉短绒和木材中取得纤维素，又从大豆和花生中取得蛋白质，然后抽出人工丝来。化学纤维之所以能够在服装材质行列中站住脚，还不仅仅因为它弥补了自然资源的不足，或是加大了服装原材料的视野，更重要的是，它有时确可以取得某种诱人的艺术效果（图1-100）。如1905年开始投入工业化生产的黏胶纤维，是先将纤维素原料在浓氢氧化钠溶液中浸渍生成碱纤维素，再与二硫化碳作用生成纤维素黄酸酯，使其溶解在稀氢氧化钠溶液中成为黏胶，然后通过喷丝头形成细流，在硫酸浴中分解并凝固，从而获得黏胶纤维。黏胶纤维制造成本较低，原料（棉短绒、木材、芦苇等）丰富易得，吸湿性、透气性和染色性能相对较好，适于纯纺和混纺，所以应用范围很广。

图1-100　着人造毛皮服装

把纤维素溶解于铜氨溶液中制成黏稠溶液，然后以水为凝固浴制成的纤维称为铜氨纤维。1899年开始工业化生产的铜氨纤维的性质在许多方面与黏胶纤维相似，富有光泽，适于制长丝，手感柔软，适于织成高级丝织物，或与羊毛、蚕丝和合成纤维等混纺或纯纺，制成各种针织品或机织内衣和绸缎等。这些属于再生纤维。

合成纤维是用人工合成的高分子化合物为原料经纺丝和后加工而制得的化学纤维。这一类的原料主要来源于两方面，一是从石油、天然气、煤中分离出的低分子脂肪烃、芳香烃和其他有机化合物；二是从天然的工农业副产物中分离出的有机物，直接或经过化学反应转化为原料单体。

1935年，美国W.H.卡罗瑟斯首先制成第一种聚酰胺纤维——锦纶66，从此以后，人们便开始大力探索供纺织用的、具有优良服用性能的合成纤维。先后发展了锦纶、涤纶、腈纶、丙纶、维纶等主要品种。从1956年起，通过适当的化学改性和物理改性而制成的纤维有多种特殊性能，如膨松性、弹性、卷曲性、光泽性、多种染料适应性、热与光稳定性、抗静电性、耐污性、阻燃性的合成纤维，再加工成具有特殊优异性能的如耐高温纤维和无纺布等，为服装面料展示出广阔的前景。

图1-101　丰富的服装材质

无论怎么看，化学纤维确实发挥了相当大的作用，而且在今天和以后的服装制作中不可缺少，那鲜艳的颜色和容易变换的成品造型都使它必将占有一定的地位，只是人们又将兴趣转注到天然纤维上，这样的需求势必导致化学纤维要更加艰苦地改善自身的素质（图1-101）。事实已经证明，2005年的某些化学纤维衣料做内衣还感觉不够舒适，可是到了2017年，人们已经觉不出化学纤维与纯棉有什么不同的感觉了，而化学纤维料易洗易干不起褶的优势反而突显出来了。

（二）人造宝石与塑料

人造宝石主要是料器，即我们在上一节玻璃中提到的熔点低、色泽艳丽而又十分透明的料器。珠宝行业中称其为料石或烧料。当然，21世纪的人造宝石技术已非原来可比，奥地利的"施华洛世奇"品牌已成为全世界公认的人造水晶及至泛宝石领导者。另外如琥珀的仿制品，由于真品并不十分透明，所以人工仿制中多采用有机玻璃或还氧树脂一类物质。

人造宝石是最令珠宝商人头痛的一种人工合成饰品材质。在早年，鉴别仪器还未发明的时候，珠宝商完全依靠自己的知识和经验，但是当仪器越来越先进以后，仍然会出现真假难辨的情况。人造宝石和鉴别仪器的相互制约、相互促进的关系，很有些像"道高一尺，魔高一丈"那句成语的意思。由于宝石鉴别中主要依

图1-102 人造宝石五光十色

据颜色特点和范围、硬度与比重、光、彩、线和纹理、断口、杂质、绵纹、绺裂以及透明度等，人造宝石也就在这些方面狠下工夫，力求做到"以假乱真"（图1-102）。

人造翡翠 最常见的是以低熔点的绿色玻璃料制成。另有一种是用激光在玉石中加入绿色的，是翡翠中常见的仿制品。

人造蓝宝石 即人们时常称之为卢宾石的物质，是一种人造刚玉，其化学成分与蓝宝石一样，硬度、比重与颜色都与天然蓝宝石极为相似。再一种就是直接采用蓝色玻璃料。清代官帽当中的顶子，呼之为蓝宝石的，实际上就采用的明蓝宝石，即蓝色玻璃料。当时蓝玻璃料价格也非常昂贵。

人造欧泊石 制作方法大约有10种。如玻璃染色托底欧泊，是在两层玻璃之间夹染颜色，合制而成，这种方法较老。再有是合光欧泊，即双层欧泊，一层为真欧泊，一层为水晶或塑料之类，二者黏合而成。还有的叫夹层欧泊，即三层欧泊，上下两层为玛瑙、水晶、有机玻璃、塑料之类，中间一层为极薄的欧泊嵌层，常为颜色艳丽而又较薄的欧泊，是一种充分利用原材料的制品。另外有塑料欧泊，是现代珠宝的一种仿造品，利用欧泊球状构造特点，用塑料制作一种欧泊，外形相同但比重、硬度有明显区别。除此以外，还有用二氧化硅微小珠粒制作的合成欧泊，为提高价格而用染色方法获取的黑欧泊等。

人造碧玺 过去人工制造碧玺时，只是用粉红色料石，但是艺术与仿真效果较差。后来人们又尝试用拉丝玻璃料（即石英玻璃调制颜色拉制而成）造碧玺，由于拉丝料内部具有平行线的规则排列，所以也有线状光的反射，辅之以极为相像的桃红、粉红颜色，竟使这种拉丝料与碧玺极为相似。据说最初由日本发明。

人造祖母绿 也是采用料石，但仿制效果还不十分理想。

人造红宝石 是19世纪末一位法国人首先试验成功的，质料也为人造刚玉类，曾经一度与天然红宝石完全相像。当然，如今施华洛世奇的红宝石已经相当普遍，也无须再辨真假了。

人造琥珀与蜜蜡 由于琥珀和蜜蜡本身就带有明显的树脂痕迹，所以极易以化学制品仿制。如有机玻璃内压小昆虫，做成古琥珀的样子。做蜜蜡时索性用电木珠即贝克力塑料及铸模的酚醛塑料，再混入人造香料。

21世纪以来，人造宝石的势头有增无减，在填补了缺憾（宝石稀有）的同时，又造成了人为的困惑（真假难辨），但它毕竟是优秀的人工合成的配饰材质，有着自身的独特之处。

塑料　一般是指以合成的或天然的高分子化合物为主要成分，可在一定条件下塑化成形，产品最后能保持形状不变的材料。多数塑料以合成树脂为基础，并常含有填料、增塑剂、染料等。根据受热后的性能变化，可分为热塑性和热固性两类。前者主要具有链状的线型结构，受热软化，可反复塑制，如聚氯乙烯、纤维素塑料等；后者成形后具有网状的体型结构，受热不能软化，不能反复塑制，如酚酸塑料、氨基塑料等。

由于塑料容易加工，而且易于染上理想的色彩，所以近代以来也加入衣服和配饰材质之内。软塑料可做成雨衣、雨鞋和浴帽等；硬塑料则可制成各种配饰品，如纽扣、胸花、手镯、项链、腰带等，有的可根据需要镀上铜、银、钛甚至金，是一种比较低廉的配饰品。

有机玻璃　这是聚甲基丙烯酸甲酯的俗称。由甲基丙烯酸甲酯聚合而成的高分子化合物，具热塑性、高度透明，又耐光、质轻、不易碎裂，所以可在很多场合或器物上代替玻璃，是一种应用广泛的化学性质稳定的材质。有机玻璃除了大量用于衣服上的纽扣外，还可以做各种配饰品。

玻璃钢　这是人们对化学物质的一种俗称。由二元或多元醇与二元或多元酸经缩聚反应而成的树脂被称为聚酯树脂。其中有一种由乙二醇与顺丁烯二酸酐所得的不饱和聚酯，加乙烯后，即成为玻璃钢的材质。玻璃钢在20世纪后期也成为配饰材质，可随意加工、仿制成多种天然宝石样的配饰品。

人工合成的服装材质潜力极大，随着科学事业的飞速发展和人们着装意识的更新，必将使人工合成材料不断创造新成果，人工合成物在服装上的作用十分明显——对天然物质的部分取代。尤其是即将进入21世纪的第三个10年，拥有70亿人口的地球，原生态资源已经十分有限，而人工智能又引领全世界各行各业的发展，3D技术已能打印出衣服和鞋子，还谈什么真假宝石的鉴定呢，一切人工材质都大有提升拓展的空间。

延展阅读：军戎服装故事与军服视觉资料

1. 壮美的史诗《伊利亚特》箴言

"女神啊，请歌唱佩琉斯之子阿喀琉斯

致命的忿怒，那一怒给阿开奥斯人带来

无数的苦难，把战士的许多健壮英魂

送往冥府，使他们的尸体成为野狗

和各种飞禽的肉食，从阿特柔丝之子、

人民的国王同神样的阿喀琉斯最初在争吵中

分离时开始吧，就这样实现了宙斯的意愿。"

壮阔奇丽的情境、警世箴言般的词句，概括了战争、恩怨、爱情、欺骗，凝练了贪婪、愤怒、仇恨、痛苦，这就是荷马史诗《伊利亚特》既如飞雪惊鸿，又似洪钟大吕般的不朽开篇。

2. 阿喀琉斯的盔甲

根据史诗的记载，特洛伊战争进行了10年之久。从历史学角度，这场旷日持久的战争毁灭了特洛伊并拖垮了迈锡尼文明。其中一个人们熟知的战例和服饰密切相关：阿喀琉斯因为阿伽门农夺取了他的女奴而拒不参战，帕特洛克罗斯提出借用他的盔甲以阻止特洛伊人凶猛的反攻：

"……再请把你那套铠甲借给我披挂，

战斗时特洛亚人可能会把你我误认，

止住他们进攻……"

特洛伊人一看见勇敢的墨诺提奥斯之子（帕特洛克罗斯）和他的侍从都铠甲闪烁，

心里不禁打寒颤，

阵线也开始溃乱，以为定然是待在船边的佩琉斯之子（阿喀琉斯）："……大家四处张望，

看哪里能躲避死亡。"

3. 插着野猪牙的头盔

在真实的特洛伊战争年代，参战的迈锡尼贵族，装备的是一种将小片野猪牙缝在皮革上的防护头盔，丹德拉的一座迈锡尼陵墓中出土了野猪獠牙头盔的实物，在众多的浮雕中也有生动翔实的描绘。《伊利亚特》对此曾有记述：

"……并拿出一顶皮制头盔戴在他的头上。

皮盔内层是交错相交的耐用的绳条，

外层两侧插着野猪闪亮的獠牙，

中间垫着毛毡。"

这种头盔只有面积不大的护面，没有护鼻，戴着它，战士的面目很容易被人辨认出来。但在《伊利亚特》中描述的传说却为后人提出了军事服饰的威慑作用。

4. 马拉松战役中的铠甲

公元前490年，在马拉松战役爆发的岁月，雅典军队是由众多自由民为主组织起来的，战士的装备需要自筹。在武器上，长矛和腰间的双刃短剑是必不可少

的，巨大的盾牌是木材为芯、内衬皮革、外包铜皮，总重可达9千克。铠甲为包括护胸和护背在内的整体式胸甲，多用整块铜板锻造而成。整体式护甲还有其他一些组成部分，如腕甲和胫甲，也是整体式，由青铜板锻造而成，使用者穿戴时将其扳开，依靠弹性固定在身上。整体式护甲的优点在于坚固，对刺杀、劈砍和捶击等多种杀伤方式都有很好的防御效果，缺点在于不能弯曲，影响穿着者的动作灵活性。

5. 希腊时期的科林斯式头盔

在强调力量和格斗技术的古希腊时代，在阵型变化相对简单的早期方阵战术中，科林斯式头盔无疑是十分实用高效的。但当年的古希腊使用者显然也对这种头盔的缺点深有感触，他们为此专门发明了一种独特的戴法，即将头盔向后推，可作为礼仪用帽、便帽等多种用途。在今天遗存的许多古希腊陶瓶画和雕塑中都可以清楚地看到，甚至在一些烈度较低的战斗中，古希腊人也采取这种佩戴方式。这自然对于科林斯式头盔的设计水平提出了较高的要求，因为在两种佩戴方式下都要保证头盔前后的平衡，可见古希腊工匠对于力学原理的熟练掌握。科林斯头盔的制造有两种途径：铸造和锻造，铸造固然能达到更大的厚度，很可能需要的工时也少，但铸造头盔并不像看上去那么坚实，因为即使在现代技术条件下，铸造也难以保证不出现气泡从而影响强度，更不必说在缺乏精密测量设备的古代。锻造需要的工时可能更多，但冷锻大幅提高了分子密度，使头盔抗击打能力大幅提高，这都使得当时的雅典、斯巴达等城邦的步兵具有很强的单兵战斗力，与密集方阵队形结合起来后整体战斗力就更为可观。

6. 阿兹特克的荣誉斗篷

14世纪崛起于古老墨西哥高原的文明，前者叫玛雅，后者叫阿兹特克。阿兹特克男孩儿生来就会得到小号的盾牌弓箭，到10岁时，他们开始接受极端严格的军事训练。所有的小战士都会留一小缕头发，直到他抓住自己的第一个俘虏才会被剃掉。

独特的服饰是激励阿兹特克战士的动力，带回第一个完好的俘虏就会得到一件绣有蝎子或花卉图案的特制斗篷，抓到第二个可以得到镶红边的斗篷，抓到第三个会得到在市面上无法买到的高档斗篷，其名字意为"用荣誉编织的珠宝"。

图1-103　阿喀琉斯瓶画上的编制铠甲

图1-104　公元4世纪罗马
　　　　战神像

图1-105　超哥特式铠甲

图1-106　唐明光铠武士俑

课后练习题

1. 以植物材质为面料的服装有哪些优点？

2. 动物材质为服装添加何种特色？

3. 你熟悉哪一种矿物材质的饰品，请举例说明。

4. 人工介入的服装材质会怎样发展？

第二讲　服装设计的美学原理

"设计"一词，应用范围非常广泛。它既可用于硬件，如服装设计、工业设计等，又可用于软件，如人格设计等。这样来看，"设计"一词本身就蕴涵着与多种学科的网状连接。

与中文"设计"一词相对应的世界通用语汇是 designare 和 designum，这两个词来源于拉丁语，原义为徽章和记号，相应的法语语义是计划或草图，相应的日本语则是意匠、图案、计划或设计等。日本服装专家村田金兵认为："设计即计划和设想实用的、美的造型，并把其可视性地表现出来，换句话讲，实用的、美的造型计划的可视性表示即设计。"川添登在《什么是设计》一文中指出："所谓设计，是指从选择材料到整个制作过程，以及作品完成和使用之前，根据预先的考虑而进行的表达意图的行为。反过来讲，只有人类心象的物质性或实体性的实现才能称为设计。"英国的布尔斯·阿查对设计下的定义是："有目的的解决问题的行为"。所谓进行设计，即"抱有关于整个系统或人工物，或其集合体的设想，预先决定其细部的处理方法"。

在中国人看来，简单地说设计就是形象思维（当然不排斥逻辑思维），即通过某种事物产生联想或是为了创造某件作品而预先在头脑中勾画成形（包括内部结构）。即使是为不成形的人格进行设计，实际上在设计者头脑中也是由许多形象信号累积而成，并且以有形（言谈、举止、处事能力等）为基础来完成其设计全过程和整体效果的。近些年来，从新兴的技术美学角度去看设计，认为设计是作为一种技术活动的，是针对目标的一种问题求解和决策，从而为满足人们的某种需要选择出满意的备选方案。如果我们为了以客观的态度解释设计一词的本意去翻《辞海》时，那么"设"字的解释中就有"谋划"一说。古今中外学者用了多少精辟的理论来说明设计一词的实际意义，其实都不如谋划一词更为准确。只是在真正体会出谋划与设计的内在联系与区别上，东西方人士因思维方式、语言表达特点不同而有所差异。东方人才更深刻地体会内在的意蕴、气韵等。而西方人设计思想中则偏重于外在的几何形体的有机组合。从服装美学的角度去看，服装设计定义应该是：基于一定物质材料和社会观念（特别是审美）的客观需求，经由人的头脑对种种素材及其制约关系，加以选取、提炼、分解、合成的艺术性行为（图 2-1、图 2-2）。

图2-1 现代时装设计（之一）

图2-2 现代时装设计（之二）

第一节 服装设计宗旨

　　弄清了什么是服装设计以后，马上面临的就是如何设计，根据什么去设计的问题了。这里既联系着社会学、生理学、心理学、民俗学，又联系着经济学、历史学、伦理学，当然最重要的是艺术学，尤其是美学。

　　技术美学认为，设计的目标在于建立一种对于人的适应性系统，它体现了人类文化演进的机制，是创造审美文化的重要手段。而且从关于设计是一种选择或决策过程这一点说，前提条件中包含着两大要素，即事实要素和价值要素。

　　由于服装设计毕竟有自己独特的性质和规律，因而在服装设计中也有着独立的宗旨，这就是既要突出表现服装的审美价值，又要考虑到服装的适用价值。服装设计宗旨也就主要站在这两个基点上（当然基点并非全部根据，还要考虑到经济，并体现设计者鲜明的个性）。

一、服装设计的审美价值

　　一件衣服或一件配饰品，只要是在正常场合下穿着，都要首先表现出美来，除去强加于罪犯或奴隶身上的带有控制性社会标志的服装外，即使是最一般的服装，也要在尽可能的条件下考虑到审美价值。如是否具有鲜明的性别特征与体态匀称的特色，以满足着装者和着装形象受众两方面的审美需求；是否符合时代潮流，以达到与时代意识、时代风格同步的目的；是否能够激发起人的最大限度的审美感受等。服装设计实质上是审美心理的集中表现，其中当然包括多种因素。

（一）鲜明的个性特征

图2-3　突出个性的现代时装设计
（之一）

就服装单体讲，只有职业服装才是统一规制的，是不允许突出个性的。但这仅是从一种统一的职业服装内部看，如果以服装整体来观察分析某一种乃至某一个集体或行业的职业服装的话，即站在宏观角度上去鸟瞰全体服装，其实职业服装更强调个性特征的鲜明与强烈，只不过它是集团性而不是着装者单体罢了。这说明，服装审美的一般规律，是首先突出其个性特征的。当然，具体分析还有强弱之分，如原始部落中的服装个性就相对弱，而文明越发达的国家和地区，要求服装有个性特征的意识就越强。这主要因为在原始社会生活落后的条件下，人们更受制于自然，听命于团体，人本意识淡薄；而科学发达、技术先进的社会则要突出个人的形象，以求在社会竞争中显示不凡的身手，创造生存与发展的空间（图2-3）。

服装审美中所要求的个性特征，首先表现在性别上，其次才是年龄、民族等方面。因为从审美意识和审美趣味来看，人们对服装笼统的、直接的审美感受，自然首先落在人的本身。即男性服饰形象美和女性服饰形象美，是最容易产生，也是最容易被理解、被感受到的。

一般来说，审美意识是人类特有的一种精神现象，是人类在欣赏美、创造美的活动中所形成的思想、观念。它是客观存在的审美对象在人们头脑中能动的反映。这种能动的反映又是在人类长期的审美实践基础上形成的。审美意识的含义相当复杂，但是有一点很清楚，那就是它是人类的一种精神现象。因此，不可避免地带有人本身的自然属性，人本身对服饰形象的一种自觉不自觉的审美需求。就全世界各地区的人类而言，女性服饰形象美在全球范围内有一定的共性，男性亦然。人在欣赏服饰形象时，对两性的性别特征，尤其是通过服装所显露出来的性感特征，能够跨越一切时空，几乎不受时代或地区、民族所限。只有当需要人们自己穿上一试的时候，他们才可能回到现实中来。

只有回到现实中以后，人对服饰形象的审美标准与品味才越来越明显地带有民族性和地区性（图2-4）。因此，在这里，我们首先来看一看服饰形象个性特征的审美落点——性感，然后再去探讨在特定民族和区域内的人们对服饰形象美的个性需求。

图2-4　突出个性的现代时装设计（之二）

性感，关于人类着装形象的性别差异问题，我们如果从社会学角度去看，主要应侧重于从男女的社会角色与社会形象的角度去探讨。如果从心理学的角度去分析，所涉及的性别差异问题，则是更多地偏向于不同性别的心理差异以及异性之间相互吸引的微妙心理在着装者之间的体验。但是，对于不同性别的着装形象的审美意识及其在服装创作中的重要意义，还需要在服装设计的美学原理章节里来深入探讨。这里所说的性感，是指通过服饰形象所表现出来的性感之美。因此，与生理学中谈到的男女两性体质、体形、体态的生理差异，导致着装要求也有着很大的区别。总之，这里谈的是服饰形象基于性别差异而产生出的各具特色的美感。（图2-5~图2-8）

图2-5　强调性感的服装设计

图2-6　减弱性感的服装设计

图2-7　现代性感服装（之一）

图2-8　现代性感服装（之二）

大凡欣赏一个着装形象，或是研究一个特定的服饰形象，再便是为了设计一套服装，也就是说，不管是侧重于人，还是侧重于服装，在面对一个穿戴整齐的人的时候，也许是为了设计而思索，也许只是出于欣赏的需求去审视，不论目的何在，首先得到的强烈印象是：男性或女性！这是出于人的一种本能的审美认知。被一些人认为是极自然的审美认知偏向，实际上对服装设计至关重要。

通常，美学家笔下的男性服饰形象被归为壮美或阳刚之美，而女性服饰形象则被归为优美或阴柔之美。这只是两性服饰形象审美的基点，因为壮美或优美一类的划分与概括，可以用来概括着装的人，也可以用来形容未着装的人。所以说这只是两性的美感体现，并不能贴切地表现出两性通过服装所显现出来的性感之美。

由于本章是在研究服装设计的美学原理，因此尽可抛开非着装人体和非着装者，而将着力点全部集中到男女的服饰形象上来。

男性服饰形象的性感之美一般体现在肩部、胸部、腿部和足部。夸张衣服的肩部往往可以收到良好的效果。每当诗人或是作家以笔去形容男性之美时，总是在那伟岸的身躯上特意着墨于宽宽的肩膀或是强有力的臂膀，如"虎背熊腰"之类词语。实际生活中，并不是每一个男性都具有宽宽的肩膀。所以，设计巧妙的服装就可以弥补其不足，以垫起的肩部、加宽的肩部和肩上的肩章、肩襻等附件，形成90°角，给人以方正刚直的印象，这又是人体上部的外缘，便于强调服装美学时以夸张肩膀而表现出来的男人气。男性那厚厚的宽阔的胸膛，也可以通过服装得到加强。如西服的前襟加厚，以棕垫或马尾衬托，使西服胸部饱满，不塌落。特别是早礼服的前胸不加口袋（另附绶带、勋章等华丽的配饰物），以其挺括和方正有力而表现出强悍、无畏的雄性气概（图2-9）。

男性性感很大程度体现在腿上，难怪古代的勇士都在腿部装束上表现出敏捷与矫健。欧洲男性十分注意腿部的服装造型，即使不是武士，也以充分显露全腿部肌体结构的紧身裤或长筒袜将男性腿部的肌肉感完全显露出来。从整体造型来看，欧洲男性服饰形象的轮廓就如同一个大的倒三角形。由于肩部的异常夸张和颀长粗壮的腿的重点刻画，使他们的形象虽然上宽下窄，但丝毫也没有不稳定感，而是宛如一件钢筋铁骨般的几何形体，稳健地突立在大地之上（图2-10）。

如果从民俗学、伦理学的角度看，也许会使不愿露出腿部肌体结构的民族对此抱有成见，至少提出异议，甚者竟不敢多看一眼。请注意，这是出于一种民族意识的偏见或是由于着装上的长期受到意识压抑所致。假设能够暂时摆脱习俗所累，心平气和地去看待这样一个服饰形象，任何人也不能否定那种男性性感的诱惑以及从中体现出的壮美，是震撼人心的。因为那种服装造型充分表现出一个活生生的、强健的、充满力量的人，更确切地说是一个男人，绝没有任何含糊与模棱两可。只要你彻底抛弃因旧有的观念而导致的羞涩，就会发现这才是最典型的男性服饰形象，它既没有用直筒裤或西装裤去遮掩，也不像原始人那样赤裸裸地太不含蓄。今天的着装者和服装设计师仍然努力寻求和极力表现男性服饰形象的性感之美，只是每一种艺术，每一种形象总是有盛有衰，有高潮也有低谷（图2-11、图2-12）。

图2-9　西装展现的男性气质

图2-10　拿破仑的矫健身姿

如今的服装设计者正在苦苦思索着如何表现出现代男性的鲜明的服饰形象特征，牛仔裤应运而生就不能排除有这个因素在内。牛仔裤、牛筋裤、弹力背心加上厚厚实实的旅游鞋，为现当代男性创造出一种新的气息，新的粗犷且又轻松的男性服饰形象（图2-13、图2-14）。

图2-11　近现代西方服装展现的男性气质　　图2-12　西装的整套设计模式　　图2-13　当代牛仔装　　图2-14　粗犷牛仔裤展现出的非正统风格

当然，在表现这种男性服饰形象的个性特征时，也不是采用单一的手法去直接表现形体结构特征，而是以方正的、几何形的轮廓造成男性符号，这绝不失为一种创作。因为人们处在主观审美关系中时，对某些审美对象会产生不由自主的喜好或偏爱，或者说是在人的审美经验中形成了某些独特的审美定式。审美主体只有通过这种审美定式才能满足自己的审美需求，从而获得审美享受。表现在对男性服饰形象的审美及其创作态度时，也是这样。这就是审美趣味所起到的作用，它势必影响到服装审美与创作。只是无论怎样，男性服饰形象特征，永远是设计者的一个研究课题，或者说是一个研究重点。因为在为人设计服装时，就人本身来说，不是男人便是女人，因此男性特征是服装设计中不可能也根本不应该回避的课题。至于中性服装的流行，那是另外一个问题。

女性服饰形象的性感之美一般体现在胸部、腰部、臀部，但是肩部和腿、足部也很重要。女性服饰形象还不仅表现为笼统的优美和阴柔之美上，更重要的是表现出女性所独有的性感之美。丰满的胸部是女人的骄傲，如果天生一对富有弹性的丰腴的乳房，会使女性特征陡增三分。但是，事实上女性中不乏为此遗憾的人，所以借助服装来弥补其不足，远比隆胸术要高明且安全得多。现代人发明的乳罩将女性乳房轻轻托起，同时给予乳房以完美的略加固定的造型。不管从医学角度谈女性乳房保健，还是从美学角度谈胸部的优美，乳罩作为内衣，确实是非常有意义的设计（图2-15）。

一般来说，女性强调腰身的造型，特别是腰部轮廓线。突起的乳峰下纤细的腰肢，腰以下再略显丰满，这是女性性感最诱人之处。天造地设，将女性的身体曲线设计得如此完美，服装设计者又有什么理由不去表现它，而强行遮掩呢？当然，服装美有多方面因素，可是从服装设计宗旨来看，确实应该以服装的巧妙造型与组合，显现人的鲜明个性特征。就女性来说，这一种由躯干构造特点所形成的男性所不具备的线条，实在是服装设计者不应该疏忽，也不应该予以轻视的。欧洲古代的女裙装，是突出表现这一线条的经典服装造型（图2-16）。那样不遗余力地强调细腰丰臀，将女性性感之美表现到极致。其他国家的人们虽然并没有像欧洲女性那样鲜明的服装款式，但是关注到女性细腰特征并欣赏它的兴趣始终存在。中国古代美人虽说不讲究以服装来夸张胸和臀，但是她们仍然以腰系丝带含蓄地表现出女性的婀娜身姿。楚辞中"美要（腰）眇（细小）兮宜修"就说明女子好看的身材来源于腰细，这样的腰肢特别适宜于装扮（图2-17）。女性苗条主要在于腰，这不仅在《墨子》《韩非子》《管子》等古籍中均有记载，就是现代人也欣赏女性的细腰。有些国家出于某种宗教信仰和民间习俗，不愿意过分显露女性的腰部曲线，即使这样，日本的和服、印度的纱丽还是以服装款式和腰部装饰将人们的注意力引到腰部来。

对于女性肩部的表现，欧洲人直接在晚礼服上采取袒露的形式（图2-18）。这样，使得女性那白皙、圆润的肩部几乎全部袒露出来，相比之下，中国近代改良旗袍由于不另上肩，从而使女性肩部的所有美感在衣服里面溢出光彩。旗袍表现女性肩部的性感不像晚礼服那样一览无余，反而又增加了几分神秘的魅力，这在中国20世纪30和40年代的旗袍上表现得最为出色（图2-19）。不能不承认，当代旗袍自认为高明的仿西服缩袖，其实恰恰掩盖了这一部位的美妙。这是笔者在一次电视专题片的拍摄中，通过长时间集

图2-15　时尚内衣

图2-16　显示腰身的古代欧洲女性服饰

图2-17　东晋顾恺之《列女传仁智图卷》中的女装

图2-18　欧洲女性袒露肩膀的服装
款式

中精力观察旗袍所得出的体会。当然，这要依靠合理裁剪和精工缝制，否则，女性肩部再美，也会在一团糟的衣服里黯然失色的。

　　以服装来强调女性的玉腿之美，是现代的事（图2-20、图2-21）。这种以服装来有意表现女性性感，不同于根本未着装或始终全裸体的时期或民族。当那些中长裙开始解放了女性的踝部以后，人们越来越感受到长裙的累赘和减短裙身的有益之处。于是，在特定时代背景下，裙裾开始逐步上提，直至膝上20厘米左右，才为了保持裙的造型和名称而告一段落。玉腿裸露在裙装之外

图2-19　中国改良旗袍

图2-20　表现女性腿部美的服
装（之一）

图2-21　表现女性腿部美
的服装（之二）

的，要穿上腿部时装——高弹透明丝袜。这种极细极薄的丝袜实际上完全与腿部的肌肤感相同，只比真正的皮肤更多了一层柔润与细腻。自从女性腿部袒露在裙装之外，就在引起人们审美兴趣与审美感受的同时，又遭到一些人的反对。持反对意见的人并不是因为女性腿部不美，正相反，是因为他们认为女性腿部太美了，以致唯恐抵抗不住这种诱惑。其实，少见才会多怪。当满街都是玉腿林立时，也就觉得无所谓、无须指责了。当然，这时那些原来所具有的审美兴趣也会因此而减弱。好在女服在表现女性腿部时，并不是采用单一的形式，有的是将裙身不停歇地变换，短了长，长了又短，以此造成新鲜感。有的是采取开衩形式，如前开衩、后开衩或两侧开衩。改良旗袍和中式晚礼服就是利用开衩部位的巧妙设计，而在给女性以更大

行走自由的同时，又使女性腿部忽隐忽现，扑朔迷离，永远给人带来一种若隐若现的朦胧的美感。

不少人都认为女性之美在头而不在脚，事实上不完全准确。容貌俊美者在男性中也不乏其人，可是一双未经风霜的女性玉足，却往往使男性望尘莫及。尤其是利用足服再修饰一番，女性之美愈发迷人。大多数民族的女鞋在与男鞋强调差异时，将鞋头做得较之男鞋更圆、更尖，以便在和方正厚朴的男鞋对比中，显得纤巧和柔弱。欧洲的女性高跟鞋在突出鞋头的女性美时，又把鞋跟加高，以使鞋底弯曲成了一个斜放的S形。以鞋底的弯曲幅度又加强了女性的优美。特别是当女性穿上高跟鞋后，由于人体重心的前移，使着装者不得不将身体向后挺直，而这一挺直不是没有限度的。穿高跟鞋者如身体向前低，就无法保持重心的稳定，而身体过分后仰又必然会摔倒。于是，在身体向后挺直时，必须收腹，这样一来无形中将胸部挺起，一个俏丽同时带有现代风采的女性着装形象出现了。如果再从身后观察穿高跟鞋走路的女性，就会不由自主地被她那由于不得不抬高足部从而引起臀部左右上下移动的姿态所吸引（图2-22、图2-23）。一件足服竟不仅是表面修饰，它还会引发一系列服饰形象的美感，这是需要服装设计者认真考虑的。

图2-22　现代女性高跟鞋配职业装

为什么说在服装设计宗旨中首先要考虑到鲜明的个性特征，而鲜明的个性特征中又首先是男女性别特征在服装中的表现呢？这是因为，每一个民族和每一个地区，甚至他们所经历过的每一个时期，审美标准总会因各种自然和人为因素而产生差异，很难使他们对某一个单独的服饰形象都同时产生美感。在这个时候，唯有男女的服饰形象美在欣赏中受的局限性最小。有人说过，世界上只有两个人，那就是一个男人，一个女人，这话不无道理。具体到服饰形象美的欣赏与创作中来，或许人类在服饰形象的审美过程中，有着一种最容易沟通的、共有的审美情感。

美学界解释审美情感时这样说：审美情感是极其复杂的心理反应，它涉及人的心理能力的各个方面，不仅依赖人的感知方面，还必须具有精神因素，而且这两方面中的任何一种都不能单独地、孤

图2-23　高跟鞋展现女性风采

067

第二讲　服装设计的美学原理

立地赋予我们审美情感。这就决定了审美情感的对象性，它同生动的直观和感觉不可分割。我们在日常生活中都有这样的体验，当只停留在精神享受而不含任何功利目的或切身利益时，实际上对于美的感觉、感知和评价更要客观一些。设想我们在服饰形象审美过程中，何尝不是如此呢？

男性和女性以在世界上最简单的划分方法，向我们提供了美的服饰形象，提供了鲜明的性别特征。但是在创作中会发现，这两性的性别服装就好像爱情是永恒的话题一样，永远也不会使服装设计者感到乏味，永远有文章可做。这就因为他们两方既统一，又对立，天与地、阳与阴、乾与坤，就像是天体运动的不可变一样。多少年来，尽管在男服中屡次出现女性化倾向，女服中也经常大胆或腼腆地向男服靠拢，但他们始终没有完全一致。即使在当代长时期流行中性装的情况下，男性和女性还是存在着诸多区别，体形、体态不可能完全相同，也许这才构成了世界。

性别特征最直接的表现手段是袒露。但袒露不是服装。只有袒露与服装同时出现在着装体上，或是以服装把袒露性别特征的欲望艺术地而绝非直接地表现出来时，才是人的设计。这样，才是人类的服饰文化（图2-24、图2-25）。

服饰文化可从一滴水看大海。当代盛行宽松式服装，似乎遮盖了一切性别特征。其实不然。一个是款式宽松了，选料却注意柔软轻薄，如纱、绸或其他轻飘的化纤面料，把性别特征部位的线、面依然表现得十分突出；另一个是在配套上该紧瘦的依然紧瘦，如裤的细长或肥短，依旧是"泄露春光有柳条"，或"满园春色关不住"，把人的性别特征表现得淋漓尽致。不是欲盖弥彰，而是欲彰弥盖，这就是服饰文化。

男性服饰形象的鲜明特征和女性服饰形象的鲜明特征，就好像是必修课一样，使服装设计者一生都要钻研、琢磨，只有这样，才有可能设计出真正的男服和女服来。

图2-24　近现代袒露式
　　　　装束

图2-25　当代袒露风格时装

个性特征的普遍性：高明的服装设计者必须关注到人的个性特征，同时注意到在自己的设计中，尽力表现着装者在服装修饰下所显示的个性特征。什么时候，设计者能充分理解服装创作应该像人的面容和指纹那样，亿万人绝不重复，那么全人类的服装水平便会进入一个新的境界（图2-26、图2-27）。

黑格尔曾说过一句名言："美

是理念的感性显现。"尽管黑格尔的理论也遭到别人的反对和怀疑，但是这句话仍闪烁着哲学思辨的火花。黑格尔所谈到的美，不是自然美，而是艺术美。因为他认为自然是有缺陷的、非观念的，只有理念用感性形式显现出来才是美。具体到人（或说着装者）的自然的个性特征和着装后所显示的艺术的个性特征，确实存在着距离。一步之遥，却又好像相隔万里。因为艺术对自

图2-26　个性化时装

图2-27　个性装束

然的反映，同科学抽象认识事物有着本质的不同。科学是对客观事物规律的认知与掌握，艺术则是对自然（包括社会）形象的捕捉、再现与再创造；艺术思维本身就不像科学那样透过现象掌握本质，从众多个性中去寻找一般的规律即共性，艺术恰恰是对个别的、偶然的、活跃的形象或现象感兴趣，然后去进行设计，使其成为生动、具体、特征鲜明的、可视、可听、可知、可触、可嗅的艺术形象。黑格尔还有一句名言，就是艺术表现应该是"这一个"，而不是什么别的。"这一个"是个性的同义语。服装设计者如果不掌握这里的奥妙，就极易走上千人一面、千部一腔、人云亦云并且亦步亦趋的道路，这样的先例实在太多了。

设计者欲在作品中体现鲜明的个性特征，这是常态。但服饰形象个性包括好几个方面。对于设计者来说，希望他的作品不落窠臼，也就是说不能与其他设计者的作品雷同。如果是作为一般艺术的设计者这也许就够了。但是服装设计者关注到这一点还远远没有真正理解服饰形象个性特征的重要意义。由于服装要由人将其穿戴起来，因此要体现出"这一个"人的个性特征，然后再体现出"这一个"服装的个性特征，这两个特征还必须吻合，这样才会被认可。否则只能成为服装，而很难成为服装艺术，更谈不上服装的审美价值了。

创作中注重个性的工作并未到此结束。因为从着装者本人来说，需要对此认可，他或她毕竟不是商店橱窗中套上衣服的人形名。着装者认为这件衣服符合自己的个性特征，还要确认这件衣服在众多的服装中有其独特性，这就使设计中的个性关注又进了一步。

着装者处在众多的着装形象受众之中时，要使着装形象受众在认为这件衣服实属罕见之外，还要确认这件衣服给这个人带来美的效应。这时，设计者的创作才告成功，当然这是就个性鲜明这一点来讲的。

至此，设计者在服装艺术创作中所表现出来的独特的个人风貌和成熟的个性特征，完全凝聚在物化形态的服装艺术品之中了。不过这还只是服装设计宗旨中的一部分。

（二）符合时代潮流

　　对于任何艺术设计来说，只具有个性是不够的，还必须有共性。艺术设计作为一种审美活动当然是最富于个性的了，但任何一个艺术家都只能作为一定的社会中的个体而存在，任何一种艺术活动也就只能作为一定的社会现象而存在。这种艺术个性与共性的矛盾统一表现在服装设计中，就集中到一个焦点上——时代潮流。

　　服装设计者由于生活在不同的时代，一个时代中的设计者以及他们所从事的创作活动，必然受到同一时代文化背景的制约。换一个角度说，服装设计者必须使自己的作品风格与时代潮流合拍，否则将会被冷淡、遭摒弃，以致无立足之地。因为审美个性是要受到审美共性制约，然后又突破共性的。因此，审美共性也非凝固不变。这在服装设计中，突出表现在时装的魅力和引力上（图2-28、图2-29）。

　　中国第一部系统的文艺理论著作——刘勰的《文心雕龙》中，提出"文变染乎世情，兴废系乎时序"。文学创作是如此，服装设计也不例外，其实，在诸多艺术中，服装对时代感更敏感。诗歌、戏剧、舞蹈的时代性都没有像时装那样瞬息万变。

　　既然这样，作为服装设计者来说，就要勇当弄潮儿。关起门来翻翻画报，"眉头一皱，计上心头"的创作，是不容易位于时代前列的。在任何一个服装设计者面前，时代感的要求都毫不留情。因此，摆在每个服装设计者设计议程首页的"符合时代潮流"几个大字格外醒目，设计者头脑中必须有这样一个宗旨，不符合时代潮流的作品根本不能成立。或许有人觉得有些服装好似是以前时装的翻版，即使是这样，也不足为奇。服装风格演变中呈螺旋式上升的规律已经在社会学实践中为大家所认识到，现在放在美学的意义上，就在于不用管它曾在何时流行过，只要是又重新符合当代人的审美标准，就依然是符合时代潮流。因为一种样式的再兴起，绝不会原封不动地被搬来，而是其中蕴涵的某种美质引起当代人的审美联想和审美移情，于是人们又喜欢上过去时代的时装了。当然从美学的典型化上来讲，"这一个"已不是"那一个"，这一点不用担心。

　　符合时代潮流的意识是抽象的，符合时代潮流的服装却是实实在在，以具象的审美形式存在的。在具象的服装上体现出抽象

图2-28　当代时尚装束

图2-29　颇具时代感的职业装

的意识，这是对每一个服装设计者的要求，同时是一个丝毫也不含糊的考验。

时代个性，就在这些符合时代潮流的服装中得到形象的体现，而是否鲜明，则是设计者的功力和职业敏感的集中反映了。

（三）能够激发起人的最大限度的审美感受

服装设计作品能够激发起设计者、着装者和着装形象受众三方面最大限度的审美感受，这是对设计者更高层次的要求了。如果服装作品体现鲜明的个性特征和符合时代潮流这两点是必须做到的话，那么能够激发起人的最大限度的审美感受这一点，则不是所有设计者都能够做得到的。

尽管每一位服装设计者在进行创作时，都力求使自己的作品能够激发起自己和别人最大限度的审美感受，但这只是一个基本点，真正做起来还很难。

审美感受的美学概念，旨在说明人通过视觉和听觉感受到客体对象所能引起人的审美感受的感性形式。因为色彩、形状、线条和声音主要与人的视听器官有密切的授受关系。而视、听两器官所感受的范围又比其他器官更广泛，有着更大的概括性，更多地与对外在世界的理性认识有关，与人的高级的心理活动和精神活动有关。相对来说，触、味、嗅觉感受的对象范围就相对小。这种普通美学理论用在服装美学中，有何可供借鉴之处呢？不容否认，普通美学的理论抓住了一般艺术的规律，因此，服装美学在研究服装美的时候，在基础理论上与普通美学存在着不可分的关系，但是服装毕竟是服装，有其自身的创造性、实用性与发展性。

服饰形象或简单地说到服装，不能只像其他艺术品那样只供人欣赏，因为它毕竟还要穿戴在人身上。这个时候，着装除了考虑服装的色彩、形状、声音以外，同时或更早感受到的是服装的质感和气味。所以说，《美学百科全书》中"审美感受"词条中从普通美学角度讲触、味、嗅觉往往只是引起直接反应的说法，应用在服装美学中就显得有些无力了。当一个人穿上衣服后，对这件衣服的触觉感受和嗅觉感受虽说在最初几秒钟内引起的是生理反应，但很快就会直接影响人对服装的综合审美感受。因为服装刺伤皮肤的不舒服的感觉和服装上所传出的难闻的气味，不仅影响了生理快感，它在很短的时间里传入大脑，立即会形成一系列与此相关的联想和行为指示。那时候，即使服装的色彩、形状、线条和声音再美，也谈不上审美感受。无论是单纯的生理感受造成了愉快与否的感觉，还是美感经验在其中起了重要的作用，服装艺术的审美感受都与一般艺术的审美感受不尽相同（图2–30）。

图2–30　新时代拼缝时装

如何通过服装设计激发起人的最大限度的审美感受，不是简单易解的问题。这里不仅牵涉到服装艺术本身，还有一个审美主体的因素。因为每个人的审美经验的广度和程度不同，而且每个人在特定服装面前所抱的态度和情绪也不同，尤其在服饰形象审美中，会出现三个审美主体（即设计者、着装者和着装形象受众）的现象，因此，也就更难掌握了。

按照艺术的一般规律，应该从服饰形象本身下手，因为这是设计者的作品。服饰形象在这里就是审美对象。它是普通美学中所指的能使人产生美的感受的事物，而且属于被发现的对象和被创造的对象两类中的后者。服饰形象作为审美对象，当然是审美活动中必不可少的一个因素，存在于服饰形象之中的具体的线条、造型、色彩、音响、质感、气味、整体组构，以及由此传达出的抽象的意蕴，当它们完美地表现出来时，才有可能激发起人的审美感受。但离最大的审美感受尚有一段距离。

我们在前面讲过，在服饰形象这一审美对象面前的是三个审美主体，如果设计者和着装者是一个人的话，也应按三方看待，因为设计者和着装者对服饰形象的审美标准和审美态度毕竟不同，即使是同一个人，也会兼有两种心态。这三个审美主体，在对服装审美经验累积情况和程度上的差异，使他们不一定能够同时对一个服饰形象产生同样的审美感受。这三方所能知觉的服饰形象的特殊因素，是否具有绝对的审美价值的问题，就服装美学来说，是可以成立的。审美主体三方具有几乎相等的审美感受的情况，不是不存在的，只是很难在同一点上相遇。

这就引出服饰形象如何能激发起人的最大限度的审美感受这一艰难的课题。要想在服装设计中达到这一高度，无疑要寻求服饰形象美的规律，在造型、色彩、纹饰以及组构（即配套）上符合人们的审美习惯，还要关注到时空的概念与特征。总之要以客观美的总和，以最为普遍而又最为稳定的审美观念的物化形态，去激发起人对服饰形象的最大限度的审美感受。因此有一个对于设计者来说至关重要的问题，就是设计者不能仅从个人主观的审美趣味去设计服装，而不顾着装者和着装形象受众的审美观念，同时又不能完全迎合社会一般审美观念的潮流而失去创作个性（图2-31、图2-32）。

设计者将人对服饰形象的模糊不定的、零碎的审美感受归纳为较明确、较系统

图2-31　休闲装的个性化设计

图2-32　俏丽与洒脱并存

的认识，然后使之在服饰形象上明确地体现出来，才是一种更高层次的审美态度，才有可能激发起人对服饰形象最大限度的审美感受。

二、服装设计的适用价值

对于服装美学来说，审美价值理应放在适用价值前面去论述，而对于不同于一般艺术的服装来讲，又必须涉及适用价值。因为服装是艺术品的同时，也是实用品，是设计者的设计构思绝不能忽略而且必须面对的一种事实。适用价值在服装艺术中，是指对于人的社会角色、对于不同消费阶层、对于不同的审美需求的适应性。服装美学中需要论证的适用价值的这三个方面不同于社会学和心理学中与此相关的内容（图2-33~图2-35）。

图2-33　严肃场合需求的　　　图2-34　隆重场合需求的　　　图2-35　休闲场合的服装与发型
　　　　　服装　　　　　　　　　　　　服装

（一）适用不同的社会角色

在美学中，不同的社会角色会有不同的审美意识。服装创作的宗旨之一是要适用于不同的社会角色，更进一步地说，是使其作品分别适用于不同的社会角色的审美要求。创作的个性与共性和审美的个性与共性在这里结合。古代一些优秀作品可给我们今日创作以启示。

艺术创作中，作者个人的创作意识和集体的创作意识相互混融，相辅相成同时相互促进。审美活动中个人的独特判断与集体的共同判断一起组成审美个性与共性以后，直接左右着创作者的创作活动。作为服装设计者，在认识到艺术品个性特征的重要性的同时，还要考虑到审美个性的差异（图2-36~图2-38）。

图2-36　原始性的个性头型

图2-37　当代男青年的个性发型

图2-38　当代女青年的个性发型

　　社会角色是很难以一个确切的数字表示出来的，因为有多少种社会活动，就会有比它多上几倍的社会角色。而且，一个人在不同社会场合和社会单位中会充当不同的社会角色，这就使得他或她在充当不同角色时会有不同的审美需求与标准。事情还远不是如此简单，当人们不停地变换社会角色时，其中很多角色是有着一定的共同点的。一个人在家庭中可同时扮演父亲、儿子、丈夫的角色，而就社会分工说，他又是下属、上司，也许是军界的、政界的，也许是学界的、农牧业的、工业的或商界的。其角色在审美体验上是不是一致呢？肯定不。即使其中有相近或重叠之处，但对于服装审美体验来说，往往存在着差异，甚至会出现天壤之别。

　　对于服装设计者来说可以感到欣慰的是，尽管不同人不同时期所扮演的社会角色不同，对服饰形象有着不同的审美标准，但仍有共性可寻。例如企业董事长或总裁，这个遍布于人类社会中的经济活动的产物——社会角色，总想以良好的着装形象出现在别人面前（仅就这一社会角色来讲，不包括他在其他单位、处所所扮演的角色，如家庭中的父亲、购物时的顾客等）。企业家对服饰形象的审美要求较之医生、教师等要有所不同。对外（在客户面前）要显示本企业的实力形象，对内（在下属面前）要保持决策层与管理层的尊严，这些都使得他在服装上要考究一些。这是社会角色之一——企业家在完成自己角色形象时所必需的。无论银行还是娱乐城总负责人，在服装审美过程中，大体上都要体现这种特色。这是共性。但不同企业的负责人，由于所经营的内容不尽相同，在审美观念和标准上也会存在着差异。如银行总负责人的服饰形象要凝重些，而娱乐城总负责人的服饰形象则可活泼些。这也是社会分工所决定的。自然，还存在层次的不同。一般来讲，服装、珠宝商店和豪华宾馆的老总对服饰形象的审美价值和经济价值都格外关注；相比之下，工具商店、建筑材料商店（门市部）的经理可能在服装审美态度和标准上相对就比较弱化。

如果服装设计者在设计过程中忽略了社会角色，仅从一个单体人，特别是一面之交，了解不深的独立的着装体的表面形态上去设计服装，是不容易取得真正的成功的。即使当这位顾客穿上一身新颖的时装，设计人及着装者双方都满意时，在进入社会人群中并充当其承担的社会角色时，却不一定能取得良好的效应。如服装设计师给一个身体健壮、眼睛明亮的中年银行总经理设计方格子猎式上衣，戴上一个花领结，坐在金融大厦里的大班椅上，就未免显得轻飘。因为，这作为留着小胡子的娱乐城经理的打扮，才是更适宜的。服装设计者不问清或不考虑需要设计的服装是为了哪一类社会角色，会陷于盲目，甚至相当于无的放矢。

服装设计中，作品必须具有适用价值这一点，是服装审美活动的特殊表现。而适用于不同的社会角色这一点，更是服装美学与社会学的交叉点与共同课题。它从服装创作目的性和审美明确性出发，触及社会评判的客观性。这种客观性既包括着装体的自然本质，又包括社会本质。设计的目光注视着这两方面才是全面的。

服装设计宗旨中要考虑不同社会角色的审美意识很早就引起人们的关注。在不少原始部落中，部落酋长和巫师的服饰形象都带有一定的社会性（权威）和通过服装艺术所表现出来的角色特征（神性）（图2-39、图2-40）。当进入现代文明社会以后，表面上看代表不同社会角色的服装（如皇帝服装、官品标志等）好像明显减弱，但是实际上，服饰形象要适用于不同社会角色的审美标准更精确，审美关系也更复杂、更微妙了。街面上看没有封建社会皇帝出巡的前呼后拥，可是每个人在扮演不同社会角色时对服装的审美要求却提高了。一个护士在工作时间、工作岗位上和居家休闲或在父母、恋人面前，对服饰形象的审美要求绝不会相同，如果设计者忽视了这一点，那就意味着这一设计不是很成功。

图2-39 中国古代皇帝服饰形象

图2-40 非洲部落酋长服饰形象

（二）适用不同的消费阶层

一般来说，同一地位、同一性别、同一年龄而且兴趣、性格相近的服装购买者和穿着者，对待服装的选择可能有着必然的相似之处。但是在经济社会中，由于经济活动对审美活动的直接制约，即使是以上条件完全相同的服装选择者，也会因经济条件的实际情况，产生不同的消费观念。因此，在一定的社会中形成的不同的消费阶层，是以绝对审美标准为制动力的。应该这样说，拥有一定消费能力的人，形成一定的消费阶层，从而使得服装设计者的创作，在考虑审美的同时，还要考虑到不同消费阶层对服装需求的差异。

　　具有不同消费能力的人，对服装材质、工艺、款式和时尚性的要求不同。服装设计者要想使其作品适用于不同的消费阶层，就必须具有一定的经济头脑——服装审美服从于经济条件，如何在适用于不同的消费阶层的服装设计中体现出设计者的功力和修养，是对设计者的一个考验，也是每一个服装设计者必须纳入设计宗旨中的重要内容。

　　不同消费阶层对服装材质和工艺的档次要求不同，但是对服饰形象美的要求水准却可能较为一致。这就需要设计者狠下一番功夫，使服装在高级材质和精工细做中获得美的效果，而在低档材质和一般加工过程中也能获得较之前者并不感到十分逊色的艺术效果（图2-41、图2-42）。有时像以骨质材料做出象牙效果的工艺品，有时又像竹、木、牙、角的工艺品各具美态。戏剧表演艺术有一句名言："只有小演员，没有小角色。"在高明的设计师面前，只有低档次的原材料，没有低档次的服装。

图2-41　人造皮革装也精彩

图2-42　人造裘皮价廉物美

　　服装设计使低档材质在巧妙设计中同样显得美，或是更美，这才是服装设计者的高明所在。在不锈钢上镀钛，能像真正的金子一样闪光吗？如果这只是两块未经工艺加工的金属料，镀钛的不锈钢是无法与真金相比的。可是一旦将它们制成手表或其他饰品，那通过巧思与巧艺之后所呈现出来的审美效果，就不能以材质高低而分出胜负了。民间有句俗话："粗粮细做"，这本来是讥讽某些形象基础差的人强作扭捏之态或是好打扮，如果在这里，我们将其作为正面话去理解，去认识，去实施呢？其结果也是很有审美价值的。目前国际上从营养学角度上又把玉米面或豆腐摆上宴席。玉米面本不细，但是经过厨师的设计，会以高级美味佳肴的形象出现在豪华大宴上。如今不是真有豆腐宴吗？豆腐也能做出花样，做出文化。这不正是给服装设计者一个有益的启示吗？

　　假如真的能像上述不锈钢和玉米、豆腐那样，以低档原材料设计制作出具有高水平审美价值的服装来而且不必有更多的人力投入（以求降低成本），那么，服装设计者欲使其作品适用于不同消费阶层的愿望也就可以实现了。

以上所述，我们将重点放在阐述低档材质服装能与高档材质服装媲美的理论上，是不是高档材质就不存在美不美的问题了呢？不是的，因为，要想使设计出来的服装适用不同消费阶层，主要需要在"粗粮细做"上下功夫。至于不惜人力、物力的服装创作，要想达到较高的艺术水平，应该说不是件难事。比起以低档材质做出艺术性相当强的服装来，要容易得多。

设计上适应不同消费阶层，在构思上要突出一个"巧"字。"细粮细做"（高级衣料精工细做）是一种，"粗粮仿做"（低级衣料精细加工，追求高级衣料效果）是又一种，还有一种是"粗粮粗做"。

粗粮粗做，即对低级衣料运用设计手段，进行粗放式加工，达到一种单纯、明朗、粗犷、纯朴的服装效果，同样是服装设计上的成功之作。英国传统织物中有一种粗毛手工织物，上面甚至结有红、蓝、绿、黄的小疙瘩，名"火姆司本"，用来制作西装上衣，明线贴口袋，细看粗糙，整体效果却美，这是设计上的典范作品。牛仔布、麻布、水洗布，其原材料不属高档衣料，现代设计制作成各种休闲服，价廉物美，也吸引各层次的消费者（图2-43）。原皮高筒靴、麻底布鞋，西方人也很欢迎，材料不名贵，却能设计出名品。或许这正是当前追求原生态的人所追求的呢。

由于服装设计面向大众，面向几乎所有人，所以在经济社会中的这一实际问题也必须提到与服装艺术性同样重要的位置上来。只有适用不同的消费阶层，才有可能拥有更多的知音，即着装者（图2-44、图2-45）。艺术不得不同经济扭结在一起，从某些方面看，也许束缚住了设计者的手脚，但这也是历史的必然，是服装设计宗旨中一个不能回避的问题。

图2-43 牛仔布的
时尚演绎

图2-44 头饰与面妆搭配

图2-45 全身服饰搭配

（三）适用不同的审美需求

除了以上各种社会因素以外，作为一个人，或者说一个在服饰形象面前的审美主体，出于各种原因，会产生不同的审美需求。在不同时间、不同地点所产生的审美需求的变异，有时连自己都始料不及。审美需求来源于审美个性和审美偏见。

审美个性源于个人做出的审美判断。这种判断带有强烈的个人色彩。服装设计者使自己的作品适用于不同审美个性的需求并不难。即使审美个性呈现出多样化的趋势，也是艺术发达的标志，是人类文明进步与个人自由度扩展的标志。困难在于着装者和着装形象受众往往表现出一种审美偏见。因为偏见是不以规律性的形式出现的，而一旦形成又是极其执拗的，以致难以用充分的理由说服它。服装设计者即使遵循了所有艺术创作的规律，也难以获得带有审美偏见的人的理解，这就是人为所造成的创作障碍，但它又毕竟是客观存在。

有一个最简便易行的方法，就是中国话所说："投其所好"。即在服装设计中尽量考虑到众多着装者的不同审美需求，而不停留在个人的主观设计意图上。当为某一个着装者设计服装时，应充分考虑到着装者的审美习惯（图2-46、图4-47）。我们时常见到这样一种情况，当设计者了解到着装者一些本身条件之后，这种了解当然是依靠观察容貌和询问职业、年龄而来，于是服装设计者便兴致勃勃地在自己头脑中或画纸上勾画出得意的创作蓝图，然后将自己的一件自认为非常满意的艺术品强加在着装者身上。而在此之前，服装设计者并未询问着装者本人的审美偏爱（包括兴趣与需求、意愿等）。结果是两方无法在同一套服装上获得审美意识的同步与同位，其结果是可想而知的。

服装设计者要想使其作品适用于不同的审美需求，首先要了解着装者的审美需求，包括认真揣摩其潜在的未直言的审美需求。不想了解或不予考虑着装者的审美心理，这一缺乏另一方意见的设计怎么能够适用于不同审美需求呢？

不同人有不同的审美需求，一个人在不同时间和场合中又有不同的审美需求变化。因此，服装设计者必须充分考虑到这一要素。

图2-46　LV高定时装

图2-47　定制时装

第二节　服装设计基础

　　服装设计者，就是艺术工作者。作为一名真正的服装设计师，必须在掌握设计宗旨的前提下，具备艺术工作者的气质和基本功，即各种心理因素和技能条件。

　　服装设计者是进行服装设计的主体。作为创作主体所具有的构成因素中，敏锐的审美感受能力、创造性的想象和丰富的情感，是重要的心理因素。可是这些心理因素除了来自天赋以外，还依靠什么来培养呢？这就需要在后天的社会实践中不断学习和体验，其中最重要的是文化修养。因为文化修养不只是指从书本上学到知识，它还包括社会中的语言符号和街头俚语，以及所有民俗风情和民俗事象。社会生活本身就是一本生动的教科书。服装设计者须充分重视这本取之不尽、用之不竭，充满知识的"书籍"，使自己逐步成熟起来，以丰富的知识结构形成个人独特的感受能力。其间当然不仅仅指审美感受能力。

　　在现实生活中，艺术家对各类事物感性的具体特征有浓厚的兴趣和感受，并十分注意观察和摄取那些为常人所忽略的事物特征，将它们印象鲜明地保存在记忆中，为创作艺术品做丰富的素材储备。服装设计者也需要这样。一名出色的服装设计者，他会将所有接触到的有关服装事物的印象收集起来，归到自己的信息库中来，就如同照相机的聚焦功能一样。同时，他的职业兴奋灶，促使他常常以自己的职业敏感去看待一切事物。这些事物既有身边生活中的情趣、图像，也有书本中的间接知识，特别集中在对生活情趣的捕捉、对书本知识的领悟和对全人类风情的熟知三方面。捕捉、领悟和熟知三个词，蕴涵着动势、动态、心意和耐性。这都属于服装设计者必须具备的综合修养。

　　仅有综合修养是难以成为服装设计者的。设计者必须熟练地掌握美术基本功，包括绘画技巧的训练和对人体结构的理解，而绘画技巧的训练中又包括对绘画材料的熟练掌握、对绘画工具的正确使用、对设计对象的表现能力以及对人物造型、色彩组合等方面的素养。当然，对于当代服装设计者来说，必不可少的还有对于计算机操作技术的掌握，不了解最新软件的应用技巧，也是万万不可的。总体来看，对于一名普通的美术工作者来说，也许只需要了解艺用人体解剖知识，掌握人体在静态和动态变化中骨骼肌肉的变化就可以了。但是作为一名服装设计者就不仅需要熟练地掌握人体结构，更要对服装外形与人体结构的关系予以充分重视和深刻理解。因为服装在人体运动中，其本身的形态变异和是否符合人体特征，都是服装设计者必须了解的，否则设计将是一句空话。没有熟练的绘画技巧和电脑知识，就不能在设计服装时将服装预想效果准确地描绘出来，或说采用建模手段在电脑屏幕上做出三维效果来，那么又如何完成科学的设计过程呢？而没有起码的绘画技巧和熟练的电脑运用能力，又是绝对无法准确地把设计方案付诸于视觉形象的。仅会制作服装但不能将服装效果图展示出来，即标定设计方案的人恐怕连现代裁缝的水平都达不到，更不能称作服装设计者了。绘画技巧和电脑操作技术的掌握是服装设计者的最基本专业基础（图2-48、图2-49）。

图2-48　服装设计效果图（之一）　　　　图2-49　服装设计效果图（之二）

一般艺术工作者要在创作构思和题材中表现时代意识，对于服装设计者来讲，这一点尤为重要。不断更新观念，及时了解服装最新动向，参与预测服装发展趋势，都有益于服装设计中的正常或超常发挥，以不断地谋求新的设计理念和新的表现题材。

服装设计者具备了这些能力以后，还必须具备或有意培养创造性的想象力。当艺术家凭借这种想象力，把零星的、分散的、粗糙的原型、印象、意图等构成极富表现力和感染力的艺术形象时，服装设计者应该以同样的创造性的想象力，把基于现实的和源于神话的各种形象素材累积起来，让它们在合并同类项中得到升华，得到释放，得到具象的服装艺术的结晶。只有让创意插上想象的翅膀，服装艺术品才会在艺术的氛围中升腾、变幻，开辟出一片新的天地（图2-50）。

这是服装设计者所应该具备的最低限度的基础。至于自裁自做，完全按自己意图但又没有一套成熟的设计过程的，也不能将其排除在服装设计之外。只是严格地说，不能算作服装设计者，更不能称为设计师了。

图2-50　以植物为设计灵感的时装

一、设计者的综合修养

对生活中直接知识和间接知识的汲取，对知识中所体现出的民俗风情的熟知与领悟，是服装设计者进行设计基础训练的必修课，其学习成绩如何，影响到服装设计的深度与高度。

（一）对生活情趣的捕捉

"捕捉"一词源于狩猎动作，带有机警、敏锐的深刻含义，表现为及时抓住一纵即逝的现象或从中传出的信息。随时捕捉周围生活中的情趣，不是每一个服装设计者都能做到的，然而是每一个设计者都应该具备的能力。

生活是五光十色，气象万千的。生活情趣就好像是水面激起的白色闪光的浪花，欢快地跳跃着，不时喧闹着、撞击着，发出一阵阵清脆悦耳又长久不息的响声。对生活充满爱心、充满激情的人会为此所吸引，以致如醉如痴；而感觉不甚敏锐的人也许会对此毫无觉知。浪花没有撩拨起人的审美情感吗？答案会从两方两来，因为麻木的人将浪花看成水，充其量不过是水的一种由静止状态到运动状态的形态变化而已。但是同样面对这些浪花的富有诗意的人，会从中看到生命的跃动，看到灵魂的闪耀，看到太阳的折射，还看到那音符般的身影，甚至那些可爱的小浪花都仿佛有着和人一样的生命。这种感觉过分吗？不，假如不能如此捕捉生活中的情趣，自古以来就不会有诗人。

服装设计者可以在密切观察生活中随时捕捉种种情趣，当然，捕捉的能力和效果取决于对职业的热爱程度和专业敏感性。一片美丽的郁金香花开遍原野，人人喜欢它，有的将它摘下来插在头上，有的将它摘取一丛摆在案几上。但是法国设计大师克里斯汀·迪奥，于1953年的春天，在郁金香花丛中发现了这是一个个着装的少女。那些鲜艳的、盛开的郁金香花变成了轰动一时的时装款式——郁金香花裙。当姑娘穿上这种裙子时，上身轮廓呈郁金香花朵形，下部就像花茎，裙子将姑娘装扮得真的像花儿一样。这种在别人眼里视而不见的生活中的自然情趣被大师捕捉到了。

生活中老鼠的叫声并不能给人以审美享受，但是服装设计者受其启发，反丑为美，设计出带有小老鼠叫声的儿童拖鞋。于是，一个可爱的童话世界在鞋的听觉效果中显示出来了。

在美国乔治娜·奥哈拉著的《世界时装百科辞典》中记述了这样一个人——德·韦尔杜拉·富尔柯。他是一位在20世纪初十分有影响的珠宝商。他的无时代特征的设计一直是其他设计师汲取智慧的源泉。那么他的无时代特征的设计成品是什么呢？就是海螺、贝壳、羽毛、树叶和小鸟（图2-51）。他热

图2-51　孔雀形饰品

爱大自然，于是在他所关注的生活情趣中，很多是来源于大自然的。那些被冲上沙滩的贝壳和林中鸣叫的小鸟，对于某些人来说，是寻常的。但是能够从常态中发现奇妙、发现生命力、发现情韵和趣味的人，才是一名真正的服装设计者。

古往今来，有多少服装造型由设计者对生活情趣捕捉的能力而来。单从名称和造型来看，什么沙漏衫、蝙蝠衫、喇叭裤、萝卜裤、陀螺裙、气球裙、伞形裙、鱼鳞百褶裙……如果加上首服的话，蜂巢帽、车轮帽、船帽、丸药盒帽等，不都是由设计者较之常人不同的观察力与捕捉力所形成的吗？（图2-52~图2-54）

图2-52　鲜花羽毛时装　　　　图2-53　伞形裙　　　　　图2-54　鸟巢帽子

当然，高明的服装设计师，必须具备这种敏锐的感受力和非凡的观察力。而且还总能够把他对外在世界的敏锐感受和迅疾的捕捉结果同他意识中的内在视觉语言及听觉语言结合在一起。只有当感受与内省、观察与内视之间不断地、快速地往返流动、相互转化、彼此融会，才有可能更准确、更及时地捕捉到生活情趣，也可以说只有这样，才有可能使捕捉到的生活情趣直接或经过提炼运用到创作中去。

这是服装设计者必须具备的艺术素质，也是必需的综合修养之一。天赋略差的人可以通过有意培养，或是通过对服装设计专业浓厚的兴趣引发而来。

（二）对书本知识的领悟

搞设计的人也需要看书吗？换句话说，搞服装设计的人，翻翻画报就可以东拼西凑吗？从事服装设计的人不少，但真正成为服装设计大师的人并不多，恐怕原因就在这里。明代唐寅早年师从周臣，而后来其艺术造诣远远超过周臣。有人问："老师为什么不如学生呢？"周臣回答说："只少唐生数千卷书"。即使是明代主张复古的董其昌，在宣扬"气韵不可学"，"自有天授"的同时，也在强调"读万卷书，行万里路"。

关于告诫人们以读书的方式去获取知识的理论，不仅出在中国，世界各国的学者、哲人们一直频频地向人们发出善意的劝告。日本的见原益轩在《大和俗训》中说："博学之道虽多，像读书那样得益的却没有。"古希腊的大哲学家苏格拉底索性十分坦率地讲道："花费时间去读他人的著作，通过他人的辛勤能轻易地完成自我改善。"法国的法朗士似乎有些绝对的说法是："使我懂得了人生的，并不是和人接触的结果，而是和书接触的结果。"

出色的服装设计者就是出色的艺术家。艺术创作中所表现出来的灵气，不仅取决于设计者的天赋，更取决于他对知识的汲取。除了我们在前面所谈到的捕捉生活情趣以外，还需要间接地学到生活中的一切。因为设计者无论怎样强调个性与自我意识，他如果没有任何知识的话，这种个性与自我意识根本无法生成。而且，仅凭个人的社会实践，所得知识毕竟有限，只有广泛、深入地从书本上学习知识，才有可能为设计奠定坚实而具有相当承重面的基石。俄国的文学家高尔基曾说，不断地积累和丰富知识，是"印象的库藏，知识的总量"。而创作就是"从知识和印象的库藏中间抽出最显著和最有特征的事实、景象、细节，把它们包括在最确切、最鲜明、最被一般理解的语言里。"高尔基说的语言是以文字的形式出现。服装设计者的艺术语言是以服装的视觉、听觉兼触觉、嗅觉形象出现的。但是其中的道理并无二致。

常见到不少相当自负的服装设计者，对色彩、造型等美术条件非常敏感，但是他们的服装创作为什么久久不能有更高层次的突破呢？原因主要在于孤陋寡闻，没有文化底蕴。不读书的悲哀不仅直接影响到作品的水平，而且还阻碍认识生活的能力和表现生活的技巧，也就在实际上影响了他作品的深度和高度，其中最显而易见的是格调上不去，或索性说缺乏提升水平的潜力。

只看书，不消化也不行。如果将不读书的聪明人和读了不少书的愚蠢人放在一起的话，他们总会有很多相似之处。中国儒学创始人孔子说："学而不思则罔，思而不学则殆。"还是切中要害的。因此我在这里特意强调对书本知识的领悟，而不是照搬照抄。只根据《安娜·卡列尼娜》书中一段黑色天鹅绒长裙的描写，就机械地在设计中因袭，不能说完全不对，但是绝不够。

中国现代小说《青春之歌》中有这样一段描写："余永泽过去是穿短学生装的，可自从一接近古书，他的服装兴趣也改变成纯粹的'民族形式'了。夏天，他穿着纺绸大褂或竹布大褂，千层底布鞋，冬天是绸子棉袍外面罩上一件蓝布大褂，头上是一顶宽边礼帽，脚底下竟穿起了又肥又厚像小船一样的'老头靴'。"结果，招致林道静的反感，认为"他这样打扮，老里老气不像个青年人"。余永泽汲取书本知识，只是从表面上去模仿，原因就在于他并未用心去领悟，他只是一个普通的着装者，如果服装设计者这样做，势必导致设计艺术的失败。事实上这样的服装设计者不少，从书本中攫取一个服饰形象，然后依样画葫芦，再冠以书中大名，也许能够一时在小范围内哗众取宠，但在美学价值，特别是历史价值上，却显得欠缺实力。

图2-55 《安娜·卡列尼娜》剧照

前述托尔斯泰笔下的安娜·卡列尼娜形象，曾数次被搬上银幕（图2-55）。1927年、1935年、1947年三部同内容拍摄的电影中，安娜的服装设计分别是吉尔伯特·克拉克、阿德里安和西赛尔·比顿，他们虽然极力忠实于原著（影视服装设计较之其他服装设计局限性要大，因为要考虑镜头效果），但是依然在自己的设计中，按照自己所领悟到的安娜的气质和风度做了精心的安排。这以后，"安娜·卡列尼娜"成了一个服装术语，泛指各种迷人的、浪漫的或用羽毛装饰起来的服装款式。至20世纪60年代时，有一种长短不一的大衣，上面采用盘花饰扣装饰，领圈上有一圈色皮的，被命名为安娜·卡列尼娜大衣。其实这与书中所描写的不同，与那"长袍上镶满威尼斯花边"的风格已相去甚远，但仍被人们所认可。因为，服装的总体格调，与书中对安娜的性格、风度等描写是一致的。假如真的完全仿制"黑色的敞胸的天鹅绒长裙"，再在那"乌黑的头发中间，有一个小小的三色紫罗兰花环，在白色花边之间的黑缎带上也有着同样的花"的文字描写上极尽模仿之"才能"，就会成为蹩脚的服装设计者和失败的服装设计作品了。因为时代已经变了，人们对经典著作中经典人物的服饰形象感悟也会变，这里有审美经验的作用。

除了文学书籍以外，各种历史、哲学、美学等书籍，都会给人情操以熏陶，在不知不觉中融入个人的意识之中，然后再在专业设计中以美术的形式体现出来。在一些服装设计者看来，也许中国古人那些"立象尽意""神与物游""大音希声，大象无形""无法之法，乃为至法"的理论有些与服装设计风马牛不相及，世界上那些有关美的本体论中："美""丑""崇高""滑稽""自然人化"和"美的规律"又太玄妙、太遥远，无法与服装设计联系起来。这种错误就是不理解在领悟书本知识之后还要有一定的灵活性，这需要设计者的综合素质。

"悟"字，按辞典解释为了解、领会。悟性在德国古典哲学术语中是Verstand，意译到中国为"知性"。主要指学习中的独立思考，既重视学习知识，又不刻板照搬。以从中知悟出的某种情感、某种意蕴，融会贯通于服装设计之中，这是服装设计者所应具有的综合修养之一。

（三）对全人类风情的熟知

对于一名社会科学研究者来说，掌握各类知识，包括直接生活实践和间接阅读书籍所得到的知识，也就是说拥有知识财富的多少，明显地决定了他的著述的力度。对于一名服装设计者来说也是这样，只不过后者要求形象资料的掌握要比前者更显得重要一些。例如了解人类服装的民族特色以及与此相关的风俗风物风情，对服装设计的视野和水平都会直接起到作用。

中国服装设计者只知道中国人的服装演变和中国人的服装风格；或是日本服装设计者只知道日本三岛的服装款式，只知道和服，和日本的禅宗、茶道和花道行吗？应付一般的服装设计也许还过得去，作为一般的服装设计者也许还不至于影响他的一时的工作。但是，如果作为一名优秀的服装设计者来说，显然是不够的。不了解其他国家、民族和地区的服装，又怎么能确定自己的服装风格？没有比较是难以形成某种立论的。风格即人。风格本身就是在比较中产生。因此，不了解别的国家与别的民族，怎么谈得上取人之长、补己之短呢？

就民族来说，自19世纪后半叶"民族"一词在汉语中出现以后，民族与种族、国家的概念逐步区分清晰了。据1980年统计表明，全世界共有大小民族两千多个。这些民族在种族成分、语言系属、宗教信仰、分布地区、经济文化和社会发展水平等方面都有所差异，也有所互通。他们在服饰形象上更呈现出千姿百态的变化。这些正是服装设计者都应该了解的。

各民族的服装形成不是出于偶然，也不是一朝一夕就能完全体现出特点来。这些服装反映了这些民族的综合文化，包括经济与政治的发展历程。由于服装与每一个人都有关系，因而它必然与那一个民族的风情紧密相关。这里谈到的风情特指服装设计者要了解全人类各民族的风采、情趣，其中包括了风采、情趣形成的原因，诸如地理环境和气候条件种种。当然主要落点应放在民族情趣和风采上，因为它直接关系着服装的审美价值。

如果能亲自去世界各地领略一下各民族的服装风采，那将是服装设计者最值得自豪的。因为那是汲取知识、借鉴风格的诱人途径。但是个人的具体情况和世界各民族人现代的着装情况不一定那么理想。因此，当有人将不同的人类风情见闻诉诸图书之时，也是服装设计者不容忽视的一个知识来源。无论是亲身去领略，还是亲身采风与翻阅图书相结合，了解全人类的服装风采及其形成原因都是很有必要的。

假如不了解古人的黥面文身，怎么能诱发起人在衣服上的绣绘纹饰，直至人体彩绘？不了解阿拉伯的蒙面衣衫和以比基尼命名的欧美海岸上的三点式泳装，怎么能把握本国服装的袒露分寸？道理就在于，了解得越多，视野越开阔，知识越丰厚，设计的服装也才越有特点。集众长于己身，融古今为一体，这是一名出色的服装设计者所应该追求的（图2-56）。

了解各民族服装风格，才能着眼于"化"字。它也许是阿拉伯的宽袍大袖，也许是欧罗巴的削肩紧

图2-56　性感比基尼风格时装

身，也许是北极的毛锋四出，取其精华，去其不适己部分，便可推出富有人情风情韵味的新设计。国际交往日趋广泛，设计者不知什么时候要接受某一民族着装者的委托，去为其设计服装，或是与外国进行交流活动时我们所需的全套服装。不了解其他民族服装风格，特别是偏爱与禁忌，怎么能取得预想的成果？

尊重全人类服装创作的智慧，以便开发出自己的服装新思路。

二、设计者的艺术设计基本功

服装设计属于综合艺术设计，它最终以视觉形象出现，而且有平面和立体双重要求。无论是构思中的草图，还是基本设计完毕时的效果图，再有设计最后阶段的制作图，都离不开画图。设计者必须以自己的画笔或"鼠标"勾绘出自己头脑中的设计原型，才有可能被有关方面的人先行看图，然后确定成品最后的款式、色彩。一个设计者如果不会画图，只凭双手将头脑中的设计原型以布为原料做成衣服，那是不符合要求的，单件则可，批量生产时就不行了。过去，在美术院校并未设置服装设计专业以前，一些人凭双手直接做出新款式服装，是带有试验性的。在21世纪的社会生活中，已普遍操纵电脑设计，但无论用何工具，设计者都必须具有一定的绘图基础。仅凭偶然和独出心裁，是不科学的、应该摒弃的设计方法。如果有人认为不画图照样能够做出款式优美的服装，那就像雕塑家不起小稿，全凭灵感捏塑，也许是大手笔吧！但也许是普通裁缝。而我们这里谈的是服装设计中的艺术历程，即一般规律。裁缝可以不会画图，但设计师必须会画草图、效果图和制作图等一系列专业图。

在生活和工作中，我接触到不少有关人士，同样是搞美发或服装制作的，如果甲有艺术功底，而乙没有，那么甲在实际工作中，显然比乙要得心应手，比乙的创作格调要高。而乙再在实际操作中拼命学习，也终因缺乏绘图功底而显得力不从心。

服装设计者掌握和培养绘图基本功，主要包括绘画技巧的训练以及对人体解剖结构的理解。不能顺利地运用画笔和绘画材料，不理解人未着装或着装后身体与服装的变化、适应关系，或不能熟练运用电脑就谈不上服装设计。

世界时装之父——一生于英国而后成为法国巴黎高级时装店奠基人的查尔斯·弗雷德里克·沃思，就得益于他当推销员时的老板。那个经营服装面料的老板一有空就让他画一些设计稿，沃思也刻苦地钻研服装款式，并努力提高绘图水平。在他25岁的时候，终于使设计成功的女装在英国举办的世界博览会上获得一等奖。这些都不能低估他早年对绘画技巧的有意训练。另外，服装设计大师迪奥等也因从小喜爱建筑和绘画，从而奠定了设计的实力基础。

（一）绘画技巧的训练

绘画和其他文学艺术不同，它是通过可视的平面视觉形象的塑造来反映对象的。形象的直观性、静止性，使绘画艺术具有独特的表现方法。而如果服装设计者不掌握一般的绘画技巧，无论手绘还是电脑操作，都是难以真正胜任的，而首先需要的是手绘。

绘画技巧的训练，先是对绘画材料的熟悉，继而是对绘画中几种表现手法的熟练掌握，再有即是对色彩构成和平面构成等基础知识的运用。但仅有这些是不够的，重要的是要了解"纯粹形态"，如点、线、面的运用和组合；"现实的形态"，如作为造型原型的自然形态，作为功能与构造之范例的自然；"形态的知觉和心理"，如单纯的形和形的分解；"形态的美学"，如秩序和无秩序、对称和均衡等的关系。虽然这些是以作为更深一步的绘画训练内容，但是对于绘画技巧的有意培养来说，还是应该了解，并在绘画训练过程中接触到。

与服装创作直接有关的，即作为服装效果图基础的人物画。熟悉并能掌握中国传统绘画中着重达意畅神与线条造型，以结构组织为主，色彩明暗为辅的手法对绘图很重要。但是，目前用于效果图画法的主要是西方绘画方法。所以，必须严格地按照西方绘画的训练程序去实施。如学习素描、速写、水粉画、水彩画、焦点透视等，以求在绘制服装效果图时，能通过绘画工具和材料，准确地表现出形体、色彩组合、质感、量感，甚至包括空间感。西方绘画理论认为，自然界的一切物体都有它一定的体积。任何一个物体都是由许多大小不同的面组成的。这种把物体看成是由许多大小不同的体面所组成的立体物的认识，是掌握绘画技巧，特别是绘制服装设计图的第一步。

服装设计者在设计过程中，要勾画出无数服饰形象，或是人的着装形象，因此容不得总去考虑绘画的五大调子。可练习速写，这是服装设计者的基础课程。速写线条要肯定，一旦观察准确或考虑成熟后，就要大胆落笔。不能画得断断续续，似是而非。线条的出现与走向，完全从表现形体的需要出发。一幅熟练、成功、漂亮的服装效果图，就从这里起步。

色彩是绘画的重要表现手段。服装设计者在学习色彩知识时，不能忽视色彩的对比、和谐与色调。因为色彩搭配是否协调，直接影响到服装设计者在效果图中的准确表现。

为了使服装设计者在头脑中的服装原型能够通过效果图恰当地表现出来，设计者在学习绘画技巧时，万万不可丢掉西方绘画中的焦点透视法。要能够准确地运用平行线、成角透视、倾斜透视以及视平线、心点的规律等。服装设计效果图比起纯绘画，如今称为美术造型的创作来说，有它的独特性。因而掌握近大远小等透视规律不是为了去将众多人物在一幅画上安排妥当，而是要使所绘的着装者的身体在一定姿态中表现出真实感，进而使人看起来舒服。透视掌握不好，极易在形体描绘上出现失误或不准确，那当然影响了整体效果。

（二）对人体结构的理解

可以设想，一个不了解人体结构的服装设计者是怎样去工作的，因为服装是以穿戴在人身上才得以展示最终效果的。了解并真正理解人体结构，特别是服装与活动人体的关系，对于一名服装设计者来说，至关重要。

在有关人体解剖学的著作中，德国的约翰·拉依内斯曾列举了世界著名艺术家研究和应用人体解剖的典范。至今这些大师们的作品仍然显露着内在的生命力，无言地说明了真正艺术家所必须具备的功力。后人曾在温莎堡发现了大量达·芬奇的解剖绘画习作，画中的那些注解基本上是在解剖尸体的同时标出的。虽然服装设计者不必每人都去亲自解剖尸体，但对人体骨骼、肌肉以及躯干、四肢变化所引起的形态变化，其中包括躯干的运动变化引起的胸腔和骨盆两者关系的变化、肩关节能使手臂上下前后旋转进而产生的变化等，都应该有深入的了解。特别是动态与人体结构、动态与重心以及各关节部位转动的连锁反应等都应该熟知，以便设计出合理的服装款式，并在效果图中以形象表现出来。

后人总结米开朗琪罗的作品时说，他利用他对解剖学的精通，塑造出比真人大得多的雕像，有着带有风景画风格的巨大四肢和躯干。他塑造的人物塑像具有以实际为基础的解剖特点，却又转变为一种新的、雄伟壮丽且又庞大的真实之物。虽然这些雕像有些在解剖学上来说是不可能的事，但它们具有结构的整体性。这便会使人信服，而且会变不可能为可能。

服装设计者深入到人体解剖学的学习钻研中，然后再从里面潇洒地走出来，巧妙地运用到服装设计中来，将使服装的舞台效果和绘画效果同时放出光彩。服装设计的效果图，特别要注意表现人的动势。服装既不能停留在平面的绘画上，也不能滞留在模特、模型身上，严格说也不能像舞台模特表演的形态，而是要穿戴在现实生活中的真人身上。服装设计效果图虽然表现着装者的某种固定状态，服装设计者头脑中显现的却是进行各种活动的人体。效果图是对人体活动的瞬间的捕捉，应该引起观看者的动态联想：举手投足，摇头扭肢，将会产生什么样的服装视觉效果。因此，设计者所了解的艺用人体解剖学，应包括静态与动态两方面，甚至由静态转为动态的变化形态。这样，才能最准确、最全面，也更具有适用性。

三、掌握运用信息情报

很多从事服装设计的人认为，掌握运用信息情报是一件再简单不过的事。打开电脑，浏览一下世界时装表演，或是翻开画报，通览一下当年的时装式样，这比起绘画技巧的训练来说，要容易得多。其实，这只是最基本、最原始和最落后的掌握信息的手段。严格地讲，它不能算作是掌握运用信息情报。

现代服装设计者，应该以科学的头脑、科学的手段，通过各种渠道去了解服装流行的最新动向，预测服装发展趋势，然后在此基础上谋求新的服装设计理念和表现题材。

（一）了解服装最新动向

服装设计者拿出的每一个设计方案，都有这个方案产生的特定时间。也就是说，设计者在构思的时候，必须了解当时的服装流行最新动向。这一点非常重要，如果对这以前一段时间的服装流行情况掌握得很多，但缺乏设计定位时间的最新资料，将使服装缺乏醒目的时效性。

作为服装设计者，而不是一般工艺美术品的设计者，他必须较之其他玉雕、牙雕的设计者更具有超前意识，必须做一个新时装潮流的创造者，而且必须对服装流行新动向有敏锐的觉察力，并有能力将在此基础上设计的服装通过衣料款式和色彩完美地表现出来。

进行服装审美趋向的民意调查，是一种有益的方式。只是牵涉人力、精力、财力过多时，一般设计者难以真正落实。应该注意通过对市场的观察，了解消费状况、群众购衣购饰的趋向、世人审美潮流、各阶层的着装意识和变化趋势等。这种看似与时装造型美没有什么直接关系的资料，其实可以为设计者提供服装的最新动向，以帮助设计者掌握时装的新的审美趋向。

再一点，当然是通过电视和移动互联等快速传播手段。如今手机随身，带着无尽的信息，人们可以及时观察世界流行的时装。只不过，当今的国际时装流行中心已非当年的权威性了。时装流行中心的最新展示点再也无法寻回过去的直接指示标意义了。过去各国服装设计大师们每逢有时装集会时，总要前来参加活动。其间包括个人时装设计展示会和有关学术性的研讨和磋商。但是，如今信息源已经多元，可以说，国际时装流行中心还有一定的集中性，却不是过去概念中的"唯一"了。

总之，关心大众审美趋向和消费倾向，注意时装流行的最新信息，是服装设计者从事工作的先决条件。越是时装流行周期短的年代，服装设计者做这项工作的意义越大。

（二）预测服装发展趋势

了解服装的最新动向以及时装流行周期的特点，不是为了研究昨天，而是为了今天。为了今天，也不是为了模仿今天既有的服装，思维敏捷、创造力极强的服装设计者更是为了明天。只有较为准确地预测到服装的发展趋势，服装设计才有可能站到潮头，而不致因盲目设计，结果徒劳一场。

对未来服装流行的预测，可以通过分析政治动向、社会变革、经济兴衰、环境改善等极易影响服装流行的因素去总结出规律。也可以具体到研究某一种服装的流行周期，探寻流行轨迹，以做出大致的趋势预测。目前，新的预测方法是用数理统计的移动平均法，以时间序列、移动项数，一般项和最终项的公式，求得截距和斜率，最后获得倾向曲线。

无论采取什么样的方式去预测服装发展趋势，都是服装设计者平时工作积累的内容，而且是认真进行设计的先行工作内容，否则将会面临着设计方案的过时或是有悖于大众需求。

但应该看到的是，预测毕竟是在事情尚未发生前的测定。所以，无论筹划如何周密，设备如何先进，方法如何科学，也难保百分之百的准确。即使现在通过云计算搜集资料，并在个人电脑软件中输入资料，然后排列、优选、组合，但预测的准确率还是有限的。在现今这个越来越快速发展的时代和越来越瞬间变化的世界中，预测工作显得很难。

当然，无论怎么说预测仍然不可少。因为它毕竟提供了可以参考的某些信息和条件。

（三）谋求新的设计理念与表现题材

服装设计者要随时了解服装最新动向和预测服装发展趋势，目的不在掌握，而在运用。在此基础上谋求新的设计理念和表现题材，才是关键所在。

法国的服装设计师可可·夏奈尔（实名为加布里埃勒·夏奈尔）根据20世纪初叶人们基于工业进步而形成的着装趋向，了解到妇女们意欲从坚硬的紧身胸衣中解放出来，而且意识到许多装饰过剩的服装也为女性新的生活方式带来不便。夏奈尔了解这种亟待变革的倾向后，预测到不用过多的装饰也可以表现出女性的魅力，而且会更加迎合当代妇女的着装心理。于是，她在原有的女服款式上谋求到新的设计理念——使妇女从紧身衣和多余的装饰中解放出来。她设计了宽松的无领对襟毛衫和裙子的套装，在穿惯和看惯紧身女服的西方世界引起了巨大的轰动（图2-57）。无疑，她成功了。从此以后，夏奈尔不断地用自己喜欢的柔软的针织面料创造出许多运动型的作品来，被时装流行界亲切地称为"可可·夏奈尔"。其中"可可"是爱称，是"可爱的家伙"的意思。

另一位服装设计大师，法国的克里斯汀·迪奥根据第二次世界大战以后人们对美的追忆与渴求的情绪，大胆地在他第一次服装设计作品展示会上，发表了束腰长裙的"新风貌"，宣告"像战争中的女军服一样的耸肩的男装外形时代结束了"。由于迪奥准确地把握了战后人们对服装的审美需求以及新的心态，所以他谋求出的新的设计理念，在"追回失去的女性美的伟大艺术家的作品"的一片赞扬声中，得到了人们狂热的肯定与欢迎。

21世纪仍然活跃在世界时装界的著名服装设计大师，1922年生于意大利威尼斯的皮尔·卡丹，更是将他下大

图2-57　夏奈尔经典套装

力气了解到的材料和预测很好地结合起来，然后谋求新的设计理念和表现主题。他那不断涌现的大胆而奇异的设想，使每次展示会都充满了不寻常的光彩。皮尔·卡丹把敏锐的感觉通过绝妙的技艺展现出来，创造出令人叹为观止的新的主题。

这些都是一些有说服力的实例，足以说明谋求新的设计理念和表现题材，是每个服装设计者在了解和预测后必然绽放的花蕾，它将立体地体现出设计者的天赋与才能。

四、培养创造性想象力

以上三点谈到的服装设计者的设计基础，是从实际工作入手的。无论是综合修养、绘图基本功还是掌握运用信息情报，都靠人们用心思与双手同时去干，去汲取并付诸现实。还有一点不用双手，而只用大脑的，那就是培养创造性的想象力。这一点更是服装设计者从事服装设计的重要基础。

就所有艺术家来说，都需要有想象的能力，特别是创造性构思的能力。美学家黑格尔认为，艺术家不应当"按照哲学方式去思考"，艺术家认识活动的特点，就是"想象"。但这种想象活动并不与理性活动相排斥，相反，艺术家也要"求助于长醒的理解力"（黑格尔《美学》）。

想象是一种在观念形态上再造成创造现实的表象和形象的心理能力。对于人类早期的想象，大多是基于现实生活的；对于现代的服装设计者甚或所有艺术家来说，想象已不拘泥于现实生活，还可以在原有的想象产物——神话题材上再行想象。想象的第一心理活动是联想，即由此及彼、纵贯横通。没有联想力，就不会有新的引发。联想力的再飞跃即想象。

想象和情感分不开，只有当想象和情感之间交互作用后，设计者的思路才可以完全打开。情感是激发想象的力量，反过来说，想象也激发着情感。通过想象与情感的相结合，设计者头脑中的种种感性知觉表象就会鲜明生动起来，从而使作品富于高度的艺术感染力，同时充分显现事物的本质。

（一）基于现实事物

审美与艺术创作中的创造性想象，大多与审美主体或艺术家过去的生活经验有关。服装设计者也需要在欣赏优秀作品时，在玩味人生事态时，充分调动起以往的生活经验和创作经验，使接触到的客观对象在情感的作用下，与记忆中的形象相融合，从而幻化出新的形象。

服装设计者出于职业兴趣和职业敏感，往往会对别人描绘或书中记载的服装进行形象地想象。例如中国古书中记载，商周时皇帝的冕服，上衣为黑色，下裳为暗红色，所谓"玄衣而纁裳"，并说"上以象征未明之天，下以象征黄昏之地"（图2-58）。文字毕竟是文字，服装实物又没有留下来。那么，服装设计者在借鉴传统服装色彩时，就会对见到的文字描述和了解的色彩知识进行想象，上衣是纯黑

图2-58 皇帝冕服

吗？未明之天是有些亮色的。下裳可能是一种偏橙红色的红，不然怎么会像黄昏之地呢？这种想象是有必要的。因为它有助于设计者丰富自己的形象资料，并且活跃创作思维。

创造性想象是更为高级的思维活动。它虽然也会因为现实事物的某一点刺激而引起，但是并不拘泥于面对一种事物的意象而展开想象。当脱离开有关现实事物以后，通过对感知记忆中的客观事物的表象，进行彻底改造，创造出新的形象。例如服装设计者观察过某一种花苞，花苞的美触发了设计者的想象力，而这种创造性的想象又没有只停留在花苞本身的形式美和生命力上（由此延展的思维，是联想），它通过对表象（即花苞外形）的分析、综合、抽象和概括的心理过程，又进行了更进一步的思维（即想象）。

设计者虽然面对眼前的花苞，或是搜寻记忆中的花苞，他的想象却从花苞无限地延展开去，抛开了将花苞转为配饰的水平移动，而跳跃到服装款式上去。从而想象这花应是完美的服装造型。并在此基础上又具体地想到，花一样美丽（而不是具体的花苞）的服装会是一番如何的风采，进而想象到以什么样的面料做成；纽扣、丝带等装饰如何安排，由此想到适合哪个年龄段、哪种类型的人穿着；模特儿穿上这件衣服走在舞台上，甚至连舞台灯光照射下的服装效果和观众的掌声如何，都一并浮现在眼前。这对于服装设计者，是常有的一种心理活动。基于他的职业兴趣与职业需要，绝对离不开的是一定的意象提引。

（二）源于神话题材

创造性想象离不开大量的表象记忆，没有记忆就根本不可能有想象这种活动。但是创造性想象并不仅依据亲眼所见的表象去生发，还可以借助过去因想象而形成的已成体系的神话中的情节与形象。然后在神话题材上再加入情感，以情感的推动力将想象推向高峰。

服装纹样和配饰整体形象，有很多是设计者根据神话题材再行想象的。

中国神话中有"麻姑献寿"一说，原来应包括麻姑和寿桃，这在绘画中常见（图2-59）。到服装纹样上，服装设计者充分运用分析、综合、抽象和概括的创造性想象过程，免去麻姑这一人形——神仙形象，而在寿桃上大做文章，为了表示麻姑所献寿桃不是凡桃，特在桃的周围绣上云纹，加之色彩的合理运用和补绣手法的巧妙结合，使得补绣的桃子凸起于衣服之外（因在衣里面挖洞，将棉花从衣里塞进桃内），加上四周彩线绣的云朵，使寿桃仿佛笼罩在五色祥光之中。麻姑、西王母、瑶池盛会，好似都在云朵遮掩之处，这也应了艺术上宜藏不宜露的表现方法。再如中国的"八仙过海"神话，八个仙人手中各执一种法器，服装设计者只采用"物"：何仙姑的荷花、张果老的渔鼓、铁拐李的葫芦……做成服装的纹饰。这都使着装者和着装形象受众尽可依此发挥想象。为什么？因为这种服装纹样的本身，就是设计者按照神话创造规律，以美好为追求目标，进行创造性想象的结果。神话也是想象的产物，设计者在服装中留有充分的余地，可供所有观赏者在此基础上继续想象。

图2-59 "麻姑献寿"画面

配饰品更是这样。埃及人认为兀鹫是个法力无边的保护神，于是将王后的头饰做成兀鹫的样子。这个头饰上的兀鹫形象，显得既威严又慈祥，两只羽翼保留了飞禽的特征，其形硕大无比，相比之下，头部显得略小，整体形象是在兀鹫的原形上加以大胆地、艺术地想象，而后设计制成的。兀鹫既不完全像真实禽类，又不完全像神怪模样，这难道不正是设计者创造性想象的结果吗？类似的例子多得数不清（图2-60）。

在现实基础上经过想象而成熟的神话形象，又因为服装设计者的再一次或数次创造性想象而使服装具有典型的艺术特征。

以上四点设计基础，实际上是服装设计者应该具有的素质和修养。这只是服装设计的一个预备阶段，仿佛舞台上大幕未拉开之前的一阵锣鼓。当然，这标志着一个重要的起点。

图2-60 埃及兀鹫帽饰

第三节 服装设计及制作过程

进入服装设计阶段，等于是一粒种子开始孕育。服装设计中由内在构思—外向传达—平面到立体造型的过程，正如种子生根发芽—破土而出—开花结果。种子在适于生长的环境中，也要苦苦地进行自我突破，以充分运用其内蕴的力量使自己从坚壳中出芽并向外扩展，以待最终有一天完成自我实现。种子到嫩芽的酝酿过程是个关键，就好像艺术家沉浸于构思活动中一样，痛苦、迷惘，大有茫然不知何处去的感觉。也许这一次失败了，没有发芽的种子被深埋在地下，那么在来年再重新孕育（好在艺术家不用等那么长时间）。前面所谈到的服装设计者所应具备的设计基础，包括综合修养等基础是否扎实、雄厚，也像那饱满的种子和干瘪的种子天生有所区别一样。只不过种子先天不足无可奈何，设计者却可以通过自身努力，使之具有较强的生命力和竞争力。

当然，一粒饱满的种子能否孕育成功，也要看其在生长过程中吸收营养的能力和自我发展的势头。设计者从此开始一段焦虑和狂喜交错的构思直至作品完成。

一、内在构思

艺术创作中常见有这样的事，很多人抱怨没有灵感。灵感就像机遇一样，对待每一个人都是公平的，关键首先在于是否具备产生灵感的内因（综合的内容）。

灵感是艺术创作中闪现出来的火花。灵感要经过长年的探寻，几千次的磨砺（思索），才有可能迸发出这种奇妙的火花。但如果稍一懈怠或迟疑，灵感又会瞬间即逝。为什么有的人灵感频至呢？睡梦当中都会出现好久未解开的谜底，不知不觉中突然感受到灵感自天而降。

灵感不会真的自天而降。作为一名服装设计者，没有平时的综合修养、美术功底、情报积累和发挥想象的能力，就不会产生创作中的灵感，没有随时随地的有意积累和痛苦的构思，也不会有灵感；当具备这些以后，没有澎湃的激情，更不会产生灵感。只有当设计者将平时积蓄的知识，在情感的积极作用下正常运用时，才会发现灵感飘然而至。

服装设计者热爱自己所从事的专业，他会每时每刻陷入对服装的特殊追求中。凡是真正用心观察、用心钻研的服装设计者，总会在众多事物中发现能够构成服装美的种种素材与启示，他在构思一件衣服或是一身配套服装时，可能挖空心思苦思冥想，也可能是内紧外松，表面上一副悠然自得的样子，似在有意无意之间寻找灵感。但是，平时所积累的专业内或专业外的知识，这时会程度不同地被调动起来，犹如电脑里储存的信息软件一样，不停地显示在无形的荧屏上，供你搜寻、筛选、拼合以至采用。以裙子为例，当进行裙子的设计构思阶段时，头脑中原存的裙形会一股脑儿涌出来浮现在眼前：古代的三角围裙、坠子围裙、帝王下裳、桑女斜襟长裙、西班牙撑箍裙，近代的母鸡笼式裙、波式连衣裙、拼腰裙、袒领襦裙，现代的蹒跚女裙、喇叭裙、花冠裙、迷你裙、筒裙、百褶裙等，宛如录像带上的形象一样在依次掠过。除了单纯的裙形，与裙子有关的袍、裤等可借鉴的形也被"提取"出来。这时，设计者可以根据最新流行倾向将此一一比较、衡量，再根据本人设想的风格将资料加以归纳、概括。最后，这些服装的形象在一起重合，当然是人为地重合，有时甚至宛如电影中的蒙太奇手法。也就是说，在这种构思中，既容许加法，也容许减法，更容许加、减、乘、除并用。构思属于设计者的心理工作，别人不能予以干涉。恰在这时有人从中提出一些模棱两可或可有可无的干扰性意见，有时会使设计者的一系列脑力劳动成果顿时化为乌有，因为连草图还未绘制出来。

这种构思的一般性经过，对于每个服装设计者乃至艺术家来说，都大同小异。但是其中筛选、提取、归纳的水平可有高有低。这取决于进行构思的人的综合实力和当时的心境。

构思过后的结果，表现在每个服装设计者笔下，可就相距甚远了。即使是同一个设计者，他多次构思的结果也可能有天壤之别。因为构思成果是迁想妙得，往往是一种不平常的飞跃。物理学家爱因斯坦在谈到科学定律的发现时说："要通向这些定律，并没有逻辑的通路，只有通过那种以对经验的共鸣的理解为依据的直觉，才能得到这些定律。"中国晋代文论家陆机曾这样谈到自己构思时的体验："虽兹物之在我，非余力之所勠。故时抚空怀而自惋，吾未识夫开塞之所由也。（《文赋》）"南宋严羽在《沧浪诗话·诗辨》中说："大抵禅道惟在妙悟，诗道亦在妙悟。"明代谢榛《四溟诗话》中更是直接写道："诗有天机，待时而发，触物而成，虽幽寻苦索，不易得也。"古希腊大哲学家柏拉图在《申辩》篇中记述他的老师苏格拉底的话时说："诗人并不是凭智慧，而是凭一种天才和灵感，他们就像那种占卦或卜课的人似的，说了许多很好的东西，但并不懂究竟是什么意思。"当然，柏拉图所无法解释的构思活动现象，只局限于诗人，他认为绘画、雕塑等艺术创作要凭技艺，凭某种特殊知识的应用和技巧的熟练。不能不承认，哲学家在两千多年前的理论，今人看来，显然已有些失之偏颇。但从以上所举各家对于构思活动的理解、体验和总结来看，都有捉摸不定的感觉，他们也无法说清构思结果（即创作灵感的定时显现）是从何处来的。

中国南朝梁代刘勰在《文心雕龙·事类》中说，"文章由学，能在天资，才自内发，学以外成"，一方面强调先天的"才"和"天资"，一方面不忽视后天的"学"。从身边诸多艺术家或具体到服装设计者的构思乃至闪现并捕捉到灵感火花的普遍现象看，构思者必须整日整夜不停歇地思索，既包括专业兴趣和专业敏感，又包括对自然万物的恒常的观察与热爱。不排除其间有天赋的成分，但更重要的不是天赋，而是少有的专注与持久。

早在中国敦煌莫高窟尚未开凿之前，有一位途经此地的和尚，名叫乐僔。当他走到这片沙漠绿洲时正值清晨，忽然感到如此空旷、雅静、清新的环境真是诵经的好地方。于是他就地打坐，闭起眼睛，虔诚地默念经卷。不知不觉中天已傍晚，待百分之二百地投入的乐僔睁开眼睛时，正遇晚霞映在三危山上，带着浓郁的金黄色的落日之光照在偏红色的岩石上，显出一种金色的光芒。加之乐僔一天也未睁眼，顿时感到一片祥光四射。祥光之中映现着千佛，乐僔一时惊呆了，扑通一下跪伏在地上。我在给学生们讲课时，曾提出这样一个设想，假如乐傅闭目一日不是在念佛，而是在考虑发财致富，那么，我相信一片金光中闪现的就不再是佛像，而是金钱了。这就说明，构思的结果取决于艰苦的构思过程和构思内容，而且容不得有懒惰思想和私心杂念。中国清代文论家袁守定在《占毕丛谈·谈文》中说："文章之道，遭际兴会，撼发性灵，生于临文之顷者也。然须平日餐经馈史，霍然有怀，对景感物，旷然有会，尝有欲吐之言，难遏之意，然后拈题泚笔，匆匆相遭，得之在俄顷，积之在平日，昌黎所谓有渚其中是也。舍是虽刳精竭虑，不能益其胸之所本无。犹探珠于渊而渊本无珠，采玉于山而山本无玉，虽竭渊夷山以求之，无益也。"这种看法和结论是切中要害的。没有长时间的有目的的实践和思考，未做过各种各样的尝试与探索，构思又从何谈起，因何而成呢？

中国民间有段笑话在阐述这个问题时，是非常深刻、形象而又以诙谐形式出现的。某人欲撰文，无奈没有文思，无从落笔。其妻见其为难之状，似有所悟，遂深表同情曰："原来作文章如我妇辈临盆。"夫听后感慨万端，一语道出苦衷："哪如尔等生育，汝腹中有物，我却腹中空空也。"笑话终究是笑话，但是道理却是千真万确的。

关于构思形式、规律、灵感和偶然性等问题，学术界一直在争论，各执己见，谁也无法说服谁。近年来随着脑科学的发展，已经为进一步探寻构思机巧（即灵感）的生理基础提供了可能。根据美国学者斯佩里等脑科学家和心理学家的研究成果，提出了大脑活动情况的一些新见解。例如其中的"思维的大脑神经回路说"认为，大脑神经元组成的神经回路是思维产生的生理基础，而神经回路的构成方式可能造成各种不同的思维方式，收敛型的回路可能与抽象思维有关，发散型的回路可能与联想思维有关，假如有的回路突然接通，这就可能与灵感思维有关。

美学家在形容艺术创作中这一心理现象时，承认它是各种已掌握的知识和特殊心理要素的高度综合。人们在描述长时间构思之后，突然得出一个美妙的结果（即灵感现象）时的状态是：情感充沛，激情亢奋，感受灵敏而且富有捕捉力，思路敏捷而且四通八达，左右逢源，宛如神助，想象异常活跃而丰富，各种记忆也被迅速唤起，心念表象纷至沓来，佳句（表现符号）纵横若不可遏。同时，意志、欲望也被激活，强烈的意志冲击力和创造冲击力急不可待，喷薄欲出。

在这种状态下的艺术家，有的恨不得大声呼喊，有的情不自禁地自打拍节跳上几步。由于从事专业的不同，当作家意欲奋笔疾书，雕塑家手握泥团跃跃欲试时，服装设计者头脑中已经成形的活灵活现的服饰形象驱使着他，展开图纸，拿起画笔或打开电脑……

二、外向传达

中国美术史上流传着一段创作佳话，清代扬州画派的郑板桥在画竹当中总结出自己由灵感到实施创作的一系列体验。他说："江馆清秋，晨起看竹，烟光、日影、雾气，皆浮动于疏枝密叶之间。胸中勃勃遂有画意。其实胸中之竹，并不是眼中之竹也。因而磨墨、展纸，落笔倏作变相，手中之竹又不是胸中之竹也。总之，意在笔先者，定则也，趣在法外者，化机也。独画云乎哉！"

服装设计者将众多眼中之服化为胸中之服的过程，是上一节中论述的内容，而将胸中之服变为手中之服时，不仅仅是将构思好的服饰形象用笔墨表现出来，实际上还有一个再创作过程。

当具有强烈的、成熟的创作冲动意识，而且已经基本考虑成形后，就需要付诸纸面了。这是设计者的审美意识和创作意识走向物态化的第一步——平面效果图。

服装设计者的这个再创作过程，意味着将无形的变成有形的，将模糊的变成清晰的，将抽象的变成具象的，将想象或设想成熟的变成实在的可视的平面形象。两者之间必然存在着距离，因而设计者拿起画笔时，会出现各种不同的情况。

假使考虑得比较细致，连服装细节部分如何交代处理都已经一一想到，再加上绘画技巧十分娴熟，能够随心所欲地表现构思成熟的形象，就会使这一再创造显得得心应手，设计者也大有游刃有余之感。有时由于事先考虑得不够充分，只是在头脑中勾画出一个大致的轮廓，那就只好再凭借笔端神力，左描右勾，忽圆忽方，边画边想，听任画笔在纸上笔走龙蛇，这就是设计者们所通称的草图。草图谓之"勾"，就有这种把握不住自己，也把握不住形象的体验在内。

构思不太成熟时，以勾画草图来逐步补充，促其完善，也是服装设计者常用的一种方法。草图可以画无数幅，有时分成若干张纸，有时就在一两张纸上画。单独成像的草图有一点可取之处，在于它的可比性。就是将好多草图上的形象依次摆开，然后从中挑选比较理想的，再从挑出的几个中进行加工，然后形成一个或两个设计方案。

不用许多张纸，就采用一张纸，在纸上反复画款式不同或装饰各异的服装，也不失为一种好方法。那就是在反复勾画中，寻求偶然效果。这种效果往往是事先没有设想到的，有时也会是原先有过这种构思，但纸上重复的线条中显现出一个比原想法奇妙几倍的形象。这种偶然效果，虽然也是由于头脑中积累的信息和笔下无数形象重叠所致，但最后效果毕竟是超过原先构想的期望值的。这种情景在设计者画草图时经常会出现，它那美妙的"倩影"往往令设计者欣喜若狂。

重复画时，不涂掉上一个形象，是这种画法的巧妙之处，也可以俗称为"窍门儿"。假如涂掉了上一个，又画出一个新的形象，它也许与上一个相差无几，也许某些地方比上一个有新意，但也许不如上一个好，这一切都无从比较。前一个形象稀里糊涂地"逝去"，新的形象又有气无力地等待"宣判"。设计延误、浪费时间，有很多时候是由于这种幼稚造成的，草图上运用"宁脏勿净"的说法，要比在素描中收效大得多。这是许多艺术大师（如罗丹、达·芬奇）已经在手稿上显示过的痕迹或体验。

服装设计者在构思之后，定款（即绘制正式服装效果图）之前，先行绘制草图，是一种有效的创作手段。它既可以补充前一段的构思，又可以为后一段效果图提供详细的、具体的设计方案。但是，有设计经验的人会发现，绘制草图也不一定都能达到理想的预期效果，这时，也就不必再奢望超过原构思水平了。包括建筑、室内、园林等很多从事设计的人员在内，只要是有过一段设计生涯，就会有过失败的经历。当图纸散落一桌面，草图七扭八歪地横躺竖卧时，有些服饰形象已被涂抹得一塌糊涂。同时出现的是满烟缸的烟蒂和一个托着头的痛苦不堪的设计者。这种情况在所难免。

绘制草图，可以视为设计的必由之路，也可以当作成形的权宜之计，但绝不是万全之策，不要认为只要绘制草图，就可以登上理想王国的彼岸。把绘制草图看作是服装设计者外向传达的第一个步骤，一个切实可行而又十分必要的手段，进而为正式效果图做些铺垫，是比较客观的态度。

无论是一步到位（即直接画出构思成功的服饰形象），还是经过无数次草图的绘制、筛选，这都是服装设计者构思之后意欲外向传达时的一段创作过程。16世纪法国的龙沙认为："创造不是别的，正是想象力里自然产生的好东西，它能模拟出各种可以想象得到的观念和事物形象——天上的和地上的、有生命的和无生命的事物，然后把它们表现、描写和模仿出来。（《外国理论家作家论形象思维》）"莎士比亚在诗人为从来没人知道的东西造型时谈道："描出它们的状貌，使虚无杳渺的东西有了确切的寄寓和名目"。服装设计者虽非诗人，但在艺术创作中，将无形的抽象的构思以效果图形式表现出来这一点上，与诗人有着手法和意蕴上的相似。

这种创造性活动其实就是人把主观的目的、意图、愿望、理想变成为对象性的存在，把内在的审美理想、审美情感、审美趣味物化为艺术产品，并在自己所创造的艺术世界中体验和观照自身的自由。服装设计者所要绘制的服装效果图，就是对构思后的服饰形象进行创造性的加工处理，提纯升华，使之成为更集中、更理想、更典型的服饰形象，并且有着强烈的感染力。诱人去看，去认真欣赏，从中发现服装的惊人的美感。这是一切艺术家，也包括服装设计者创造美的必然历程。

服装设计效果图，是以工艺性偏强的绘画方式完成的。重点表现衣服或配饰经人穿戴后的实际效果，即在平面上表现出立体的较为确切的整体服饰形象。服装效果图总要在图纸总体位置上绘制着装的人体，甚至有肖像描写。现代服装设计效果图，由于受欧洲时装设计效果图的影响，加之欧洲人体形比例已成概念化公式，所以往往采取缩小着装者头部而夸张身长的画法。这样一来，由于图上着装者形体颀长，使得比各国时装模特儿的体形还要符合现代标准，因而人为地造成了一种被强化的时装感。

效果图无论是表现哪一种欲制作的成品效果，其主要目的都是为了让有关人士产生真实可信的感觉，从而对其设计方案认可。但是，作为效果图本身，同时又是一件艺术创作，设计者在为别人提供一种具有可视性的设计形象时，还通过自己的绘画技巧，利用效果图表现设计者的美学追求与主张。因而追求效果图本身的艺术品位，也成了设计者表现实力的一个重要方面。

服装设计效果图在为人们提供直观的服装设计评判对象和审美对象时，可以采用多种多样的表现形式。如用素描画法，这种画法较原始。或用速写，速写分钢笔速写和铅笔、马克笔速写等，适于做效果图中主图（即着装者正面或正侧面形象）旁边的副图，多以简练的线条勾出服装经人穿着后从正后方或侧后方观看的效果。在需提供一系列效果时也可以采取速写方法，既节省时间，又便于观画者从中进行比较，以利选择。直接以毛笔在图上勾勒出着装形象，是中国绘画工具与欧洲绘画方法巧妙结合的结果。一般可利用中国画墨分五色的传统画法去画出不同于欧洲绘画而有新意的时装效果图。在不用绘画颜料的效果图中，还可用炭笔、炭条、绘图笔等，淡雅之中重点突出服装的款式和穿着后的整体造型。当然，还有在电脑上绘画，由于应用软件的区别，可以出现各种效果。

服装效果图一般应用色彩，这样才有可能使观者对服装设计方案形成更全面的印象。比较正规的是水粉画、水彩画、铅笔淡彩、钢笔淡彩等画法，还可以用大蜡笔、记号笔，或用喷枪喷涂，再便是名目颇多的电脑软件。采用彩色画法，不仅加强了效果图的形象性、色彩感等整体服装效果，而且还可以充分体现出服装效果图的独立的艺术性。特别是绘制者利用色彩和色笔笔触表现出的服装面料质感效果，更易使效果图产生出生动的艺术效果。加之人们不断摸索出新的绘画工具和新的表现手法，所以，服装设计效果图已不单纯具有实际效果的显示作用，而且越来越体现出其绘制手段本身所具有的审美价值。值得注意的是，临近21世纪第三个10年的今天，在人们应用电脑绘制服装效果图20年后，又重新珍视手绘，而且公认手绘更具艺术性。

曾经，服装效果图出现偏离设计程序轨道的倾向。如有人故意追求现代审美品位，将着装者形体无限夸大。从突出服装的角度来说，好像无可厚非，但着装者形体严重违反了正常人形体的比例，则会使人产生不信任、不舒服的感觉，进而影响到对服装设计方案的认可和对服饰形象的审美感受。还有人盲目追求特殊效果，故意忽略人体特征，使观者感到服装无法穿在正常人身上，这种效果图所追求的效果，也往往适得其反。总之，服装设计效果图不是纯美术作品，不能画得过于任性。

单独为配饰品的设计效果图，远没有服装设计效果图应用普遍，因而有些也就不太严格。但这并不等于说，饰品设计过程中可以省略效果图这一重要环节。应该看到的是，过去由于工作条件落后，师傅带徒弟的形式大多是"手把手"地教，直接在边角下料（如牙、玉、石、金等）上练手艺。这是缺乏科学态度和现代工艺手段的原始形式，当然应该有所改进。有人强调说多年来一直如此，并无不便之处，画效果图反倒烦琐，这是一种保守心理作怪，它将严重地影响服装工艺由传统向现代工艺过渡的速度。

在对配饰品效果图的看法上，确实有一些需要特别予以重视的特殊性。如玉雕工艺，讲究运用"巧色"。即在琢玉时，发现白玉中有红色或黑色杂质，聪慧灵巧的工艺师就会充分利用自己的艺术才能，随机应变，变瑕为美，如将红色杂质根据整体内容处理成红花、红帽，将黑色杂质处理成小虾或蝉。这些效果确实是预先难以考虑到的。虽然在玉雕前破料时已经留有最小的雕琢余地，但是毕竟由师傅在方料上画稿（俗称画料）时，无法看到表皮下的玉质状况。

这是配饰设计中的特殊现象，不等于说一切配饰加工都只凭一时兴致和灵活掌握就可以达到完美效果。从珐琅、金银、玉石镶嵌等工艺设计过程来看，设计者将头脑中成形但实际并未成形的构思以笔纸绘出可视形象，还是相当有必要的。用现代工程材料（树脂、塑料、金属）制作配饰品，有时不用效果图，而直接以石膏制成样品并根据设计方案喷涂上各种颜色，或做出各种质感的效果（专业的名称是模型），实际是效果图的立体化，当然更具有直观作用。

如今，各种服装效果图画法已经愈益丰富了，它已经更趋多元。21世纪初的中国服装界，出现了以电脑设计取代人工绘制效果图的趋势。对这个现象和趋势，有人表示过反对，认为计算机绘图不能完全取代人工绘图。如今，人们已能冷静地看待这个问题。计算机绘图，可做到严格、明确、规整，有些也确属人的脑与手所无法相比的，更重要的是省时、省力，体现现代化的气派。只是应同时看到，电脑毕竟是人的创造品，如未将程序输入计算机，计算机就不具备设计的功能。而且，人在灵感火花偶一迸发之时所设计的服装，或是服装上的某一部位，经常会出现神来之笔，而电脑在这一点上显然逊色，这是计算机的机械性缺陷，不过，现在人工智能方兴未艾，科技发展前景是难以想象的，可最终源于人脑也是不可忽视的。

直接用于制作的服装设计平面图，是重点表现服装结构的工艺图。它主要是以线条勾勒为主，要求结构清晰、准确，转折、接缝处交代明了。画面以简洁的形式表现服装的各个视角的结构。服装需要有正面、背面和侧面几个角度，细部可以从全图中拉出放大画清。饰品则应用正视、正俯视和侧视三个角度，并在图上标明与成品的比例。平面图是构成服装设计图的一个组成部分，多用于生产性单位，有准确传达设计意图、指导生产的作用。在一些生产基层单位，也将服装平面图称为成品图、工作图、式样图。服装设计专业在教授学生时，也应将平面图放在与彩色效果图同样重要的位置，以训练学生的设计能力，免得在效果图上一味追求绘画技巧而忽视了服装的结构。

作为一名发展全面的服装设计者，应该熟悉并能熟练地掌握本人涉及的设计范畴的实际制作。例如，让一位有珐琅器制作经验的人和一位未接触过珐琅器制作的人同时设计珐琅饰品，那么，哪一个更能体现工艺特色并便于制作呢？当然是前者。因此，让一个从未进行过服装裁剪和制作的服装设计专业在校生设计服装，总会有些力不从心。当他们到服装企业工作以后，也是先有一段和实际操作工人互不理解的阶段。当他们一旦接触到实际操作或积累了不少制作经验以后，再设计出的服装绝对与前不同，不但其设计意图容易为工人所理解，而且确实适于生产，适宜消费者需求，并能节省财力、物力、人力。因此说，工人要经过高水平设计专业训练，学生要经过基层实际操作锻炼，才有可能真正成为设计者。

不会绘制服装裁剪图的服装设计者，在设计时总显得捉襟见肘。因为效果图是给订货单位或个人审视，而交给工人去制作时，应连并裁剪图。服装裁剪图不等于服装平面图，它是根据测量人体的数据，通过不同的计算公式，用曲、直、弧、斜线来表示的服装结构图。技术工人可根据裁剪图来打板。如果设计者能够亲自打板，将有助于裁剪前的再一次修改。

从服装设计构思，到将构思绘制成图，这在服装设计的历程上基本上接近了终点，但对于从服装构思到服装成品展示这一段的历程来说，才刚刚走完了三分之二。

三、平面到立体

在服装设计制作过程中，将图纸上的服装形象用面料制作成真正的服装，是一个大的飞跃。在对待服装制作工艺的诸看法中，有一种看法是对制作工艺的误解。那就是认为制作工艺是纯技术性的，已经没有艺术可言。这种看法的片面之处，在于将设计与制作完全割裂开来，因而使两者成为互不相关的两种活动，这是有悖艺术常理的。

人类童年时期的艺术创作，没有设计与制作之分。如今已经进步到先行设计、后施制作，只是使之更趋合理，而不能将其艺术性的连接到制作就告中断。一般来说，制作工艺阶段的艺术创作性质是应该肯定的，一线工人在严格按图操作时，仍然自觉不自觉地尽力使之合理，尽量在制作工艺中体现出美的形象。也就是说，即使完全由现代流水线操作，制作者还是在尽可能的条件下，按照美的规律去执著地表现着个人的审美意识。

这种情景在手工制作时表现得更明显一些。例如衣服的细部：衣领、袖口、口袋、腰带等，制作者在面前明摆着裁剪图的情况下，照样可以有些细微的自认为合理的改动。这就是制作工艺中表现出来的艺术创造性。这种艺术性的继续发挥有两种结果，一种是由有经验、有一定设计基础的制作者在原设计图上做些改动（当然是按照管理制度进行），恰恰弥补了原设计意图的缺陷。或是锦上添花，在合理的设计中又注入一丝强烈而微妙的美的气质。再便是纠正了可以避免的错误，使设计意图在成形服装上得到了超越原构思的完美结果。这是可喜的，充分体现出由于人工制作灵活性所产生的优越性。当然也有另一种结果是不尽如人意的，那就是某些制作者未真正理解设计意图，而本人又对设计规律了解不多，却自作主张，任意改动原设计图纸上显示的结构，结果在好的动机下，弄巧成拙，甚至因此造成不必要的损失。由此不得不想到具体的制作者也有一个提高综合修养和专业技巧水平的重要问题，这正是当今高等职业院校教育要解决的问题。

看不懂服装裁剪图的制作者并不是没有，他就像那读不懂乐谱的歌星一样，虽然有时也能应付一气，但终究有碍于专业向更高水平的发展。拙劣的"歌星"只不过会招来嘲笑和倒彩，而素质差的制作者所造成的费工、费料或延误工期的损失要大大超过歌唱者。

制作者应该具备设计能力，并且能够掌握一定的绘画技巧。我们接触到的美发师就是一个生动的例子。凡具有绘画和立体造型能力的（掌握素描和雕塑技巧），其剪、吹成的发型就具有一定的艺术性，或说有较高的审美价值，而且他们在攀登专业高峰时，都显得有实力，并能自我设计新的专业发展高度。而没有素描和雕塑基础，只限于从师傅那学会以剪子剪出发型的人，就显得有些底气不足。他们由于鉴赏水平低，审美视野狭窄，往往也就一生停留在一个勉强维持操作或比较熟练的程度，不容易有大的作为。

这就是说，服装设计从平面到立体，是一个很重要的成形过程。具体制作者既要有全面的综合修养，又要有娴熟的专业技巧，这两者缺一不可。

服装制作者在服装成形的最后阶段，担负着非常严肃的任务。不管是服装裁剪、缝制乃至熨烫、绣花、编织、手绘，还是佩饰品上的琢、磨、切、磋、镶、嵌、拼贴、绣绘，再加上服装品的综合绘制加工，都容不得丝毫的马虎和对艺术的忽视与亵渎。

整个服装设计制作过程离不开审美素质。一旦离开了它，艺术便丧失了自律性存在的根据，服装设计便丢掉了审美价值。如果说艺术创作是人类审美创造能力的集中表现，那么，服装设计制作就是人的设计能力的最集中的反映之一。

第四节　服装设计的形态美法则

服装设计者具备了一定的修养和技巧以后，又熟悉了服装设计到制作成形的整个过程，这对于一个服装设计者来说，仅具备了最基本的条件和能力。要想真正使服装设计成为一种高品位的艺术创作，还必须掌握服装设计的形态美法则。本书将这部分内容放在服装设计构思、绘图、制作之后，意在强调设计思想和设计水平的提高，将发乎自然的审美追求上升到有意识、有目的、有特定目标的服装设计，尤其是服装美的创造。

服装美，显示在服装之中。服装美和服装美感的创造，却由服装设计的形态美法则所支配。

服装设计的形态美法则与其他工艺、工业品设计原理有许多共同之处，都存在对称、均衡、比率和节奏等形态美的规律。但是，服装设计又有自己的特殊之处。用于服装设计中的垂直分割、斜线分割或点、线、面的运用都要因符合服装特性而有新的理解和实施。

考虑到衣服和配饰在形态美法则中的共性与个性以及综合设计的需要，故将其分成五个部分，即从服装的造型、色彩、肌理、纹饰、综合形象来论述。

一、造型

服装造型上涉及的形态美法则最多，如点、线、面、定形和无定形、点线面的立体化以及立体等，都是设计中必然要掌握的纯粹形态的理论。有关形态的美学规律更要掌握，如整体和局部、秩序和无秩序以及黄金分割率的应用等。

掌握形态美的法则，在服装设计当中，是设计者的必修课程和最终目的。将有关形态美的诸多理论灵活地运用于服装设计，并在此基础上有所延伸，会使服装设计出现新奇的与众不同的光彩。以形态美理论的顺序来对照服装设计，就可以得到一些服装设计中最基本的启示。

点　在服装中已经不同于几何学中那种既可看作抽象的概念，又可以有具体的位置与限度。即作为空间最小单位的形态，点在服装上可以表现为纽扣、领结、胸花、戒指、项链坠等。这种由几何图形构成的点，其轮廓大多由直线、曲线、弧线等呈现并组合而成。服装穿着中还有一种任意形的，可改变的点，如系围巾的结、立体头饰以及随件提包上的纽扣等。另外一些带有方向性的纽扣孔、肩袢、袖袢等，在整体服装中也以点的形态出现（请注意是在整体服装中，如果从局部看则是线）。由于带有秩序感和运动感，更使其成为带有方向性的短线。点在服装中不可少，没有点作为服装的点缀，极易使服装效果给人以沉闷、呆板的印象。而且，点的组合可以产生平衡，点可以协调整体，还可以使之统一，其中以纽扣、戒指和项链坠所起的作用最明显。既是点，就有空间限度，在服装体上不能像"雨打沙滩万点坑"，而应起"万绿丛中一点红"的破格作用，以限制或延伸线段，或使平面活跃起来。

线　线在服装上频频出现。可以说，服装上的线，除了真正明缝的线以外，还有服装整体或局部的轮廓线与很多具有宽度和厚度的立体的线。这种线的构成，可用不同色彩、不同材质来显示。这些线的组合与变化，可以使服装产生不同的效果。如直线、斜线、曲线、折线，就可通过口袋、领口、肩部转折和下摆等处，分别表现出坚硬感、运动感、柔弱感和肯定的中断感。服装上的线十分重要：整体轮廓线给予受众视觉影像特别肯定，因为通常是先影后像的，而影是由外廓线与平面相结合，线是在限制平面中呈示服装形象的。这虽然指的是远视情景，但着装者自远而近出现是一种常态。同时，服装的动感也是由线来显示的。中国传统绘画中有时强调线描（或曰白描），就是借助线的倾斜、曲折、变化，抑扬顿挫来表现衣裙飘动的。线在服装上的丰富变化，自然也表现出韵律来，如女服的"公主线"，军服肩章的穗，男服上衣的腰线，无不产生浓厚的美感，可用来强调比例，又可用来保持平衡。

面　服装与空间交界线以内，为人们提供了一个独立于空间中的面的形态。在概括服装造型时，通常使用的是：长方形、正方形、正三角形（也称正梯形、A字形、塔形）、倒三角形（也称倒梯形、T字形、Y字形、沙漏形）、曲线形（也可分别称为X字形和S字形）。

这些面各有不同的美学内涵，通常是长方形庄重（不收腰、不放摆）、正三角形稳健（收肩、放摆）、倒三角形活泼（阔肩、收摆）、曲线形柔美典雅（束腰、放摆等）。当然，服装上还有其他的面，如单独看一个口袋或不同色布拼接而成的面，披肩所形成的三角形等，大大小小，遍布在服装的边缘和整体大面之中，构成了组合中的面积感和直视上的平面感。

立体　表现在服装上的立体感，当是再自然不过的了。从着装体的整体形象直至一粒小小的珠饰，都以立体的形式呈现在人们面前。这就为更充分利用空间，并在空间中占有一定位置的服装提供了更为醒目的展示条件。这时，被人穿在身上的衣服已经完全不同于服装商店柜台中摆设的扁平状展示，而是真正地成了一个具有三维空间的、类同于雕塑的艺术形立体了。这就要求设计者考虑到，成功的服装应该从任何一个角度看都美，而不应只满足于一个面的艺术感染力。

图2-61　对称式设计

对称与均衡　在服装设计中被普遍应用。大衣、制服乃至头花、耳环，无一不在寻求对称与均衡。对称很好解释，应用起来也比较简便。因为人体两侧本来就是对称的，因此两边的耳环、两腕的手镯、两腿的足环及上衣两边的袖子、裤子两边的裤腿等，都自然是对称的。出于人们对上下或左右对称的视觉和心理惯性，设计者常常把上衣胸前的饰件，如口袋、纽扣等处理成完全对称的形式，下装裙、裤前面和后面口袋也大都采用对称式，以求给人一种稳定感（图2-61）。均衡则是在非对称中寻求基本稳定又灵活多变的形式美感。如将头饰两侧做成不同式样，或采用不同的表现方式，大小、长短和繁简造成矛盾的统一。或是在上衣前襟背后，利用线条或纽扣的不完全对称形式显示一种活力，使之成为一种微妙的情感传递。均衡的形式出现在服装上，较之对称形式要明显带有意蕴、变化和运动感。

对比与调和　在服装造型设计中，对比与调和是从来不容忽视的。通过服装上直线和曲线、凸型和凹型，大与小、方与圆等，都可以在增强它们各自的特性时，使两者的相异更突出装饰性。如方的肩部造型可以和下摆的弧形形成对比，曲线的裙身配上圆中带方的腰带卡和方形纽扣，也能够给人以强烈对比的印象。如果方形频频出现在衣领、衣袖、口袋等处，而近似值又过大，势必显得单调；没有过渡的大方形和大圆形又显得缺少中间调和形式。这就是说，没有对比（类似形重复出现）或对比过分（异形突兀出现）都是失败的设计。要想避免这种失败，就要掌握调和的技巧，以在减弱对比的矛盾之中造成一种调和的美。

比例与尺度　这更是服装造型设计中的重点，通常可用来衡量服装整体与局部、局部与局部之间的长度和面积的数量关系。因为服装要穿戴在人身上，所以高个和矮个在选择衣服、饰品和服装随件（如提包、遮阳伞）时，必须要考虑到这些服装与人（即着装者所形成的服饰形象整体）的比例是否恰当。例如首服，同样尺寸的草帽，戴在高个或体胖的人头上，可能会显得小；而戴在矮个或体瘦的人头上，可能又显得太大了。同样肩宽的上衣，穿在高个身上，也许显窄，从而使高个人更显细长；但穿在矮个人身上时，会因将身体宽度加强，无形中缩短了身体长度，使矮个人显得更矮。

黄金分割率　这一直被聪明的服装设计者应用并延续下来，使服装设计找到了在处理矩形时最理想的比例与尺度。如果把未着装的人体分为大小两部分，那么大的部分为1，小的部分即为0.618。这个大小部分的分界点在肚脐，其体形就是最完美的。米洛出土的《断臂的维纳斯》为什么一直被认为是最美的典范，其中一个原因就是她符合这个比例（图2-62）。对于服装来说，腰线位置的变化，直接决定了上下身比例的关系。如何在服装设计中运用黄金分割率，是设计中能否掌握比例与尺度的一个关键。

在设计服装的每一个面的时候，分割法起到把握和成功表现比例的作用。在分割形式上可基本上分为六种：垂直分割，水平分割，垂直水平分割，斜线分割，曲线分割，自由分割。在服装设计中，这些分割形式可以利

图2-62　米洛出土的维纳斯

用不同面料、色彩、线条等表现之。只是无论如何分割，都不能违背美的规律。黄金分割率不一定只局限于矩形上，它在艺术创作中给人更大的启示是，分割的比例必须在视觉和心理上给人以最理想的美感。

节奏与韵律　用于服装设计中的表现方式是多种多样的。如有规律节奏、无规律节奏、放射节奏、等级性节奏等。另外还可以具体到各部位体积节奏、结构线组织节奏、面料色彩节奏、面料明暗节奏、面料质地节奏等。在应用有规律节奏时，重复的直线以其刚硬和间隔中的规律给人以男性的强烈视觉感受，重复的曲线也可以通过有规律地推演和排列，使人产生女性娇柔、轻盈的美感。无规律节奏中由于重复的间距有大有小，因而较之前者显得更为活跃一些。等级性节奏也可称为"层次波淡化法"，通过越来越疏的间隔或越来越密的间隔，使服装造型于平面中显出一种人为地拉近或推远的感觉。而放射性节奏更多地被用于服装的领口或腰下部位，通过放射状造型，使服装展现出一种光感和轻盈感。韵律则被普遍用于衣服的前襟、裙子的下摆或配饰品的整体上。带有某种韵律的服装造型，可以通过设计使服装具备浓郁的诗意（图2-63、图2-64）。

再有一点可以被服装设计者用来调整服装造型的设计方式，是充分利用视错觉。视错觉指肉眼看物时的误差。比如两条同样长的线，较粗的线在人看来似乎短些，而极细的线看起来却好像超过了它的实际长度。将两个同样大小的形上下重叠，好像是上方的形略大。而垂直和水平的两条线，则垂直线似乎要比水平线长一些。两个同样面积的形，一个被分割，另一个没有，那么看起来时，被分割的形似乎小了一些。再如胖人忌穿横条、瘦人忌穿竖条衣之类，也是利用视错觉在着装上取长补短……诸如此类的视错觉，早就被人们发现，并应用于审美与设计当中，并冠之以"视错觉艺术""视幻美术"等。

服装设计中如果成功地运用了视错觉，能够取得许多意想不到的美妙的效果。或是使人看起来扑朔迷离（放射状或其他重复线有时看似凸形，有时看似凹形），可以弥补着装者体形的不足。如对下肢短的人来说，服装可适当提高腰节。对希望强调

图2-63　以造型形成韵律感

图2-64　以组合形成韵律感

面部的人来说，可以重视领子的造型。历来人们喜欢戴耳环和项链以及围巾、帽子等首服，很大程度上都是想以艳丽的服装将观者视线引到多装饰的部位上来。这种有意的集中装饰，被称为"诱导场"，是不无道理的。

服装设计中，对形态美的形式法则的运用，应该敢于突破。如对称与均衡规律等，都不可墨守成规。它常会有出人意料的服饰形象出现，并产生美妙的效果。效果有两种：一种是局部的突破，违反了美的形式法则，但在整体上却映现出良好的效应。西装上衣左上方有斜口袋，右上方却没有，看似破坏了对称的法则，但它与频繁活动的右手（右袖）却实现了体量与形象上的均衡。另一种则是完全违背形式法则，这在新潮服装上是经常出现的。它以畸重畸轻给人以新鲜感与美感。如夹克装色布无规则拼接，衣领两侧的一黑一白，上衣偏长下衣偏短，或反之，都是法则的突破，但也被现代人所接受。

但应注意，形式美的法则的突破，不应与服装的物质特性的本质相违背，即不能违反服装的生理适用性。衣袖可以一红一黑，但一般情况下不能一长一短或一肥一瘦，"反常规"设计在符合人生理结构的基础上可以放开一些。

二、色彩

服装设计离不开色彩，这是众所周知的，因为服装本身就是以有色形式出现的，无色透明只能用于局部，绝不可能用于服装整体。

色彩在服装上具有特殊的表现力，它与服装造型和服装材质肌理等共同构成了服装的美。但不容否认的是，其中色彩最出效果。首先，由于物理及视觉关系，色彩较之造型和肌理能更快进入人的视线之中。当人们看到服装时，由于光的反射和视觉刺激，总是先看到它的色彩，再看到造型，然后才会注意到肌理。当然，这仅从人的视觉习惯来讲，如果是特意寻求服装新款式，那也可能会先看到造型，那是偶然的，而先看到色彩是必然的。民间有句俗话讲："远观颜色近观花"，就是说当一个人从远处走来时，观者首先看到的是一个色彩点，但色彩点的外轮廓线是模糊的，难辨物象；随着人形的越来越近，越来越大，才能真正看清一个人着装后的整体轮廓。再走到近约几米处，才会看到服装上的花纹。至于肌理，那是近在咫尺时才会观察感受到的。

（一）色彩的选用和调配

在服装设计中，选用哪一个色彩基调，这是设计者必须确定的。因为它牵涉色彩统一的问题。尽管人们欣赏服装时，有时也会喜欢五颜六色，绚丽斑斓，但是如果没有一个主要颜色作为基调，那服装本身的整体性即会被打乱。随之而来的结果，便是破碎的造型和令人眼花缭乱的色彩。这种情况下，即使设计者原始动机不错，结果却无疑是失败的。

通常来说，可以选用一种色相的不同色阶，使色彩从深到浅或由浅到深地过渡，从而构成一种渐变的格式，一种山间小路般的诗情画意。不用渐变，也可以选用两种同一色相的色彩，如深褐色和浅驼色，深绿色和浅绿色等，将其分别做成衣身和衣领、袖边等，在微弱的对比中形成明快、洗练的风格。

如果选用不同色相的颜色，以求形成大的对比与反差，那就要在面积上考虑大小的主辅关系，在色相上考虑冷暖的依存关系，在明度上考虑明暗的对比关系，在纯度或称彩度上考虑差异的递进关系。总之欲求反差，就要在诸多色彩因素的对比中掌握好尺度，权衡关系，以达到和谐与鲜明、强烈兼有的恰到好处的色彩效果。假如未分出主次，未分出明暗，而且选用邻近色放在同一套衣服上，就会杂乱无章或形象模糊，或色彩灰暗，或格外刺眼而不是醒目，这些都是服装设计者选色和配色的大忌。

有人曾在书中这样写道："在某种情况下，不协调或不和谐的色彩、不对称的装饰色彩，反而别具风味而更能吸引观者的眼光，以造成夺目的效果。"我认为这种说法是不妥当的，是充满矛盾的。既然能够吸引观众的眼光（看起来好像不是厌恶的眼光）以造成夺目（此处并未使用贬义词）的效果，那么，所谓的"不协调、不和谐和不对称"只是设计者的一种独出心裁、以奇取胜的色彩构成方式所致。"不对称"又见视觉美感，实际上是均衡的艺术手法，均衡自古以来就被认定是一种美的设计形式。"不和谐"和"不协调"的感觉，只是表现出设计者设计思想的一种大胆突破，一种不墨守成规的新构思。如果是真正能以夺目的效果吸引观众的眼球，那恰恰正是设计者打破原有设计常规的新颖的色彩处理手法显示出的成功。因而，即使是从未出现过或使用过的，在视觉上也一定会是相当协调并十分和谐的。这是以非常的手段达到正常的效应。

运用流行色，是接受新事物快、思维敏捷的服装设计者根据预测结果和最新动向等信息率先实施的。它主要突出一个"新"字和一个"巧"字。例如，法兰克福国际衣料博览会上曾推出服装面料的三大主题之一——梦幻世界，灵感来源于美丽的梦幻和城市戏剧的假面，充满了神话般亮丽的光彩和超时尚的俏丽，并以此表现无忧无虑、自由自在的主题。然后将此分成美丽的梦和乔装打扮两个部分。色彩以粉红色、紫丁香、苹果绿、中湖蓝、茄紫、深绿、酱紫、藏青为主题色。以柔和系列色调表示梦的美丽，并使之在画面上逐渐消失而产生多层次的微妙感。再以高度豪华的耀眼色彩与低调暗色的巧妙组合，表达戏剧性效果的时尚追求。在确定色彩主调的基础上，选用各种高档的薄织物、透明织物、闪光织物、塔夫绸、起绒织物、起绉弹性织物等面料来强调梦的飘逸与神奇。预测到这种流行趋势，必然迫使服装设计者认真去对待。这时，完全套用所预测的色彩构成是不明智的，极易造成雷同而趋于平庸。但是根本不假考虑，也是不正确的。因为这种预测和推出毕竟是根据科学的分析，因而很可能是推动时装潮流并易于取得最佳设计效果的色彩。这时的灵活运用，可以充分体现出服装设计者的修养、功力和独特的鉴赏力与独立性格。

（二）色彩运用体现风格

对于着装者来说，偏爱哪一种色相和搭配方法，能体现出着装者的个性气质。对于服装设计者来说，推出哪一种色彩搭配的设计方案，则代表了设计者鲜明的设计风格。

20世纪初期，被誉为"时装王国的苏丹"的法国保罗·波烈，曾在到处流行淡色调、崇尚爱德华风格的情况下，大胆创新，设计中采用了具有强烈对比效果的激动人心的红、绿、紫、橙和钴蓝等鲜艳、明亮的色调，加之面料选择的成功，使他的服装设计在法国人面前呈现出一派东方艺术情调，从而使人们将设计者成功的20年代，称为"波烈风格的年代"。

另外，同在法国的亦为20世纪初期的服装设计师玛德琳·维奥内，善于运用和谐的调和色，如象牙白、驼毛色、茶色、玫瑰色和琉璃绿等，使着装形象充满温馨和柔情，在20年代末期风行一时。

再有，同时期在巴黎时装界流行的粉红色的时装色调，来自著名设计师艾尔莎·夏帕瑞丽。她在设计中常常使用罂粟花红和粉红色，从而形成了自己的风格。

画家有自己偏爱的颜色，这不仅体现在他的创作中，甚至在写生时也同样顽强地表现出来。笔者在美术学院上学时曾听老师讲，十个画家面对同一组静物写生，完成的十幅画竟会有十种不同的色调。当时我非常不理解，静物本身不是明明白白显示出同样的固有色和大致相同的环境色、光源色（因角度不同所致）吗？怎么会出现十种不同的色彩效果呢？这个疑问，直至在后来无数次的写生实践中才真正得到确切的可信的答案。

当然，无论画家将瓷罐投影处理成偏冷的紫还是偏暖的紫，无论画家笔下的苹果是鲜红色还是淡黄色，画面上的色彩主调是确立的，因而画面的色彩效果也非常统一。这取决于画家对色彩的感知程度，也取决于画家对色彩的偏爱倾向。那么，既然画家写生都容许有自己的性格在色彩中表现出来，服装设计者设计时不是更可以依照个人的艺术风格去选用色彩，创造不同的色彩风格吗？

当然，服装设计者毕竟和画家的工作性质有所区别，这一点，服装设计者不得不考虑。例如，画家作画是在一张白纸或一块白布上，他的色彩处理手法直接决定了作品最后的色彩效果，这就是一件完全独立的作品。只有当应邀为某室、某大厅作画时，才有必要了解一下需要挂画地方的环境色调，特别是室内光线来源和那面作为底色的墙的颜色。总之，画家在色彩中体现个性时局限性要相对小一些。服装设计者就不同，衣服和配饰要穿戴在人身上，所以为某一个国家、某一个地区或某个人设计时，如有条件最好参考一下该地区的人或着装者本人的皮肤色，因为着装者的肤色与服装色直接有关。服装色彩效果成功与否，很大程度上与着装者的皮肤色有关。

有的设计者并不关注着装者（大可到人种、地区，小可到具体的单个人）的皮肤色，结果失败是在所难免的。如果一个皮肤色偏黄黑的人，再穿上赭石或褐色等暖灰色调的服装，极易显得一塌糊涂。只将其责任推到着装者的选择有误上，是不公道的。为非洲黑人设计服装时，为什么要照搬欧洲白人的服装色彩呢？类似这样的责任应该归咎于设计者。20世纪90年代初期的中国北方城市曾一度流行碎花绸套裙，颜色大多为土褐色。这种色彩效果，特别是一身套裙穿在中国北方某些中年妇女身上，裸露部位的肌肤色与裙子色调几近一致，一时成了流动于街上的"出土文物"，而且得此雅号的缘由，在土而不在文，实在是一种服装设计中运用色彩的失误。

服装设计者仅限于从色彩间隔、色彩节奏、色彩平衡、色彩的关联性、色彩的强调与点缀以及色彩的调和、比例、统一和变化之中去领悟服装设计中的色彩运用显然是刻板的。实际设计中，我们必须通过整体色彩知识去促成设计者在创作之中的灵活运用。很多书中所列的服装色彩运用参考图表，仅有参考意义，万不可生搬硬套。被限制住了的构思，是难以插上飞往蓝天的翅膀的。实践中摸索，逐步培养起个人的色彩设计能力与风格，才可能是最理想的结果。

歌德有一句名言："一切生物都向往色彩。"作为为社会为人类提供服装形象美的服装设计者们，更有责任将美的色彩献给广大着装者。当然，一度流行的"裸色"，也不失为色彩的运用，它只不过是趋于简洁罢了。

三、肌理

肌理是设计人员经常关注的一个设计元素。因为肌理即指材料表面所呈示出的组织构造，包含材质和纹理等内容。因此说，只要设计者设计时要接触到材料，那就必然地要考虑到肌理。肌理被恰当地利用和表现出来，会使设计事半功倍。

材料的质地美和材料本身所具有的极美的天然纹理，是人们所公认的。当它出现在设计者面前时，等于是在为设计提供了美的基质的同时，也给设计者提出了一个需要费些精力才能解答的问题。因为，未能体现出服装材质的肌理美，是设计的遗憾，如若恰恰掩盖了肌理的美或是错误地抹杀了肌理的效果，那就不仅仅是遗憾了。

鉴于衣服与配饰材质的诸多差异，将衣服与配饰分开来阐述，设计中应如何各自正确运用肌理是有必要的。

（一）肌理在衣服上的运用

服装设计中表现肌理效果，主要靠服装面料的质地和纹理。这种质地之美和纹理之异源于纤维的原质，又出自于人工的织造。例如麻纤维的坚韧与羊毛纤维的柔软以及蚕丝的光泽莹润，都在人工织制之前就显示出不同，这种天然的差异势必造成面料质地美的区别。同样是以蚕丝织成的面料，纱和绸以其纹理致密程度不同和手感滑爽程度不同而形成各自的风格。缎子更以光亮、平滑、细腻、挺括区别于显示微小颗粒、光亮度低、悬垂性好的双绉。

服装面料的肌理，通过视觉、手感和体感显现出来。再经过服装设计者将其与造型进行有意的配合处理，那时面料肌理之美就可以通过合理的服装款式表现出来，而特意设计的服装款式又可以借助肌理取得更为意想不到的审美效果。当这些再与色彩设计相得益彰时，设计者匠心独运的艺术构思就完全呈现在众人面前了。

从服装面料质地的视觉和手感来分类，可以大致将其归纳为四类，即：

柔软类　如真丝绸、锦缎、闪光缎、丝绒、天鹅绒等。

轻盈类　如纱罗、蝉翼纱、巴里纱等。

厚重类　如高级纯毛织物以及名贵裘皮等。

挺括类　既有高档毛呢料，也有纯化纤或化纤与天然混纺织物等。

从服装面料质地所反映出的内在气质来分类，也可将其分为五类：

华贵类　由于以真丝、高级棉纱或有光亚麻纤维织成，材质给人以飘逸或熠熠闪光的富贵华丽的直接感受。

纯朴类　这些织物主要由棉纤维、葛纤维等织成，本身就带着一种田园诗意或是山村野趣，如粗纺呢或小花布、蓝印花布、扎染布。

精致类　无论哪一种纤维，都是在织制时尽可能以其细纤维织成，因而给人一种严谨和一丝不苟的感觉，不受档次感觉所限。

庄重类　以高级纯毛、棉、麻为主要原料纯纺或混纺，织制考究的薄、厚呢料，本身即给人一种高雅、庄重的美感，甚至这种感觉可以不为颜色的调换所改变。

艺术类　这种面料是经过织制过程中有意加工而使之出现艺术性质感和纹理的。如将棉绒织物织成浮雕效果使之具有凸凹型花纹；再有使其按规律折皱的，如橘皮皱、树皮皱、梯形纹、横棱纹等；还有的故意使其出现螺旋圈、疙瘩圆点，大小不规则，或是织出图案并有立体效果的，如人字呢、银枪呢等。

对于服装设计来说，面料好似于厨师手中的面粉，其实，服装面料所具有的肌理之美远非面粉可比。如果设计合理、新奇，服装会形成独特的风格。试想，牛仔裤如若不是充分利用了帐篷用布料的粗厚感和金属钉的坚硬感，怎么会形成牛仔裤特有的粗犷与青春气息乃至挑战精神呢？以真丝做成牛仔裤行吗？虽非绝对不可以，但其不伦不类的设计很难被广大着装者所认可，成功自然无从谈起。

美学家黑格尔曾经讲到，风格就是服从所用材料的各种条件的一种表现形式，而且它还要适应一定艺术种类要求和从主题概念生出的规律。黑格尔所讲的"所用材料的各种条件"，在我们这里当然就包括服装面料的质地和纹理，以及从中显示出的特质与表现力。

在质地美和纹理美的构成法则中，要充分利用质感的粗与细、厚与薄、无光和闪光、平面与立体、滑爽与粗糙、柔软与挺括、透明与不透明等，进行对比、协调、统一等安排。可以选用相近的面料或同一块面料做上下装，然后配以与之形成

图2-65　动物毛皮服装的纹理之美

图2-66　动物毛皮服装特有的质
　　　　地之美

反差的面料做局部装饰。如在挺括的厚呢大衣上，配上柔软轻盈的真丝绸质围巾，或戴上起绒的厚呢或编织小帽，再或配以光滑的皮革手套和皮鞋，那么这种服装配套就能在以厚呢为主的质地美中又点缀了与之不同质感的首服或足服等，给人以整体感很强又不乏潇洒、华贵的带有装饰意味的印象。

　　服装面料中除了以上种种质地美和纹理美以外，特别给人以无可比拟的天然纹理美感的就是动物毛皮了。狐、貂、虎、鼠、豹、兔、羊、獭、熊等斑纹并具有直毛或卷毛的毛皮，其纹理之美在皮毛中闪现；蛇、牛、麂、鱼、猪等无毛光皮（皮面）又以直接显露的纹理体现出另一种天然之美（图2-65、图2-66）。这些被整体或局部应用在服装设计中，无论染色或是本色，可以出现其他材质难以相比的装饰效果。

（二）肌理在配饰上的运用

　　配饰品所选取的材质种类繁多，因此就配饰品上的肌理体现来讲，简直可以说是不胜枚举。即使列出上百种，也还是有以偏概全之嫌。

　　配饰品上肌理之美表现得尤为动人，也许正因为材质各异所致。仍以服装原材料选取、制作与加工的顺序来看配饰品的肌理美。

　　木质的天然肌理，呈现出姿态万千的景象。如果说很多材质都具有很美的天然纹理的话，那么最典型的就是木质。由于世界各地数千年来选取木质来制作配饰品，因而配饰品上所保留的木质肌理的美，很难用表格的方式排列出来。通常被用来制作项链的木材，有花梨木、水曲柳等硬质、组织致密的树种材料。选取的标准一是易于雕刻成各种形象，再一个自然是要有深邃的、变化万千的纹理。欲显示木质纹理的配饰品，一般不涂漆，或只涂透明漆。更多的时候，为了使配饰品充分显露出自然的风采和朴质的风格，而采取在木质表面打蜡的方法，以使木质肌理在不被覆盖的情况下，还闪着一种柔润淡雅的、几乎感受不到光泽的"本质光"。一串这样的项链，至今仍是少女们喜爱的配饰。不仅如此，人们还制成一套配饰，即包括项链、手镯、耳环和发卡，造型也尽可能取其不规则的自然形。肌理、色彩、造型异常统一的设计匠心，完全体现在那些近似原始实则十分"现代"的木质配饰品上。

　　象牙那柔润典雅的质地之美是一般材质难以相比的；兽角那颜色各异，纹路隐于深部的、含蓄古朴的材质之美，又是别有一番情趣；玳瑁背甲的花纹与生俱来，它就像是一件天然艺术品一样，为人们提供了绝美的配饰；海蚶壳和所有蚌壳那五颜六色的难以捉摸的色彩，好像被罩在一层透明的玻璃质下面；珍珠那由于对光产生的干涉色而出现的迷人的晕色珠光，更为绮丽并奇异；还有那红的像火一样的珊瑚，更因形成的特殊因素，而具有特殊的质地之美，"初生时肌理软腻似菌……见风则变硬"（《三合闻记》），总是带着那般红润，那般细腻。

也许最美的是羽毛。羽毛的纹理几乎囊括天下所有图案与色彩的美质。仅孔雀、山鸡（雉）、翠鸟、珍珠鸟等，就已经令人目不暇接，叹为观止。那巴布亚新几内亚的极乐鸟的羽毛，更是绚丽无比，难怪人们给它取名为"天堂鸟"，真是"此'鸟'只应天上有，人间能得几回'见'"啊。

宝石的天然光泽和纹理是瑰丽的。如木变石中的"虎睛"，因石棉纤维排列不规则，所以仅有白光而无光线，好像是不如一般木变石的平行的纹理美观，而实际上，从艺术的角度看，其花纹交错，颜色斑驳，再遇光源照射时，白光中便忽明忽暗，光怪陆离。缠丝玛瑙纯粹因天然纹理特征而得名。红玛瑙透明质中，隐现着白与无色相间的色带，或宽如飘带，或细如游丝，美妙至极，人们常将它作为爱情、和睦、幸福的象征。另外琥珀中的金绞蜜，也是由透明的金珀与半透明的蜜蜡互相缠绞在一起，呈现出黄色的、透明度不同的缠绞状花纹。

不管是"若众星之丽于天"（《石雅》）的青金石，还是"精光内蕴，厚重不迁"（转引自《翠钻珠宝》）的玉，令人赞叹的，首先是其材质之美。如何在饰品中充分显示这种种（包括植物、动物和矿物质）材质的肌理的天然美质，都是设计者、制作者的任务。

对于木质的肌理，可以选其纹理走向的平行面进行切割，以表现出纹理的曲折有序的走向。对于羽毛可以利用其原有的秩序剪贴、拼接，使羽毛光泽与色彩形成的天然"色系表"尽可能地呈现出来。宝石切割磨制更有严格的讲究，如蓝宝石中的一滴水蓝种，就要以颜色的平面为宝石的面方向，否则宝石便不是通蓝，而只有一丝蓝色了。碧玺中颜色纹理的部位也要把握合理切割而达到艺术最高值。

当人工合成物质被列入配饰品的材质以后，人们通过自己的设想去制造肌理的各种特征，就显得主动多了。如金属质，可以创造出无光橘皮漆的效果；塑料制品更可处理成皮革的肌理效果，然后以其制作配饰或服装随件，如皮包等。由于现代工业的不断发展，所以纸面做成皮革，陶瓷烧出金属光泽，铝合金表面拉丝、布纹、旋纹等，塑料表面压制出一定角度的细密旋纹，在光照下可闪出七色彩带的"亮晶片"效果，都已成为现实。这样一来，可供服装设计者选用和运用的天地更为广阔了。

四、纹饰

"纹"字之后不注"理"而明确以"饰",即说明了纹饰是人工所为,并非是天然纹理。

既然是通过人工手段,在服装上绣、绘、织、缝、缀、刻、塑、磨成的纹饰,自然是服装设计者和制作者的主观创造可以多一些。只要条件许可,设计者尽可以任自己的形象思维像野马一样奔驰,制作者也可以不放过自己施展才智与技巧的机会。自从古人在身上用白粉涂画、用针刺、刀割染色以来,逐步发展起来的物质文明,为在服装上绘刻花纹提供了越来越大的可能。

服装上的纹饰,按题材分,有如下五种:

动物题材　其中有现实动物:狮、虎、豹、象、鹿、牛、羊、马、猪、孔雀、鹦鹉、喜鹊、兀鹫、鸳鸯、鹤、鹭鸶、鹌鹑、白头翁、鹰、猴、蛇、蝴蝶、金鱼、蜻蜓等;有神异动物:朱雀、玄武、龙、夔、凤凰、鸾鹊、麒麟、翼虎等。

植物题材　其包括面比较大,如牡丹、芙蓉、月季、海棠、萱草、芍药、菊花、梅花、莲花、玫瑰、樱花、百合、葡萄、石榴、卷草、纸草、月桂树叶、金银花(忍冬)、樱桃、石竹花、葫芦、茱萸、兰花、竹、胡桃、郁金香、灵芝、蘑菇、苹果、菠萝、香蕉、柿等,还有神异花草宝相花等。

人物题材　有真实的武士、舞女、猎手、养鸡姑娘、运动员、牵驼者、儿童等。宗教中的人物题材(包括神化了的人物形象),有基督教的耶稣、圣母、天使;有佛教的释迦牟尼、菩萨、天王、力士、莲花童子;有道教的八仙,即张果老、吕洞宾、韩湘子、何仙姑、铁拐李、曹国舅、蓝采和、汉钟离等。

静物题材　有琴、棋、书、画、壶、元宝、枪、靶、书包等。

自然景物题材　有山、水、云、太阳、星星、月亮、雷、雨、闪电等。

按艺术手法分,主要可分成两大类:

具象类　无论是花草、鸟兽,还是人物、静物,在服装纹饰中基本上是以写实的手法表现出来的。尽管也要符合服装的整体布局,但对于每一朵花、每一个人的形象、动态来说,都是极力写实,在服装纹饰中表现出一定形式的画面。

抽象类　基于素材的真实形态,而对其进行有意识的概括化、形式化、几何图形化的处理,使之在原有形态上充满了主观的意味。这种服装纹饰手法在服装面料织造和服装制品刻制过程中多见。由于异形的花草和活生生的动物、人物在抽象处理后都成为几何形状的线、面等,因此这一类纹饰,也被称为几何类。

按纹饰布局分,可概括为三类:

单幅画面类　这就好像是一幅幅画被镶嵌在服装上,有情有景,画面写实,可成单幅画面。多用在鞋头、上衣前襟下摆处、围裙、兜肚等处(图2-67)。

单元图案类　这是采用"适合纹样"的布局，在服装的一定部位，实施单独的图案，常见的有圆形、方形（如中国明清官服上的补子，图2-68）、梯形、三角形、扇形、银锭形等。中国常见的是以"开光"手法处理。在开光的形内布满了图案，不留大面积空白，凡主体纹饰以外的空地，多设法以云纹、雷纹、菱形纹、回字纹等布满。饰品中多为单独纹饰。

图2-67　毕加索名画直接用于服装

图2-68　明朝官服上的"补子"

连续组合类　将各个简单或复杂的基本图案连接起来，而且每一组图案内容、形式完全相同，这在图案专业书中被称作连续图案，由成单行或成上下左右延伸的形式组成，以二方连续和四方连续为主。一般来说，二方连续多用在领口、袖边、下摆、裤脚等处，四方连续多用在服装面料和编制服装的整体。

按纹饰内容分，可归纳为两类：

愉悦自然类　指单纯地表现大自然中一切具有审美价值的事物。如鲜花、走兽、飞禽、舞蹈者等。不一定有什么明确的寓意，但因为其本身具备形状、体态、神情、色彩、韵律的美，所以被人们用在服装纹饰之中。基本上以客观的态度对待，而起因于主观的愉悦情感。

寄物寓情类　是以现实生活中存在的物质去隐喻人的精神生活中的某种愿望与寄托。这时选用的物质，从表面上看与其隐喻的内涵没有什么联系，但实际上通过人们传统意识中的互通信号来取得物质内部所显示的精神。中国的"吉祥图案"和欧洲罗马皇帝加冕礼服上的纹饰都是代表作品。由于各民族之内都有自己通过某种物质来寄寓祝福的传统习惯，所以纹饰中的特有的素材与布局方式，对内可引起人们的共识，对外则成为一种有着独特艺术品位和风格的服装上的纹饰（图2-69～图2-74）。

按纹饰的装饰技法分至少有三十种，如：

织　通过挂经而纬线控花的方法在面料上织出纹饰。

绣　以针线在服装面料或布质配饰品上绣出纹饰。

缝　以针线在服装上缝出明线组成的纹饰。

图2-69　吉祥图案"太师少师"　　图2-70　吉祥图案"牡丹长寿"　　图2-71　吉祥图案
"喜上眉梢"

图2-72　吉祥图案"春报平安"　　图2-73　吉祥图案"平升
三级"　　图2-74　吉祥图案"五福
捧寿"

缀　以针线将服装本体之外的布头、珠子、纽扣、金属饰件等缀在服装表面。

绘　古代以笔色补充绣线不能做出的效果，现代专门有在纺织品上直接画的手绘。

补　古代以布贴于纺织品上称为补绣，今亦有；当代在高档或时装上以其他色布做出补丁效果。

抽丝　按纺织品经纬走向，抽出一部分丝使之组成纹饰。

堆　以布料剪成纹饰，以线缝缀在服装上，使之成为立体形状，名堆花。

染　以染料在服装上染出纹饰，包括蜡染、扎染等手工印染和机械印染。

这些多用于服装面料上，当然也包括纺织品的配饰。

另如：

切、磋、琢、磨　指对骨、牙、角、玉、石的加工。

雕　在漆质或木质配饰品上以刀做出形状。

刻　在木质等较软质配饰品上以刀刻出纹饰，多为阴纹。

贴　将羽毛、金箔等物质粘贴在服装上。

铸　主要指金属品的加工，即在模中铸出配饰。

拉丝　通过加热方法将玻璃或金属拉成细丝。

盘　将金属丝盘成需要的配饰品。

鎏　在金属表面再镀上一层其他金属。

镶　既可指硬质材料中包边或包裹大部，也可指服装上缝缀花边。

嵌　将一种硬质材料挤进或放到另一种硬质材料的沟槽之中。

錾　以锤击刀在金属配饰上錾刻出纹饰。

镂　既可指金属，也可指陶器，还可指纺织品上以人工或机械方法钻孔，使之出现孔洞，谓镂空或镂孔。

烧　是陶质或珐琅质加工过程中必不可少的工序。

吹　可指玻璃、料器加工，也可指塑料加工。

压　泛指各种材料上经重力将其在模中成型。

这些较多用在配饰品上。

不用借助专门工具的服装技法还有：

折　如折纸为饰品。

塑　以陶土、瓷土、玻璃料等软质材料堆塑成。

束　用绳子或线将羽毛、花枝、折纸等束成饰品。

插　将羽毛或小木棍等按规律插在另一装饰带上。

穿　用线将有孔单件饰物穿成美观的装饰性饰品。

编织　是应用很广泛的一种装饰技法，包括用线编织成毛衣，也包括用竹片或草编织成帽子，更包括用线钩成围巾、手套和用棕、草等编成鞋，甚至用塑料或是真皮条编织成服装随件皮包等。

以上这些装饰技法，有时是单独用于一种衣服或配饰之上，也有时是几种技法共用于一种或一件服装上。最典型的是豪华型头冠，上面一般是兼用铸、焊、拉丝和粘、磨等技法。一件豪华上衣也可以同时兼有绣、绘、镂空等。

如果将人体装饰也并入服饰之列（文身、面妆隶属服饰文化内），那么还有：

割　以刀直接在皮肤上割出纹饰。

刺　以针直接在皮肤上刺出纹饰。

涂　用白土或其他色土涂抹在皮肤上，另有染、绘、贴等，其技法与前相似，只是所施的部位和材质有所不同。

服装上的纹饰，也可以称为图案。这些具有一定内容、一定形象的纹饰无疑为服装增添了审美价值和文化意蕴。

既然是衣服与配饰品上的纹饰，那就需要纹饰在具有自己独立的艺术作品形式和独立的审美价值的同时，更要服从于衣服和配饰品的整体需要。就作用说，服装上的纹饰主要是为了使服装更具立体的、多彩的、富有寓意的美，不是为了显示自身。而且，只有当它的出现使服装更完美，不是令人感到累赘、多余时，才是合理的设计方案。

出于对不同服装的点缀作用，其纹饰必须确定立意和总的调子。如军服上的帽徽、领花、肩章、臂章、胸章、绶带、皮带卡等纹饰，就首先应注意到严肃、大方、富有朝气，并具有一定政治意义的内容。而儿童小帽、小围裙和裙、裤、鞋上的纹饰，则要突出其活泼、天真、童话气息浓、色彩鲜艳，具有吉祥祝福的寓意。不分服装特点而盲目地设计纹饰，是最大的失败。

自古以来，帝王嫔妃服装上象征权力的纹饰，平民百姓服装上充满情趣的纹饰，都为今日设计服装上的纹饰保留下优秀的范例。历史演进到20世纪，服装上的纹饰无论在题材、装饰技法等各方面都有了新的拓展和新的尝试。

在无奇不有的世界上，曾有一位独出心裁的着装者，自行设计了以真蜜蜂组成的服装，以几公斤蜂蜜涂满全身，吸引来成千上万的蜜蜂落在身上。这种立体的、活动的说不上是几方连续的纹饰为前所未有。另外，美国芝加哥一名青年艺术家，在衣服外面喷涂上一层挡水的黏胶，然后在黏胶上面播撒上一层密密的草籽，再以一种透气透水的树脂喷涂覆盖，经过每天浇水，草籽萌发，穿透树脂覆盖层迅速长满整个衣面。富有图案效果的、非编织的、具有新陈代谢功能的鲜草服就完成了。再如美国密西西比州的艾丽斯小姐佩戴的两个活蜥蜴耳环……这些服装上纹饰的装饰技法是前述范围内所难以囊括的。

五、综合形象

服装造型、色彩、肌理、纹饰共同创造的美，构成了服装的综合形象美。这种美的基础是，各构成因素本身都有自己的美，但更重要的是，各因素的美必须统一在一种风格之中。否则，摆开各自为战的态势，是无法达到综合形象的和谐的美感的。

造型、色彩、肌理和纹饰都各具形式美，都在构成服装综合形象美上，发挥着同等重要的作用。如果将其按重要性做一排列，那么最重要的，不可缺少的便是造型，没有造型，服饰形象便无从谈起。次之是色彩的不可或缺，因为物质几乎都是有色的，而服装事实上不可能是大面积无色透明的，服装有了色彩才具备了视觉上的鲜明性与暗示性。材质肌理在服装上有表现强弱之分，没有明显肌理效果的服装可以存在，但是根本没有肌理存在的服装却根本不可能。物质都有表面，而表面都在显示着质地，即包括质地肌理的微弱效果。肌理既有自然美又有形式美，那么纹饰倒是可以不用在服装上的。不加任何绣绘装饰的素衣，没有纹饰的首服、足服等，普遍存在于服装中。只是人们在设计服装时，总不肯轻易放掉纹饰，哪怕是布料中织出的隐纹，毛线编织自然勾出的凹凸纹，都会使衣服增强艺术性，由此也就更不愿放弃配饰品上的纹饰效果了。只是用于庄严肃穆场合的服装，有时故意减弱纹饰的点缀，以显示与常服的不同。但这并非服饰形象的常态。

20世纪初叶，英国服装企业家塞尔弗里德杰提出："时装设计必须具有空间感，包括光线、空气和色彩"，并且时装"应该像建筑那样，具有立体感"。这种理论就是从服装整体的角度出发的。无论是将服装喻为建筑，还是将服饰形象喻为"软雕塑"，都说明这是一个整体，而且是一个具有立体构成性质的艺术品。在这个立体形象上，造成综合形象美的诸因素，缺乏哪一个所呈现的美都是审美上的遗憾。

新闻媒体曾在报道法兰克福国际衣料博览会的衣料流行趋势时这样介绍："冰雪生机营造了一种冬季的寒冷气氛，着重体现了冰雪覆盖下生命流动的韵律和时代韵律两个部分，色彩以深蓝、深绿灰、煤黑、橄榄绿、浅米黄、土黄、深褐、咖啡色为主题色，以明暗的底色表现原始地貌，以中性色构成冰、霜、雪的效果，再以底色上的冷暖中性色表达生命的韵律。面料更多地采用手感细腻、外观粗犷的具有长短毛、顺卷毛及发光与无光等不同肌理效应的面料，并用经过特殊高科技后整理的涂层、发泡、凹凸纹、波纹合成纤维物来体现时代的韵律及节奏。衣料图案美感除明显源于木头、树皮、光石、土地的自然纹理之外，并以雪花、冰花、雪中足迹、雪具，加工或使用为冰块等表现冰天雪地中的时代气息。"另外，同时提出的自然森林主题衣料是："分为森林韵律和田园生活两个部分。色彩以森林绿和树皮黄的组合运用，表达森林韵味，并不时缀以亮红色，以钻石色和暗色组合运用，体现带有文化色彩的田园生活。面料以低绒织物、色织提花织物、混色多股织物、仿动物皮毛肤色的粗花呢及毛绒花边、刺绣品等表现森林的幽深静缢。"

以上报道仅限于服装面料。但从中不难看出，衣服或饰品的综合美，是在造型、色彩、肌理和纹饰的完美组合中达到了高度。

难以设想，纤巧的造型与粗犷的肌理相结合，是表现俏丽、飘逸呢，还是表现豪放、质朴？按照服装设计美学来讲，凝重的色彩便于烘托端庄的造型，而充满天然美肌理的服装原材料上，就不必再进行精致的人工绣绘。当然，这是按照服装设计美学原理中的一般规律来讲，打破原有规律去大胆创造新的组合，并非全然不可，甚至有时还会出现意想不到的美感。如在厚重的呢料、短绒料上绣花或是补上丝绸的花。这种设计方案使人听起来不可理解，但一旦看到实物，也会拍案叫绝。原因在于，具有短毛质地的厚重呢料和短绒料与丝绸相比是显得庄重，但其色彩倾向不尽相同；粉红色的呢料和藏蓝色的呢料虽说质地相同，但因颜色迥异，格调明显不同。再加上呢料衣服的造型，是洒脱的裙式大衣。因此在这种造型、这种色彩的面料上补绣花饰，非但和谐，而且还别具一种典雅的美（图2-75）。

综合形象美，来自于以上诸因素的组构合理。这是毋庸置疑的。只是具体到一件服装整体组构而言，却是灵活的，没有绝对的公式可言。

掌握服装综合形象美的规律，又不因循守旧、生搬硬套，是服装设计者最明智的

图2-75 新式
刺绣服装

图2-76 优雅的服饰——
综合之美

选择。大胆发现美，并创造美，是一切艺术家（当然也包括服装设计者）的天职。

就服装这一特殊艺术类型而言，它不像影、剧、雕塑一样属于再现艺术，服装同建筑、舞蹈、音乐、抒情诗一样属于表现艺术。服装凭借着造型、色彩、肌理、纹饰要表现出便于人们感官所欣赏的美的外观造型。但是，服装与一般艺术品根本不同的是，其绝非单纯的欣赏品。它必须和最终要与人结合形成服饰形象。服装的现实既是静态的，又是动态的，但以动态为主，所以，由各种条件所具有的形式美综合构成的服饰形象美，也必须在运动中体现出来。换句话说，艺术品中绘画的色彩是用画中的光来表现，而服装的色彩却是用艺术品之外的光来表现，这是不同的。服装有些像雕塑，但又有所不同。雕塑品是静态的，而服装穿着在人体之后，却是要活动的，即动态的。这即是服装设计创作与一般表现艺术的差异之处（图2-76）。

延展阅读：军戎服装故事与军服视觉资料

1. 英法近卫军对阵时的装束

在拿破仑东征西讨的大大小小战役中，近卫军都是他手中最后的预备队，不但保卫着他的安全，而且屡屡在关键时刻奇兵破敌，深得拿破仑信任。近卫军的军装较普通步兵更为威武，他们戴的不是步兵的平顶帽，而是高高的、带有装饰的熊皮帽，雨果称之为"大鹰徽高帽"。军服上的肩章更具有礼仪性和装饰性，后来只有在将军肩头才能见到。在滑铁卢战役中，久经战阵的法国近卫军如同移动的铁墙，迎面的英军为之胆寒纷纷退却，法军冲过山顶，胜利在望。就在这时，英军将领威灵顿发出了他军事生涯中最著名的命令："近卫军，起立，瞄准。"山坡的反斜面上，一支步伐与法国近卫军同样整齐、身着红色军服的军队出现了，他们就是英国近卫军，是威灵顿最后的希望。正是他们，用突然而密集的齐射重创了法国近卫军。今天，从白金汉宫中那些身着红色军服、头带高大熊皮帽的英国近卫军身上，依稀可看到他们先辈勇冠三军的气概。

高地上，近卫军对近卫军，身着红蓝白色军服的法军和身着红色军服的英军混战在一起，血雨腥风，杀声震天，鬼哭神泣，天昏地暗。面对四面八方的炮火，法国近卫军腹背受敌，寡不敌众，纷纷中弹倒下……

2. 北洋海军的戎装

1882年，北洋海军军服仍以中国传统水师官服和号衣为基础，但大幅度引入西方（尤其是英国）海军军服设计特点，注意到了便利、安全等要求，直接为增强部队战斗力做出了贡献。同时平心而论，北洋海军的军服在中西风格融会贯通方面做得相当好。这身中西合璧、以中为主的海军军服和同时期的中国陆军军服相比，尽管在整体形制上差别不明显，但无疑功能更为先进且显得军容整肃。毕竟海军军官和士兵的短裤已经较陆军官兵合身，军官便帽和士兵草帽都有其适应舰上生活作战的合理一面。再举一个中西合璧做得很好的例子，在一些北洋海军各级军官头戴暖帽的照片中，我们如果不仔细观察不会发现暖帽有什么异样，但其实这是北洋海军专用帽，比标准暖帽窄小一些，顶戴花翎也短一些，更适合舰上狭窄局促的环境。此外军官经常需要用望远镜观察远处，这种改良暖帽与望远镜镜头不会互相干扰，体现出设计者巧妙的心思和脚踏实地的设计风格。

3. 西北军的特殊服饰形象

在1930年中原大战后，冯玉祥率领的西北军被国民党政府收编，但在许多场合仍保留着西北军的称谓、服制以及那种勇猛的作风。地处西北贫瘠之地的西北军财力薄弱，连步兵的基本武器——步枪都数量不足，以至要打造大刀弥补，因此在军服上自然因陋就简，官兵普遍穿土布军服，传统中式裤。同时，西北军头戴的八角军帽，和当时其他军队的大檐帽相比独树一帜。客观地说，从19世纪晚期开始流行的各种形式的大檐帽，具有一定的西式礼帽特征，制作工序烦琐，费料费时，且不适应远较19世纪更加激烈的20世纪陆战场。因此，西北军的军帽也许是财力有限不得已而为之，却又无意中顺应了把军便帽（或说作训帽）与军礼帽分开的历史潮流，而中国其他部队的大檐帽，后经过了北伐战争的考验，直到1930年中原大战后才被国民党制式军便帽普遍取代。在兵器装具上，西北军官兵除了佩戴布质子弹袋和毛瑟枪弹弹袋外，普遍身背大刀，以致成为这支部队的特色。肩头露出刀柄和其上拴着的猎猎红缨成为西北军大刀队的标准形象，也是这一时期军容上的中国特色，并一直持续到抗日战争后期。

4. 西沙群岛见证的中国英武形象

美丽的西沙群岛，宛如南海碧波中的串串明珠。上千年来，这里的珊瑚默默迎送着主人——中国的片片帆影，注视着船上衣着不同、发型不同、徽记不同却血脉相连的代代中国人。强大的郑和船队七下西洋时，这里见证过宝船上头戴乌纱、身穿丝绸的明代官员；龙旗北洋舰队年复一年威武巡航时，这里见证过桥楼上头戴官帽、身穿行褂的清军管带；抗日战争胜利后国民党海军"永兴"舰驶抵西沙宣示主权时，这里见证过船舷边身穿仿英西式军服的国民党海军官兵；中华人民共和国成立后，尤其是1955年颁布军衔换发55式军装后，这里见证过身穿仿苏海军服的人民海军官兵。时光流转到1974年1月19日上午，这里迎来了一支劈波斩浪的人民海军舰队。

这支舰队的人民海军官兵不再身着55式军装中的海魂衫，象征水兵的飘带也已没了踪影，而是身着中山装式军服，头戴解放帽。不论是服饰上的处处细节，还是军帽正中的那颗红五星，都如同记忆中永远不会淡忘的红军形象，只是呈现象征海洋的蓝灰色……尽管服装变化，但不变的是战士坚毅的面庞，这就是保卫祖国的中国人民解放军海军。

5. 薛仁贵的白衣与坚甲

贞观十九年（645年）唐太宗率大军亲征辽东，平定高丽战乱。队伍中血气方刚的薛仁贵，在向敌人依山营寨发起的进攻中，大胆地身穿一袭白袍，擎戟冲锋在前，宛若赵子龙再世。所到之处高丽部队溃不成军，唐军得以顺利将其消灭。应该说，没有过人的胆识和不凡的武艺，薛仁贵定不会"著白衣自标显"。这一切都被在山头观战的唐太宗看在眼里，喜在心头，急忙遣使打听此人是谁，答：薛仁贵。凭此役成名的薛仁贵被授予游击将军、云泉府果毅。这个故事见于正史，却带有浓浓的浪漫主义色彩。

图2-77 罗马军团群像

图2-78 中国致远舰官兵合影

图2-79 法国外籍军团

图2-80 英国近卫军

课后练习题

1. 进行服装设计前应做好哪些准备？

2. 服装设计师要如何修炼自己？

3. 服装设计怎样才能做到个性鲜明？

4. 服装设计作品有几类用途？

第三讲　服装穿着的美学理念

服装必须穿戴在人身体上，才能真正体现出服饰形象美，这是一个人人皆知的浅显道理。假如无须用穿着来表现最终效果，那商店里大可不必摆设酷似真人的服装模型，经营者也不必为消费者举办商业性时装表演，网络上更不用真人直播，一件件穿上给网民们看。服装是否能够给人以审美快感和更高水平的审美价值，就要看穿着者的选择和配套艺术了。因此，在经历了服装原材料的选取（一度创作）、设计制作（二度创作）过程以后，穿着便是一个再创作（三度创作）过程了。

人人都知道服装躺在商店柜台里看不出真正的效果，但是未必人人都能理解穿着是一个再创作过程的真正意义。同样的服装，穿戴在不同人身上所体现出的视觉效果不同；同样的服装与不同的服装组合后的视觉效果也不会完全相同，都说明了穿着的再创作意义不容忽视。

担任这一创作的不再是服装设计者，也不是服装制作者，而是着装者。尽管古来人人都已习惯穿衣，但是将穿着上升到再创作的高度上来，还是摆在每个着装者面前的一个新的课题。

首先说，已经成型的服装穿戴在人身上后，随着人的形体在空间位置中的移动，必然使其中相当一部分服装一下子由静态转换为动态。金属衣服和固态型饰品相对变化较小，但非金属衣服（包括首服和足服）以及非固态饰品（如丝带、璎珞等）由静到动的变化是相当明显的。以裙子为例，平放的裙装，即使有褶裥纹饰，也只是犹如一泓平静的秋水，当它被人提起时，其裙身的褶裥纹饰就成了一泻千里的瀑布了，而当人将它穿在身体上时，随着人在行走时引起的空气对流，悬垂感强的面料做成的裙身，便会随风飘动起来，宛如瀑布落到山岩激起了浪花；假如再有些吹拂到人身体上的哪怕是微弱的轻柔的风，那么裙身的褶裥也会顿时飘舞起来。再小体积的服装，只要它不是坚硬的物质构成，服装总会随着人身体的移动和摆动而发生变化，男人胸前的领带、女人肩上的披巾，都会因人穿着而一下子由静态转换为动态。就连那皮质的长筒靴，也会因人的穿着而仿佛注入了生命（图3–1）。

服装是静态的存在，服饰形象就是动态的事象了。服装经人穿着之后所体现出来的美感，实际上已经是活生生的，成为人的社会形象的一部分了。

在穿着过程中，从自我形象塑造的意识起始，进入到着装配饰的最佳选择，再到着装者的服装配套技巧，这是再创作的根本所在（图3-2）。

当然，着装者即是芸芸众生的同义语，将着装者如何分类，都会出现繁杂的数字显示。就服装美学来讲，应将着装者概括为两大类：普通着装者和特殊着装者，这两者对于服饰形象美的要求有较大距离。因而，当他们在从事服装的再创作时，其掌握的审美水准乃至艺术构思和设计手法都有很大的不同。

图3-1　穿靴子的动感　　　　图3-2　元刘贯道《消夏图》中的服饰形象

第一节　自我形象塑造

在服装美学中谈自我形象塑造，主要是着装者通过服装来完成人本体的自我审美形象。也就是说，这种自我形象塑造的最终目的是给予着装形象受众以审美感受。

自我形象塑造源于自我形象塑造的意识。假如只是将服装作为遮护身体的功能性用具，也就没有什么审美形象可言，更谈不到艺术创作了。将着装看作是自我审美形象塑造的主要手段，是人类文明进化的结果。自我形象塑造的重点落到审美上，开始于人类摆脱了以主要精力去求温饱的时代。但这并不等于说人类是先求果腹，才讲装饰。装饰与美，是两个概念。人类不一定是先为御寒，后才懂得装饰自己，而很可能是两者并行的，这从许多保留至今的原始部落人着装意识上都可以得到确切的答案。那种有意识的装饰，有的是主观上为了与神交流，有的是为了吓跑野兽，但是人类童年时期并无纯粹的追求艺术创作的意识。本节所论自我形象塑造意识，则是彻底脱离开实用价值的有意创作。它与原始社会的装饰意识有所区别。因为早期媚神同样带有功利性目的，尽管它看起来是精神的。

当人类不再为保暖，不再为取悦于人之外的神力的时候，才真正认识到自我的价值。也只有在这个时候，人类才真正站在文化的镜子跟前审视自己。当确认自己就是一个迄今为止进化、发展得最成熟、最完善、最高级的生物时，也才真正开始欣赏自己。希腊公元前的大理石雕刻，尽管人的气味颇浓，但还只能解释为是人在竭力创造一个比人更完美的神。可是到了15世纪的文艺复兴时期，人文的旗帜已被高高举起。如今，在物质文明异常发达的国家和地区，人们已经为了塑造自己而煞费苦心。美容院、按摩院、心理卫生咨询中心等都是当代生活的产物。表现在着装上，自然是使穿着变为一种艺术创作，更具有现代精神生活的韵味，甚至是人们因物质条件优越、精神生活空虚而在寻求刺激，当然也不排除为了谋求事业发展（图3-3）。

图3-3　现代生活装扮

图3-4　飘动的服饰

在21世纪，塑造自我形象的目标，就落实到美化自我意识、对于艺术创作的强烈的表现欲、进一步烘托艺术个性和始终站在文化潮流前列的种种着装意识与行为之中。服饰形象的再创作对人生已有着举足轻重的作用（图3-4）。

一、美化自我意识

人类认识到自己的价值是审美前提，它直接导致了单体人认识自我、肯定自我和意欲美化自我的意识。

意识是人的大脑皮层的本能产物。当它发展到美化自我的意识阶段，就已经完全脱离开早期那种朦胧的、处于可知不可知之间的低级阶段，而开始上升到主观已在客观中寻找到恰当位置的高级阶段。

就意识（心理机能）的进化而言，人类童年时期感应等级的快感和痛感，正是以后一切高级心理现象和精神现象的发轫点。在人类的意识范畴中，可分为理性、意志、情感三大系统，而服装穿着美学理念中的美化自我意识，只是人的情感活动的一个分支和高级形态。

尽管这样，美化自我意识不仅促进了服饰形象创造中的艺术创作意识，而且推动了整个服饰文化，甚至可以说，影响了人类大文化的演进。

美化自我意识，包含着两种活动方式。一种是审美活动，即在将自我作为审美对象的时候，仍将自我作为审美主体，这是前意识。另一种是艺术创作，也就是在自我意识中同时兼有创作者和创作物的身份，这正是自我形象塑造中美化自我的意识。

审美活动中存在着审美心理距离，这是获得美感经验的一个途径。一般来说，只有当人们与现实世界保持一种距离，把所观照的事物摆在现实世界之外，摆脱实用目的的束缚，才能进入审美状态，用客观的态度去观照对象。依此美学理论来讲，审美欣赏和艺术创作时必须保持适度的心理距离，主客体之间的关系要不即不离，又即又离。那么，服装的穿着者在美化自我意识确立的前段，是怎样保持这种距离，从而保持旺盛的审美欲求呢？自己又如何对自我形象做出客观的、切合实际的审美评判，从而提出美化的愿望呢？很显然，这时的审美主体是试图站在非自我的角度上去评判，又站在自我的角度上去考虑下一步的美化的实际措施的。这就使得自我形象塑造中美化自我的意识较之其他审美和艺术创作意识更为积极、主动，也更容易落到实处。

在此基础上，人本身所萌发的美化自我的意识，强烈地促进对自我穿着的关注，进而调动起一切艺术创作的才能与实力，为着装者（泛指人）欲以服装来达到美化自我的目的，设下了一定的精神与心理上的积极铺陈（图3-5）。

中国近代王国维在《人间词话》卷上写道："须入乎其内，又须出乎其外。"当然，王国维所讲是艺术欣赏和创作中的一般原则，我们却可从中领悟到服装美学中美化自我意识的某些意蕴。作为欲以服装美来进行自我形象塑造的着装者，如果不能够"出乎其外"，就不可能客观地产生和掌握美化自我的标准。同时，如果着装者不从个人角度出发，仅保持客观的态度，也难以真正以服装达到美化自我的目的。所以，在这个关键问题上，着装者美化自我，可以自由并自然地"入乎其内"，又是其他艺术创作中，艺术创作者所不可能达到的主动的境地。"设身处地"，身就是人本体，地就是人生活在其中的环境；设与处就是"入乎其内"。

人有了美化自我的意识，特别是以服装来美化自我的意识以后，主观能动性即上升到了绝对的高度。人以服装来有意美化自我，绝不等同于原始人将木棍穿在耳上，也不等同于幼女将一朵小花插在头上（图3-6）。上述两种现象表现的是人的求生的本能和爱美的天性，它出于人类的本能，基本上是无意识的。而人以服装美化自我，是有意的艺术创作，即服饰形象第三度创作的前奏。

图3-5 穿正统西装的男士　　　　图3-6 植物气息与服装美

二、强烈的艺术表现欲

人的自我形象塑造的意识，并不只源于美化自我意识的确立。也就是说，美化自我意识仅仅是自我形象塑造的动力之一。作为一个生命力旺盛的人来说，他往往有着强烈的创造欲。也许恰恰是这种创造欲，创造出气象万千的人为世界，这种创造欲向艺术方面的倾斜，便形成了人类文明史中绚烂夺目的、美的篇章。

人，在艺术创作上的表现欲，尽管程度不同，水平有高低之别，表现方法也有明显的优劣之分，但相当一部分人都希望在日常生活和工作中表现出自认为很有特色（从客观角度看，无论质高质低都有其特色）的艺术才能。将瓶中花枝这样摆放而不那样摆放，摆花人不一定熟悉插花艺术，但他仍以认真的态度去按照个人认为最美的色彩分布与花枝姿态去摆放，这就是最普通的艺术表现欲的例子。假如在这时，有人在旁提出别的摆法，与他本来的艺术构思或许相差甚多，或许并无多大区别，也往往会惹得插花人的不快。因为任何人都认为自己的创作是无须别人干扰的。无论提出哪一种建议和意见，都无疑动摇或是削弱了他的表现欲，也总会使得人的艺术表现欲受到妨碍，难怪会影响表现欲处于高峰时的"创作者"的情绪。

既然拥有艺术表现欲的人都不肯放过案几上的一瓶花，那么，每日不可离身的衣服与或多或少的配饰，更会撩拨起着装者艺术表现的欲望了。衣服与饰品的造型、色彩、肌理、纹饰千变万化，这就为着装者进行艺术创作提供了可以大展"宏图"的客观条件。于是，无论会不会设计服装，会不会制作服装，他都意欲通过服装表现自己的艺术才能。由此看来，最低限度的选择与组合，也是一种创作方式和内容。

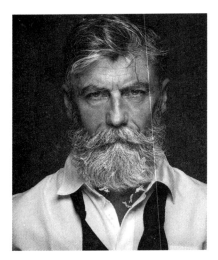

图3-7　坚毅又讲究的老人

图3-8　戴礼帽的女孩

服装本身具有一定的艺术性。艺术本身即具有表达和抒发主体情感、心态的性质与功能。换句话说，艺术本来具有表现性，因此人们利用服装艺术（与人们生活接触最多的艺术）来达到甚至满足自己的创作才能的表现欲，是十分便当，又是非常自然的。

没有表现就没有艺术。艺术创作者可以通过艺术，将自己主观世界的意识、心态、情感、理想等变为物态化的表现。当然这个主观世界的生成与发展是受到大文化背景的直接影响的。着装者通过冷灰色的兔毛披肩和藏青色的厚呢大衣，表现出对淡雅、庄重色彩与凝重、高贵风格的追求。满头银发，身着鲜红的衬衣、白长裤（裙），说明着装者虽已青春消逝，但仍具有火一样的热情及在生活上倾注的艺术匠心（图3-7）。人的爱美之心是不熄的火焰。服装是具有这种表现功能的，它既醒目又随时随地可以展示。就这一点来说，任何艺术都难以和服装相比。这种表现功能，刺激和促进了着装者艺术才能的表现欲。造成的事实是，无论村姑，还是时髦女郎，无论是落落大方，还是羞羞涩涩，都可以在她们欣赏自己着装，并试图以服装引起别人注意的微妙心理中，感受到她们那强烈的意欲在服装上大显身手的表现欲（图3-8）。

自古以来，有多少巧妇在灯下绣饰衣裳，又有多少壮汉披戴草编蓑衣和斗笠。表面上看，他们好像是为了适应穿用上的需求，实际上，如果仅仅为了功能性的需求，如对御寒蔽体的基本要求，或是进一步对衣料配饰的材质欣赏所得到的美感，穿着上的心理快感（这是自然美感），服装得体的心理适应感（这是社会美感），有了这些就足够了，就不必在服装制作时倾注一腔心血了。人们另有向往，这就是对美的追求，对表现自己艺术才能的欲望，即在自然美感、社会美感外，还向往艺术美感。它使人们在生产力极端落后的原始社会，将鸵鸟蛋穿成孔，垂挂在颈项间。生活的艰苦，对外交流的极度闭塞，都丝毫也阻碍不了这种强烈的表现欲。在山村，在水乡，哪怕只有最简单的可利用的自然物质，也会被人们利用来美化自己，穿一串石珠项链，织一块布围成筒裙，这正是人们美化自我意识的进一步强化

（图3-9、图3-10）。

着装者，首先是人，穿着衣服的人，通过服装来满足自己艺术才能的表现欲，是人的爱美本性的再度升华。

三、艺术个性的流露

既然穿着是服饰形象的再创作，既然着装者将服装看作是大显身手的艺术载体，所以在人们为此而耗费心血时，总会在服装创作中显示出自己的强烈个性。即使没有对个性的有意显示，在每个人着装过程中，或者提前一步到自己设计制作自己服装的时候，仍然不可遏制地受着个性的支配。所以，当一件衣服或一个完整的服饰形象呈现在受众面前时，人们完全能够从服装上看到个性流露的痕迹，也就是创作个性在服装艺术中的自然闪光。

在艺术中表现出的个性，通常正是创作者的独特风貌，它既贯穿于创作活动的全部过程之中，也凝聚在物化形态的创作结果之内。就人本体来说，都有一种实现对个人存在的独特性的欲求；就着装者来说，大都希望按照个人的意愿来完成自己的着装形象。即使表面上看没有强烈的个人意愿，总是当家里人为其代买服装，并嘱其穿上时，他就不加可否地穿戴齐全。其实，他们表面的被动中仍然有着不愿被彻底摒弃的自我意识。从他们那不情愿的、懒洋洋的、明显表现出应付的态度中，依旧能看到他们内心中的反抗意识。只是由于他们疏于对着装的重视，所以才给人没有艺术个性的印象。

图3-9　美化自我的装束

图3-10　突出优雅的装束

每一个着装者只要不是被强令穿上某种服装，他总会力求按照个人的审美情趣、审美意志、审美标准去塑造自我形象。其中有一部分人尤其表现出鲜明的服装创作意愿（其中也包括选择意愿）和强烈的突出自我的艺术创作欲。例如，当看到同室工作的人穿上一件半长型外套，下着及膝短裙，脚蹬高靿皮靴时，她明明承认这身装束是个人理想的服饰形象，但为了显示出自己独特的艺术创作能力，绝对避开这种身边已成型的服饰形象，而再去试着穿上一身不同于同室其他人的服装，如将下装换成紧身裤，将上述着装者的围巾换成小帽，另外再以色彩使自己与众不同，从而达到了表现艺术个性的目的。

穿着中的创作个性表现，和艺术规律中的个性范畴是一致的。它都具有相对性，既有个性又有共性。艺术个性也只是与艺术共性（艺术共性中有传统遗存，如服式惯制；也有由个性抽象或集中而形成者，如流行的时装）相对而言，因为两者是有联系的。

再一点，由于着装者毕竟和专业艺术创作者不同。专业艺术创作者无一不在寻求个性的突破。而着装者虽然不一定人人都意欲在自我形象塑造中的服装创作（即穿着艺术）中突出表现个性。但是，从客观角度去审视人们的着装行为（主要是以服装塑造自我形象），无论其主观上原始动机如何，对于那些不想以服装来突出个性的着装者来说，从他（她）的穿着上，依然能够看到他那隐蔽的意欲在服装上突出个性的痕迹。因为从穿着本身就是艺术创作而言，模仿别人的穿着实际上也是一种个性的流露。

可以说，着装者在自我服饰形象（特别是求美的艺术形象）的创作中，对于显示个性，或者换个角度看着装者个性在穿着中的自然流露，是以着装者独有的创作态度和创作方法构成的。在日常生活中，人们唯恐在一个小范围中"撞衫"，就是一个鲜明的例子。

就创作个性来讲，着装者与专业艺术创作者的立足点不同，表现方式也各异，不能以着装者的个性藏露和专业艺术创作者的个性突破等同而论。

四、趋向最新潮流

有这么一些着装者并不关心自己塑造的自我服饰形象美与不美。在他们心中，仅将最新潮流的时装看作是服装的最高追求目标。只要能够在自己的穿着创作中体现出最新的服装乃至大文化潮流，那就是得意之作。

20世纪50年代的中国大力提倡简单朴素的服装，在那样的形势下，穿着破旧但保持整洁，是最时兴的着装风格。因此，有些人，特别是青少年出于某种约束也罢，出于求新意识也罢，常常将新衣服屡次洗好后曝晒，以使之更快地褪色而加快破旧的速度（当时中国尚无石磨水洗技术）。这样处理的方法还嫌不够，再用相差一点颜色的补丁认真地补在领口、肘部、臀部和膝部（当时也无西服补丁式装饰），以此来极力显示自己在穿着上的艺术创作是最新潮的，无论立意和方式都与以往有些不同。笔者即曾是创作者，当年的"做旧"行为，笔者曾亲历，也曾亲为。这时的创作态度是相当严肃的，不亚于非洲原住民用乌木雕刻神像。

"打扮入时"，是这些着装者创作态度和审美标准乃至结果的真实写照。这些着装者十分关注时装流行趋势，特别关注新潮人士穿着上的最新款式和方式。然后，不惜财力去购买新潮衣服与配饰，费尽心机去创作新颖的穿着效果。一旦发现这种穿着已有过时的趋势，马上舍弃，毫无留恋之意，并将精力和财力又用在更新的穿着创作上。这种趋新心理是短期的个性表现，实质上仍然是从众行为，是自我的失落。但是，从古至今总有一些人在盲目地追逐服装最新潮流，即使流行款式并不适合自己，也奋勇向前。

自我形象塑造意识是穿着创作的前提和基础。

图3-11　强化自我形象　　　　图3-12　朴素也是塑造艺术

一个着装者，只有当他有了强烈的自我形象塑造的需求，有了在自己身上创作穿着艺术佳品的欲望，才有可能产生这种在物质和精神双重建构上塑造新形象的动力（图3-11、图3-12）。

每一个着装者都有自我形象塑造的动机，当然不是所有的着装者都把穿着看作是一种艺术创作。应该看到的是，有意识或无意识地追求服装美是人的必然心理，它可以解释为是社会文明发展的产物。

第二节　服装的最佳选择

着装者在进行自我服饰形象塑造时，由于类同于一般艺术创作，因此选择哪一种衣服或配饰，基本上与艺术家选择材料是一样的。画家可以选择油画颜料和油画布，也可以选择丙烯颜料和胶合板，更可以选择水彩或中国画矿物颜料，或同时选择水彩纸和宣纸……

当然，着装者选择服装毕竟和艺术家不尽相同。雕塑家在塑造战斗英雄时，认为青铜材质最出效果；塑造纯情少女时，选择了雪白的大理石料；而在塑造面壁十年的达摩大师时，选择了黑陶。这应该说是比较单一的，而且材质选择和效果显现的统一结果易于被人们认识。因为在人们的审美观念中，某种人物形象及其风格已成为一种定式，战斗英雄到了哪一个时代，都不会是软绵绵的，佛门苦行僧也已被人们视为色空之人。

图3-13 当代新潮打扮（之一）

图3-14 当代新潮打扮（之二）

着装者选择服装，意欲塑造一个理想的形象时，必须考虑到人们印象中的服饰形象并非一成不变。哪一种服装能够构成豪华风格，哪一种服装能够构成俭朴风格，这都无法确定一种不变的格局。至于哪一种或哪一套穿着可以显示最新潮流，更是因时而异了（图3-13、图3-14）。

一、不悖受众审美观念

如果说一件高雅的艺术品不被观众理解，还可以归咎于群众不懂艺术。因为艺术品得到认可，欣赏者必须具备一定的审美素质。但是服装所构成的审美形象，不管属于哪一个层次，都必须使受众产生出大致相同的印象，不然的话，一身精心选择或是随意安排的穿着，又谈何成败呢？

以国家领导人的穿着为例，无论他的某一套穿着是由于礼宾司的设计，还是由于自己的选择，当他以自认为满意的着装形象面对外国来宾时，这一套穿着既要使外宾感到该服装适合领导人的身份，符合国际礼仪规范或是具有特定民族风格，同时又能体现出友好气氛，使全世界有可能从电视屏幕上见到这一形象的各阶层人士都感到很美、很成功。这一点与其他艺术不同，不能在服装选择上全凭个人意愿，从而忽略了受众的带有相当普遍性的观念与要求。

作为服装穿着创作的主体，无论是不是着装者本人，都必须考虑到受众对服装美的审定与欣赏标准。当此时此地人们习惯于长裙的时候，穿着创作者可以选择中长裙，这样做的结果是既不被动地迎合受众，又不会使受众感到难以接受。是不是这时绝对不能穿着超短裙，还要看是否曾有过超短裙流行的历史背景，当地气候条件是否许可，人们是否有接受这种服装款式的心理基础。如果有，那么超短裙不但有可能被接受，而且还会以较大的反差产生轰动效应；如果根本没有，那么凭自己一时高兴即选择了超短裙，并将此服饰形象展示于大庭广众之中，极易取得相反的效果。这时选择中长裙也许会因比长裙缩短衣身，而显得新颖、美观。在此基础上再选择短裙、超短裙的做法，才是明智之举（图3-15、图3-16）。

在战争和贫困年月中，有条件选择高档衣料、置备华贵服装的人，也要考虑到受众的心理承受能力。不顾受众审美观念而一味按主观意图去创作着装的效果，远比专业艺术家独闯一条路、暂时不被大众理解、造成"鹤立鸡群"之势的创作后果要糟糕得多。

观者对某一件艺术作品不理解时，会在不解之余带有一种自卑心理。但着装形象受众认为，在评价某一个

图3-15 超短裙风采　　　　　图3-16 新潮清灵打扮

人的穿着艺术时，人人都是平等的，因为所有人都是穿着艺术的创作者。穿着创作选择时很重要的一点，可以用"得人心者得天下"来概括。

二、顺从个人审美趣味

为了强调穿着创作与其他艺术创作的不同，将客观要求放在了主观要求之前。但是这并不等于说穿着时，处处都要以受众心目中的美为服装美的唯一标准。

既属艺术创作，穿着中仍然是以创作者的主观愿望为主。本文选取"不悖"与"顺从"两词，意在从词义上将其重要性和适应特点区分开来。

"不悖"总有些最低限度的含义。即在穿着创作时，不一定要从受众审美角度出发，但最好不违背受众的审美意向。

穿着创作者本人的审美构想和艺术选择，不会在任何时候都保持正确、都恰到好处，但是穿着创作者如果与着装者为一体，可以在选择中，既有意识地不违背受众的审美标准，又无意识地顺从自己的审美趣味。某种程度上跟着感觉走，有时会构成宛如文学创作中意识流式的作品。这种穿着往往有一种出人意料、超乎常规但又不违背情理的美。

穿着实践中，常会有这样的情景出现：早上起床，突发异想地拿起某一件衬衫，然后穿上它，心满意足地走出家门。为什么选择这一件，而不是那一件，有时是有意的，为了与哪一件西服上衣和领带和谐；有时却是无意的，选择这一件的理由连自己都说不清。

选购服装来塑造自我形象，也有这种莫名其妙的个人审美趣味在作怪。某知识界女士有三件风衣，其颜色分别为茜红色、藏蓝色、银灰色。当她又一次站在商店风衣柜前，突然被一件淡绿色风衣吸引了。不知是由于售货小姐当时身穿一件，还是自己的穿着创作神经活跃，总之她毫不迟疑地买下了这件风衣。走在回家的路

上，她便发现今天的选择是个失误：因为街上有不少人穿着这种颜色的衣服，其中有些就是风衣。结果无疑是很扫兴的。

顺从个人审美趣味的穿着创作中的选择，有失败也有成功。成败的比例既不能三七开，四六开，也不能参半。原因在于，着装选择顺从个人审美趣味是极自然的，任何人都无法回避，又不能完全依赖。当个人审美趣味不稳定时，选择容易失败；当个人审美趣味处于强固状态时，选择也容易失败。因为前者偶然性太大，后者又极易脱离实际。只有当个人审美趣味达到一定程度的成熟，处于正常发展之中时，选择的成功率才会相对提高。

三、有助于塑造完美形象

穿着创作中最佳选择的标准是什么？简言之，即必须有助于塑造完美形象。

选择是手段，塑造不同类型的自我服饰形象，并使之完美或成功是目的。当然，选择与形象确立并不完全成正比。

（一）华丽形象

只要具有一定经济实力，欲以服装来塑造自我的华丽形象，并不是一种艰难的创作。

尽管华丽形象的构成（包括主服、首服、足服、配饰）在各地各民族中形式各异，但是，对于构成华丽形象的服装规格的认同标准却是有一定的共性的。

通常来说，在一定范围之内的高档服装面料奠定了华丽形象的基质。在此类服装材料中的所有厚、薄、滑爽、粗糙等衣料都容易首先给人以华丽形象的印象。如果身上戴有配饰的话，贵重金属、翠钻珠宝也以材质本身的价值标定，显示出华丽形象的存在（图3-17、图3-18）。

除了服装材质本身所具有的经济价值和审美价值以外，做工考究也是一个关键。因为一件与此相反的俭朴型的服装，是不用也不会在做工上耗费财力的。

文学作品在描绘华丽的服饰形象时，常爱用一句成语："珠光宝气"。这种描绘无疑正抓住了最出效果的装饰特色——闪光。珠宝金银佩件，闪烁出奇

图3-17　华丽的个性礼服

图3-18　华丽装束

异的光彩，人们又尝试着将金线织进服装面料，将细珠缀在服装之上，于是，这样的装束在暗处遇到一丝光线，也会反射出耀眼的光；如果在阳光、月光的照射下，光彩还会时而强烈，时而柔弱；再置身于灯红酒绿的大舞厅中，几乎满厅的五色光束，因灯体的扭转和人身的摆动，愈益反射出绮丽的变幻不定的诱人的光。

以高档材质、精美做工和珠光宝气，即会毫不费力地塑造出穿着上的华丽形象。

（二）高雅形象

民间曾总结出人的几种类型：富、贵、贫、贱，各不相同。中国有关相面的书中谈道：富者不一定贵相，贫者也不一定贱相。富者只是从外表上看显示富有，或大腹便便，或满身金玉，如此而已；贵者却在眉宇间有一种凛然不可侵犯之气，毫无轻贱、虚浮、做作的痕迹。贫者可能一贫如洗，但言谈举止并不卑微猥琐，粗衣布衫掩不住一身铮铮铁骨；贱者无所谓穷、富，卑躬屈膝，唯唯诺诺，一副甘受役使的神气，令人不齿。

相面是人们对人的形象的概括与总结，不能等同于我们论述的重点，即通过穿着创作之后的服饰形象。但是，其中有一些可供服装美学中穿着创作时借鉴。人毕竟离不开服装，服装也离不开人。只是以服装去完成形象塑造时，类型与前述相面类型并不完全一样。如谈到的华丽形象，另有一种既非华丽又非俭朴的，即高雅形象（图3-19、图3-20）。

以服装塑造高雅形象，在选料时，可以选用高档面料、贵重金属，也可以选择低档面料、天然质感浓郁的配饰材质。

塑造高雅形象时的服装做工也要讲究，但重在工艺性，既不有意炫耀，又避免粗制滥造。

高雅形象与华丽形象所不同的是，华丽形象极力创造出一种五颜六色、金光闪烁的气氛，而高雅形象却在这一点上格外慎重。华丽形象偏重外在形式表现，高雅形象则凭借内涵的深邃。高雅形象在色彩上不宜繁杂，可用鲜艳的颜色，但不宜过多，应尽量使用柔和或凝重的间色。款式上宜简洁、利落、大方，忌过分追逐时髦。配饰宜少而精，颜色淡雅，控

图3-19　高雅形象

图3-20　高雅举止与形象

制亮度，一旦涉嫌"珠光宝气"，那么高雅形象就无迹可寻了。从服装内涵说，华丽形象重在经济，高雅形象重在文化。所谓"腹有诗书气自华"在这里是特别说明问题的，因为真正的高雅形象是从内反映到外的，任何职位，任何光环，都不一定能使形象高雅起来。

（三）俭朴形象

俭朴形象可以给人以清新的感觉，也可以给人以纯真的感觉，当然也可以给人以穷困潦倒的感觉。俭朴形象的伸缩性极大，一种可能是囿于经济条件，一种却是刻意为之，如20世纪曾流行的"乞丐装"和挖洞、撕边儿的"朋克装"。

在穿着创作中塑造俭朴形象，一般不会选择高档面料和贵重金属等配饰材质，无论是因为缺乏资金，还是有意创造气氛。

图3-21　俭朴装束中有民间风格的围巾

图3-22　颜色简洁，俭朴中显大方

款式简洁有如高雅形象，但工艺上大可不必与华丽形象和高雅形象相比，只要制作合理，一般即可符合要求。色彩上倒不必拘谨，纯色、间色并用。色彩鲜艳本身即带有民间艺术风格，因此与俭朴形象并不矛盾（图3-21、图3-22）。

俭朴形象不宜佩戴闪光配饰，即使是人工制品，也会影响俭朴形象的塑造成功。

低档的材质，一般水平的做工，加上随手可得的或是必不可少的配饰，例如戴块手表并不意味着有悖于俭朴……抛弃一切豪华，又不必强求清高淡雅，这种俭朴的服饰形象的标准是整齐清洁，它有时也是别有韵味的，它会像那开在山坡上的野菊花一样，与温室中的牡丹和书斋中的文竹遥遥相对。

（四）新潮形象

只要肯于付出财力或是人力，穿着创作中的新潮形象最易塑造。不管是高档衣料，还是低档衣料；不管是金银珠宝，还是陶球木片；细针密缝也罢，甩开布丝也罢，只要是新潮服装和新式穿法，一概取来，归我所用。刚见过时苗头，便毫不吝啬地舍弃。

新潮形象的唯一标准就是在一定区域和时代中属于新的时髦的装束。其他的可以不予考虑。

由于新旧总是相对而言，因此这种形象的塑造宗旨，就是义无反顾地求新。其他具体款式和色彩上的讲究，因时因地而异。前不久草帽的新潮还以编制精美的细丝裹边为主流，过几日就时兴起粗辫编制的草帽，帽边根本不收编，任凭那些七长八短的草辫铺散着。

新潮服饰形象就好似那些不安分的少男少女，实际上追逐新潮形象的也是这一年龄段的着装者。它永远年轻，永远显得稚嫩，因为等不到成熟（图3-23、图3-24）。

（五）"另类"或"奇葩"形象

刻意塑造这种形象的着装者有一个最大的特点，就是全然不顾受众如何看待和评论自己。他们在穿着创作上的"我行我素"，形成一个个形态各异的与众不同的形象。20世纪末出现了一个怪词，用在这儿挺合适，人们称这些不守规范的人为"另类"。21世纪网络用语活跃，又出现了"奇葩"一词，总之是不顾别人怎么说，任意而为的生活态度。

有的以反态为常态，不梳理头发，任凭它们蓬乱、肮脏地在头上随身体转动而颤动；不洗衣服，以油污和沾满杂色的服装来显示与众不同；不缝补衣服上挂破或磨破的洞，也不缝缀绽开线的边缘和丢掉了的纽扣，认为那样太做作；不系上鞋带，不背正书包……所有的服装（当然也有只是一部分，如上衣或裤子）都保持着破旧的"天然状态"，以此来表现一种不流于世俗的"另类"的风采。

还有的是故意做出着装上的大胆显露姿态，以超出当时当地袒露肌肤的分寸而洋洋自得。这种穿着创作上的态度，与前一种有同有异，同者是同具"叛逆"性格，异者则是一个根本不予修饰，一个却修饰过度。常见一些有意塑造"另类"形象的着装者，尽可能多地以服装来表现、衬托袒露的肌肤，以别人不敢穿，而唯有自己敢穿的服装来引起众人注目。

在穿着创作中塑造这两种表现各异的"另类"形象，都无所谓服装材质档次的高低，也不拘泥于某一种色彩倾向，更不在乎服装上有无纹饰。只是前者不太讲究款式和做工，而后者最关注款式，同时也考虑做工（图3-25、图3-26）。

图3-23 新潮形象总是领先一时

图3-24 新潮形象可简单也可豪华

图3-25 另类装扮

"另类"形象，本来就是不遵守常规，甚至以打破常规为荣的创作结果。但需要注意的是，它符合正常的艺术创作规律。再有男装女性化和女着男装，有的很怪异，有的却属于潮流。相比之下，"另类"或"奇葩"的服饰形象一般是太极端了。

图3-26　奇葩的化妆与额钉

第三节　服装的组合艺术

穿着创作中的服饰形象，不是由一件上衣或一对耳环单独构成的。对于一个着装者来讲，即使不涉及里外服装的关系，也必须考虑到上下、前后、左右等服装的搭配。这些衣服、配饰，与着装的人共同构成一个服饰形象，一旦脱离了组合的艺术，即意味着失去了整体与秩序，那时也就谈不到美了。

服装组合，泛指衣服、配饰之间的组合，既包括服与服、饰与饰，也包括衣服与饰件甚至随件之间的组合关系。而且这其中涉及的，既有它们之间的造型关系、色彩关系、质地肌理关系、纹饰关系，又有音响和气味等诸多关系（图3-27）。

图3-27　正统西装领带加手表、眼镜搭配

组合，寻求秩序与韵律。穿着创作不同于设计制作中的组合。它将是由一个有血有肉有思想的着装者在采用多种服装塑造自我形象时的一次有意义的创作。当然，这里说的是艺术规律，21世纪出现"混搭"一词，在很大程度上打破了正常的秩序，可也不乏为艺术。

一、主服与首服、足服

（一）款式组合

从款式（即造型）上看主服与首服、足服的关系，当然首先要着眼于外化形态。如果进行穿着创作是着装者本人，他或她需要借助镜子，以便准确地看到服与服之间的组合关系。

这种组合的成功，在于款式风格一致。一致的标准是主服的上下装之间以及主服、首服、足服之间能够共同构成协调的整体气氛。而气氛是否协调，首先取决于服装惯制与人们传统的习以为常的欣赏习惯。违反特定时间和特定区域的"协调"

很难为受众所接受。因为对于组合关系的认可，因时因地不同会有很大差异（图3-28）。

可以这样说，穿着创作中的审美标准，与服装设计中的艺术标准不同。设计者在设计服装时，更接近纯艺术创作；但着装者在穿着创作时，却不一定要像美学形式原理那样规范。这种组合毕竟是非专业化的，既可随心所欲，又可在受众审美习惯基础上加以变化，所以仅仅用上衣若长，下装必短，或下裙长，上衣短的形式美法则来组合，不一定是适宜的。可以认为，这种机械的做法导致穿着偏离了服装美学的轨道。我们从服装发展史上可以看到种种变化，或许有不同才带来生机。

以西装上衣为例，下装穿西装裤是最规范的组合形式。再下是皮鞋。头上可以不戴帽子，也可以戴礼帽或鸭舌帽。这种服装组合形式已为世界绝大多数人所认同。但是，有些阿拉伯地区的国家领导人出访，上身穿着西装上衣，下身却穿着本民族的长裙，头上戴着民族帽，脚上也着皮鞋。

图3-28　内外搭配的"兽皮装"

从服装美学角度去看这个现象，就正是前述区域特殊性问题。简单地予以否定，理由显然不充分；简单地予以肯定，在服装美学中的穿着创作组合关系上又讲不通。不过，我们可以将其看作一种新形势下的款式组合，存在即有其合理性。

另外，由于穿西装的人逐年增多，加之年轻人又不愿严格遵照着装时的规范组合，因此出现了很多种不能使整体形象协调的组合形式。如上着西装上衣，下穿牛筋裤、不缝边的牛仔裤、带竖条装饰的运动裤。女青年们还在西装上衣下穿上完全紧裹腿部和臀部的单色甚至大花紧身裤。这种服装组合形式是否合理？有些人对此振振有词，冠之以"打破常规""大胆革新"美名，有些人认为违反了服装上下组合关系的平衡。我们是否可以将一般与个别区分开来呢？（图3-29、图3-30）

按照服装组合艺术规律来讲，下身穿庄重的，如西装裤，上身穿活跃的，如夹克衫、宽松毛衣，可以创作出一种稳中

图3-29　西装搭配牛仔裤

图3-30　西装搭配短裤

带俏的美感。但是上身穿郑重的西装，下身穿具有运动感的健美裤、紧身太子裤，就会使服饰形象形成失重的状态。身穿运动装，脚蹬正规西装皮鞋，会显得潇洒；可是有的姑娘，身穿裘皮大衣，脚蹬矮靿浅粉红色的布鞋，脚部之轻好像根本无力支撑厚厚的裘皮裹着的躯体。

身穿运动装，理应塑造生龙活虎般的动感，足服为男性皮鞋时，可以以稳定感奠定其稳定的服饰形象的基础，可是女性那具有尖尖的宛如钉子似的鞋跟，就起不到男性皮鞋所起到的作用了。

带有文化意味的服饰组合，其创新问题远不是上大下小或上小下大等倒三角形或正三角形变态的造型所能解决的。21世纪初出现的"里长外短""上长下也长""上短下也短"以及外罩风衣，开襟外露出两条秀腿仅着短裤的形象也不能说是搭配不合理。

图3-31　色彩巧妙组合的女装

图3-32　色彩组合呈现艺术性的
　　　　双人女装

（二）色彩组合

着装者在穿着时，随手扯来一件衣服就走出家门的情景是有的。殊不知，此举极易造成组合上的失败，除款式外最易显露的即是具有视觉刺激力的色彩。

常见的是对比色或中间色协调上的失误，有这样几种，如头上戴着黑帽子，上身穿着藏蓝西装，下身却穿着银灰色的裤子，脚上蹬着白皮鞋，这是色彩重量感觉的倒置。并不是说上身深颜色，下身浅颜色就一律不行。有一位先生满头银发，上衣为墨绿色带黑花的短袖衬衫，下装为白色的斜纹布长裤，脚蹬一双深棕色皮鞋。这身服饰形象并无失重感觉，原因就在一头一脚与上述范例有异。而且上衣虽深色但短袖，下装虽浅色却长裤脚，而且皮鞋颜色稳重，因此取得了一种组合上的协调（图3-31、图3-32）。

再有的失误是全身服装色彩单一，不但没有变化，甚至缺乏其他颜色的点缀。过去，中国人还没有彻底接受欧洲纯白婚纱的时候，华北一带新娘结婚之日喜穿红。于是，红头巾、红头花、红色连衣裙、红裤子、红鞋、红皮包、红手绢，加上涂得红红的两腮和嘴唇。喜庆气氛渲染得够可以的了，但不知新娘是否注意到在服装色彩组合上却欠缺了什么。假如将下裙换上黑色或白色，或换上一双金皮鞋，最低限度换上一双肉色的高弹透明袜，也许能给观者以喘息的机会。只是因当时喜庆气氛中忌白，造成了色调的过于单一。其实，除了白色还有很多可供选择的颜色。

穿着时的色彩组合，还易有一种失误，是将两种色相不同但纯度（或称彩度）和明度接近的色彩同时用以构成服饰形象。这样，虽然色相不同，但是由于纯度和明度的相近，而使它们之间的对比相对弱化。粉红色加驼色、中绿色加天蓝色，还有冷暖感觉不同的玫瑰红色加大红色等，当以它们共同构成上下装的色彩或是内外衣的色彩组合时，都会使人看上去有透不过气的感觉。不可忽视的是，受众眼中看此种色彩组合服装的着装者，也会因此有一种以面纱遮住五官的模糊不清的感觉。是模糊不清，还是朦朦胧胧，这是色彩组构的柔和美是否成功的分界线。两者都不清晰、不明快，但前者失败，后者成功。当然这也与着装本体的肤色、服装款式、面料有关。如粉红、中绿、玫瑰红等色做软料内衣，而驼、天蓝、大红等色做厚料外套，那又另当别论。总之，分界线源于受众审美标准，关键却在穿着创作者如何把握。

值得研究的是，人们在款式组合上屡屡打破常规，但在色彩组合上的改变尝试却不太容易取得成功。无论社会怎么快速发展，时装上的色彩采用也不过是水果色、朦胧色、红酒色、宝石色、裸色等，组合规模上也没有太大突破（图3-33）。

（三）纹饰组合

服装面料上有本身织出的花纹，也有成衣前后绣、绘、缀、补、抽丝、镂空而成的图案。这些花纹图案包括动物、植物、器物及点、圆、线（宽线即条）、方格等几何图形等，加之直接采用油画画面或国画笔墨，这些都属于服装纹饰，并出现在穿着创作之中。纹饰的直观效果，有醒目和不醒目之分，这种程度的不同，恰恰导致了纹饰在服饰形象中所起作用的重要与否（图3-34）。

纹饰组合失败的例子，在街上比比皆是。这种现象在服装艺术高度发展的地区，如欧洲的法、英等国相对较少；在服装艺术高度发展的时代也相对较少，如中国的6世纪和7世

图3-33　裸色衣装　　　图3-34　素白配蓝色方格纹

纪（唐代）。那么，为什么又说此例比比皆是呢？就因为服装组合不讲究的现象多发生在服装文化快速发展又新旧混融的时期，发生在服装风格不稳定的地区之内。

在我从事服饰文化学研究的多年调查、观察中发现，着装者对服装纹饰组合的重视程度，远不及对服装款式和色彩的组合。讲座之余，学生们提出的众多问题中，关于服装款式组合和色彩组合的内容也相对较多，可是却很少有人提到服装纹饰组合，好像穿着创作处理这个问题本不在话下。

实际上，服装纹饰组合中的混乱现象十分惊人。不少着装者将自己喜爱的带纹饰的上下装一股脑儿穿在身上，自觉非常满意。因为当她们低下头分别看上衣和下装时，也许真的都很美，于是根本未察觉出有什么不妥之处。上衣是件缠枝花纹的短袖衣，下裳是件方格纹饰的半长裙。四方连续的每一个图案单位所占面积都相差无几，可是却以相异又相近的形式出现在一个整体的着装形象上。这样组合的结果是，花朵与方格的不相上下的面积，造成了互不相让，而花朵与方格并不相干的图案单位又被分成两个平面而共同构成一个整体。如果两件衣服的颜色再相近，简直给人一种拥挤不堪的视觉乃至心理感受。

以上这种纹饰组合上的败笔，一般不会出现在正式的服装设计者手下。但是每天都在进行穿着创作的着装者却往往不予顾及，因而导致杂乱无章、重点不突出的弊病频频出现。

我曾为听课的着装者们提供了一条再简便不过的组合原则，那就是：不用一块面料制作上下装时，就不必上下、内外都穿带纹饰的衣服（隐纹、暗格除外）。也就是说，用一块面料制作上下装，会形成整体感很强的套服。假如不是这样，则可以采用上装有纹饰，下装单色；或下装有纹饰，上装单色。这样就会在艳丽、繁复与素雅、单纯的对比组合之中显示出秩序，从而起到了以纹饰美化形象的作用（图3-35）。其实，任何人只要稍加注意就会发现，两块相近不相同的花格布，做成上下装同时穿用，到底是将受众的眼睛吸引到哪一件上呢？很多人都有在这乱糟糟的服饰形象前感到烦躁的体验，但是却很少有人从中悟出道理，以应用在着装艺术中。

如果再将首服和足服的纹饰组合一并考察的话，需要注意的问题还要多。当然这并不等于要因噎废食。山村中的姑娘、少妇们常常是头上戴着花头巾，脚下穿着绣花鞋，主服上也有纹饰，杂乱吗？并不！原因在于她们习惯于穿单一黑色的长

图3-35　风衣与鞋帽款式并不配套，但上衣与手包的花纹使之协调了

裤。这样，即使上衣也布满了纹饰，但依然鲜明。或是头巾、衣裤（或裙）以及鞋面上都是纹饰，但衣裤（或裙）上并不是满地纹饰，而是只集中在领、袖、下摆、开衩和裤脚上，鞋面的花朵也只是在鞋头上以单枝花附几片叶子的形式出现，况且，她们所穿用的花纹面料大致相同。所以，纹饰数量、面积、形状和纹饰单位之间的间距（即密度）等，都直接关联着穿着创作的艺术效果，这里与电脑色彩新颖和大胆，以及现代科技飞跃发展无关。

（四）质地、肌理组合

质地、肌理一类组合与上述三种组合相比，比较简单，而且一般人也都可以注意到。当然其中还有些细节容易忽视。

因何说其简单？主要是服装面料的厚薄、轻重在很大程度上已为季节所限。更全面一些，可以说为气候条件所限。炎热的夏季，谁还去穿上厚呢子衣服；真正冰天雪地时，靓女也不留恋轻盈的丝绸。赤道上的非洲人没必要考虑如何大面积运用皮毛衣料，北极的因纽特人一般也不会钟情于纱罗。所以说，需要在服装质地、肌理上予以重视的，主要是生活在温带、拥有季节变化的区域中的着装者。

对于其面料厚薄、轻重不同的服装，着装者可以有能力把握尺度，只是对肌理的有些组合，容易欠缺组构以后的形式美。大凡粗纹理的不必再与另一相近的粗纹理服装相组合，这里的道理基本类同于纹饰（图3-36）。因此，粗细、宽窄、隐显等关系，也可以参照纹饰组合的原则去进行穿着创作。

二、衣服与配饰

整体服饰形象的审美效果，少不了衣服与配饰的组合完美及巧妙。

无论全身的配饰多么简单，但只穿服不配饰的人很少。不在于雅俗，也不在于贫富。闭塞地区的原住民有只配饰不穿衣的民族，全世界却找不出只穿衣不配饰的着装者群。即使有这样的人，也只是这一着装者在短时间内的偶然状态。例如穿睡衣或泳装时可能从活动方式出发暂时免去配饰，它不可能作为一种常规的着装形式出现（图3-37）。

衣与饰的组合，可以从两方面去创造，即考虑

图3-36　质地统一很讲究

图3-37　随意的睡衣装扮

到总体气氛的统一和艺术形式的统一。

（一）总体氛围统一

一身运动装，双耳却悬垂着长长的耳饰。这种服装组合后的总体氛围统一吗？当然不。有人认为这种否定是吹毛求疵，实际上却是非常需要指出其不合理之处的。

主服是运动装，头上戴一顶网球帽，脚蹬网球鞋，这种服饰形象给人的印象是充满动感的，有冲击力的；长垂至肩的耳饰标志着一种优雅，一种娴静。其同时穿戴在一个人身上就不伦不类。因为它们不能统一在一种氛围之中。它给予受众的联想是，如此端庄文雅的淑女，从哪里借来一身运动服穿上？或是，她蹦跳奔跑于绿地上时，耳饰左右飞舞，两腮如何消受得了？怀疑、不舒适、违反常理的感受，是对这种服装组合的根本否定。

同样，女性一身庄重的服装，却满头插戴花饰，手上戒指成串闪光，也会使人感到不和谐。

如果穿运动装的女士换一副不垂链的耳钳；穿庄重服装女士佩戴少许金饰，或只在领前或前襟别上一朵别致的领花或胸花，那么穿着创作水平就会陡然提高了一大截。服装组合中的气氛统一是要随时随地总结并分析的。21世纪的衣与饰搭配，出现了许许多多的变化，但是万变不离其宗，还是有规律可循的。

（二）艺术形式统一

如果以艺术形式统一的标准要求衣与饰的组合，那么款式组合可以退居次要地位，色彩组合却升至主要地位了。因为衣与饰的造型可以随意一些，虽然也不能张冠李戴，但不必过于严格，有时一些大胆组合，还会出现预想不到的效果。

图3-38　既有呼应又有反差的装束

色彩组合上可以采取呼应，也可以采取反差（图3-38）。

如衣服是玫红色的，发结也可以选用玫红色，以一点与一片呼应。裙子是藏蓝色的，项链坠和耳饰坠可以用蓝宝石，以数点与一片呼应。项链、手表、戒指、腰带卡和鞋饰都采用金色，可以形成数点之间的彼此呼应。领带和西服外衣都是深灰色的，以小面与大面形成呼应。男西装中的上衣与领带的色相、色度配合尤其如此。这种组合，是以色彩呼应造成连贯的美感刺激点。

另外可采用大反差手法。如乳白色的连衣裙上别一枝艳红的胸花，或是银灰色的西装外衣、白色的衬衫之间，是紫里红花纹的领带。这属于对比强烈的色彩组合。再如中国人民解放军的军服上，以红帽徽、红领章予以点缀，使其与整身的绿色，在互补色组合中显得格外鲜明。这是在简单的色彩中抓住关键，形成互补。还有的在寻求这种艺术形式统一的组合时，以一民族的衣服配以同一民族的配饰（当然是针对非本族人而言），以此创造一种民俗风情画或是民族人物色彩写生的效果，也不失为一种有特色的衣与饰的组合。尽管人们在这种组合的运用实践中，选用某一民族美术风格的服装，其实已不是那一民族服装的真正风格。称得上创作的，也正是在似与不似之间表现出美感。这种组合形式很多，每个着装者都有自己的独特表现，而且还辅之以即兴之作。

三、配饰与配饰

通常说来，配饰与配饰的组合比较简单，因为每一个国家和地区、每一个民族在同一时代里，全身配饰的风格是趋于统一的，会自然形成一种约定俗成（图3-39、图3-40）。

中国汉族人古来讲究佩玉，儒家有"君子于玉比德""君子无故玉不去身"之说。男女都佩玉，从商周起就有穿成串的以玉为主兼有水晶、绿松石等组成的配饰。我们从出土文物和古画古书上看到，很多配饰的佩戴和组成首先要遵照身份等级的服装制度，在佩戴上不准许"僭越"，即可以向下移动却不能与上级的等同或类似，这就形成了一定的规范。

另外，配饰与配饰的组合也与地区特产和一个民族长时期民俗活动的偏好与禁忌相关，如西欧以佩戴金饰和宝石为主，地中海一带在三千多年前就有相当精致的金饰品。中国各少数民族都有自己配饰组合的不成文的规矩，如云南苗族以银饰品

图3-39　头饰形成的装饰效果　　　　图3-40　头饰和耳饰的搭配

为主，头上戴的，颈上挂的，手腕、脚踝与腰间的饰件基本上都是以银质为主，多年来已形成一套专有的组合形式。西北青藏高原的珞巴族，女性配饰品重量可达十余公斤，有石、珊瑚、银、绿松石和木等，穿起一串来非常丰富，但是还不足以满足珞巴族人的审美需求，于是，他们多佩上数串，包括颈间和腰间。至于怎么组合最美最合理，这一个民族已代代相传，无文学形式却体现出鲜明的风格。

关键是当代着装者的配饰与配饰组合艺术。因为在信息时代里，人们接受的新事物来自多渠道，什么风格的配饰和其他风格的配饰怎么搭配组合，成为新时代的新课题。

进入21世纪后，黄金饰品和银色的白金饰品多了，因此有人一度认为一个人身上佩戴的首饰，不应同时采用白金和黄金，即项链和手表、项链和手链、项链和胸花等，不应黄、白金同用，否则就被认为是不够讲究。再如粉红色砗磲项链，不能与碧玉手镯同戴，这两件的材质虽然配套，但颜色不搭调。特别是需要风格一致，如耳饰为金耳环，手镯就不能戴牛仔式的；再如手镯为传统材质和款式，那么耳朵上挂一只蟑螂耳饰，即朋克风格的装饰肯定不合适；或如胸前佩一件宝石水钻胸花，手腕却戴一串木珠手链，也显得不太对劲儿。诸如此类，确实是应该注意的，现代社会的首饰已经五花八门，来自各国各地各民族，再随手取两件同时佩戴，弄不好实在是败笔。

当然，历史的脚步跨近21世纪第三个10年时，一切都多元得合理。一句"混搭"，可以使任何组合都存在。

四、服装与随件

作为一个完整的服饰形象，当然不能排除随件在整体艺术效果中所起到的作用。随件本是"身外之物"，与着装原无直接关系，但由于是日常"随身之物"，因此势必与着装形象发生关系，从而构成了服装艺术形象整体。

晴雨两用伞、打火机、背包、手杖和手帕等，很难划到配饰的范围之内。而且，古老民族的匕首、荷包、烟斗、烟袋锅、打火石、马鞭，现代人的传呼机、手机等，都可游离在服饰形象周围（图3-41、图3-42）。不像眼镜，就是架在鼻梁上的；戒指，就是戴在手指上的。随件可有可无，时隐时现。当它单独摆放在那里，即脱离开着装者以后，也可以有独立形象与价值。例如，戒指、项链摆在哪里，都会使人将它与着装者的手指和颈项联系起来；而背包放在那，可以装物；雨伞绑在那，可以遮盖下面的物件；手杖虽然一般不做他用，但毕竟使用得不是十分普遍，因此不能形成与服饰形象的必然联系。

如果是高水平的穿着创作，应该考虑到服装与随件组合后的艺术效果，并有意施行艺术构成。因为，当穿一身红衣裙时，偏打上一把翠绿的遮阳伞，那虽然自己觉得不过是应一时之需，受众却是不得不从整体形象上去面对这种不是那么严格的

图3-41 随件是服饰形象的重要组成成分

图3-42 腰包、挎包也应配套

色彩组合关系。

另外，穿一身高档西装的人，点烟时拿出一个破旧的打火机（一次性打火机倒无妨，但不宜破旧），或时髦女郎挎上一个傻大黑粗的元宝式藤篮，总让人觉得这种穿着缺乏应有的审美素质。不是别出心裁，以此猎奇，就是应急装束，再不然就只能以拙劣的创作水平来解释了。

我曾亲眼见到一个着红丝绒旗袍的少妇，肩上挎着一个军用布书包。看那悠然自得的样子，不像是为了去应付急事，茫然不解的神态也不像是哗众取宠。凭我的经验观察，她不懂得这种服装与随件的组合是不恰当的。由于无知所造成的服装与随件组合的失误，绝非罕见。

总之，服装设计者在进行创作时，是在一定功底上又有所依据的，而着装者却有相当一部分在凭感觉支配，既无科学安排，也不根据美学原则。由于进行穿着创作的着装者审美水平不同，甚至相差悬殊，所以创作中的不足之处是难以靠一时的培养和告诫就可以达到预期效果的。这种组合，又不能简单地为着装者提供一个表格。因此需要体验、研究，以待提高或向更高水平发展，说到底是一个综合修养的症结。

第四节　服装与普通着装者

所谓普通着装者，是指在不受限制时自由着装的人，以"普通"二字区别于表演或身穿统一工作服工作时的着装者。

普通着装者在不受限制时，自由的限度究竟有多大？根据什么去进行穿着创作呢？这种情况下，一般要考虑到两方面因素：一是取决于着装者的自身形态，即自然形态，如体形、肌肤、容貌、年龄、性格等；二是取决于着装者所处环境的社会形态，即人为形态，如时间、地点、场合、职业、身份等。

当然，无论从哪一个因素去考虑，着装者在进行穿着创作时，所表现出来的艺术水平，都是其修养程度的真实写照。这比设计者的综合素质更显得重要。因为设计者总要有较多的理智，而着装者却偏重于主观的情感。着装者除非特意地按照服装设计者的整体形象规范去穿着，稍做改动，再呈现出来的服饰形象，基本上就是着装者的全部的映现了。

一、自然形态

如果说着装者在进行穿着创作时，不考虑自身所具备的自然条件，那是不公平的。任何人都在不同程度地设想：这件衣服是否适合我？只是由于思考和创作水平的差异，才使穿着创作中有成功与失败之分。

从服装立体构成来看，人的体形相当于支架或称骨骼。从服装平面构成来看，人的肌肤相当于底色。容貌、年龄和气质则是服饰形象创作之前，所固有的外在、内在条件（图3-43～图3-46）。

要处理好这种关系，尽可能提高穿着创作水平，首要原则便是四个字："扬长避短"。

图3-43 普通的男性西装形象

图3-44 普通的女性礼服形象

图3-45 普通的青年女性休闲形象

图3-46 普通的儿童服饰形象

（一）体形

体形健美，身材适中的着装者，当然穿着创作也就相对要容易一些。因为设计水平较差的服装有时也难以抹杀了体形本原的美质。为什么贫家少女，衣衫褴褛，但美妙的身材依然能从不见曲线的衣衫中显露出来？这就是体形美的天然基质在起作用。当然，如果她穿着再适体一些，将会更美。

自然形态的生成本来就带着许多遗憾。如果想从现实生活的着装者中找出几个像"米洛出土的维纳斯"和米开朗琪罗手下的雕塑"大卫"那样众目所仰的完美形体，简直有如天方夜谭。且不说维纳斯和大卫是艺术品，本身已对现实生活有所提高、美化，即使这样，有人真的用尺去量维纳斯的三围（胸围、腰围、臀围），其实也比当代选时装模特时的长度长了不少。当然，这本身是在开艺术的玩笑。因为雕塑作品中的人体塑造需要夸张体量感，按照真人的胖瘦尺寸去塑出的人体，常会显得单薄。再说，希腊的大理石雕像是公元前5世纪的作品，彼时彼地美女标准到底如何，谁也举不出确凿的证据。这旨在说明，连艺术家精心塑造的艺术形象都不一定有十全十美的体形，更何况现实生活中的人呢？

古往今来，大千世界，人们对体形的审美标准各有不同，这一点大家有所了解，那么，如何在符合当时当地体形审美标准上以服装来扬长避短，就是穿着创作中的艺术了。

一般来讲，体形过大，即过高过宽过胖的着装者，不宜穿着款式臃肿的服装，同时不宜穿着颜色浅（明度高）且鲜艳（纯度高）的服装。而且最好免去大花格布，而代之以小花隐纹面料。这样穿着，主要是避免造成扩张感，以免使体形在视觉上显得更大。体形过小，即过矮过窄过瘦的着装者，则要以上述反例服装为最佳选择，同时尽量少穿或不穿颜色过重或纯黑的衣服，免得在视觉上造成缩小的感觉。

另外，腿部略短或腰线靠下的着装者不宜穿较短的上衣，这样会使人清楚地看清上下身比例；不宜穿色彩相差很大的上下装，以免将上身与下身截然分开，从而看上去腿部更短。总之，以服装掩盖腰线，不使臀部结构清楚地反映出来，是一种弥补的办法。

再有，矮个人不宜穿宽肩衣，免得将本来不够长的竖向拉往横向；颈细长者不宜穿青果领等低敞领上衣；颈粗者不宜穿高领、大圆领毛衣；胸过高者不宜胸前再多加装饰；胸低瘦者也不宜低开领，或胸前无装饰；头部较大者不宜再戴大檐帽；颈不美者不可选择穿低领衣和戴醒目的项链；手不好看的人最好不戴金光闪闪的戒指；上臂太粗何必又在无袖衣肩部垂下几缕装饰条；踝部不美的人不一定都要一律在裙边浅露出来；腰围很粗的人（尤其是女性），可以不把下装束在上衣外部，利用稍稍束腰的上衣遮住裙、裤腰，可免去诸多尴尬；腿部健美的人可穿紧贴腿部的健美裤（紧身裤），腿部过粗、过细，特别是呈O形和X形的双腿为什么不穿上一条

图3-47 自然体形配休闲
夏装

图3-48 自然体形配郑重冬装

不十分显露具体形象的裤子？体形过胖的少妇，偏要穿上尖尖的高细跟的皮鞋，即使走起来很矫健，也难免使人看上去那细细的高跟实在不胜重负……可以举的例子太多了。扬长，即是通过醒目的装饰将受众的注意力吸引到美的部位；避短，就是减弱这一部位的装饰，尽量不引起受众注意。

其实，只要在穿着创作中稍微冷静地客观地考虑一下，搞好服装分件、部件、款式、色彩等的对比、照应关系，这些问题便会迎刃而解了（图3-47、图3-48）。

（二）肌肤

对于着装者来说，有人肌肤细腻，有人粗糙，平时着装，只要注意皮肤不美的部位不宜过多袒露也就是了。当然，尽管如此简单，也还是有人不理解。为了赶时髦，而将衣领开得很低，或是将袖上部开高，甚至裸露全后背，以致将大面积肌肤暴露在受众视线之内，使本来不美的肌肤，又增加了几分丑，这不能不说是失败。

肌肤颜色对于穿着至关重要。越是袒露肌肤多的服装，越是要注意在色彩上和肌肤色求得协调。肤色较白的着装者为自己穿着创作时，就好像是在白纸上画图画，任何颜色都可以画在上面，不用多考虑穿哪种颜色的衣服更出效果。但是，肤色略黄的人，不宜穿土褐色、浅驼色或暗绿色的衣服，也不适合戴孔雀石、绿宝石一类的饰品。这些服饰，不是使整体形象的色彩效果灰暗，就是使原来的肌肤越发显黄，显然不足取，其他同类色选用时也要慎重一些。东方人大部分肤色偏黄，人们喜欢藏蓝色和其他蓝色倾向的衣服，是和这种肤色有很大关系的。因为皮肤色暗偏黄的人穿蓝色衣服，戴蓝色饰品，都会显得高雅、清淡，使肤色显白泛红，而且在蓝色的衬托下，这样的皮肤好像可以闪光。白皮肤和黑皮肤的人穿着蓝色衣服效果均不如黄皮肤人，这是一个需要重视的问题。

肤色呈现黑褐色、古铜色的着装者，适宜穿很浅、很简洁或是很深、很凝重的颜色的服装，在形成黑白对比时，增加了明快感与大反差的魅力。

肌肤色的分类，只能用"合并同类项"方法，因为每个人的肌肤色都有差别，细细观察、品味，才能根据个人特点进行穿着创作（图3-49、图3-50）。

（三）容貌

在穿着创作中，容貌所起的作用不及体形与肌肤重要。因为容貌，广义也可概括为人的整体形象，但更多时只指五官，即面部的形象。

容貌姣好的着装者，只要记住一点，不要让过多的令人眼花缭乱的服装夺去容貌的美，这就可以了。如果使容貌的美混杂于繁缛的服装之中，那就成了穿着创作中的画蛇添足了。

容貌不算美丽的着装者，当然不必自卑，恰当的服装可以将容貌的某些迷人之处显露出来。只是，恰当二字很有学问。为容貌欠佳的朋友进上一言，那

图3-49 自然美的肌肤好　　图3-50 肌肤衣装
　　　　配衣装　　　　　　　　　　搭配是艺术

就是不要使服装过于刺眼，尽量不要以十分出色的服装吸引来众多的注视，这样容易取得与愿望相反的效果。有一次我在街上走，不小心将手中的书掉在了街道旁的地上。当我拾起书，就要直起身的一瞬间，眼的余光捕捉到身旁一双银白色的珠光高跟鞋，再往上，越过袒露大半截的双腿以后，是耀眼的明黄色的超短裙。我在万分之一秒中猜想这是一位容貌姣好的妙龄女郎，然后又越过明亮色束腰上衣和光灿夺目的珍珠与金质双重项链后，我看到了一张不太美丽的脸，我愣住了，突然产生一种莫名其妙的被愚弄的感觉，失望与遗憾一齐袭上心头。冷静下来以后，想想自己幸好没有表露出这种态度，因为没有理由对一个素不相识的人产生如此坏的印象。我在批判自己时，也悟出这样一个道理，容貌欠佳的着装者应求衣着高贵大方，而不要过于艳丽或过于诱人。

我设想，如果那位着装者（从带孩子和丈夫一起购物的情景看，应该是少妇）并没有以如此吸引人的色彩和款式以及配饰引起别人注意时，也许包括我在内的许多人不会如此注视她的一切。曾听有人对穿着考究，其貌不扬的人以"不堪回首"戏之，我曾认为过于刻薄了。如今想来，一定是穿着醒目的人的背影，给人以美好的联想，顺向思维的结果就是那个人一定很美，但走过那人身边，有意无意地寻觅那张漂亮的脸庞，才发现这是一个"骗局"。我还想，那位少妇就是皮肤粗了点儿，有些参差不齐的痤疮；面部扁了点儿，下巴高翘着，眼睛好像小了点儿，嘴唇好像厚了点儿，其实也说不上奇丑。如若不是与那漂亮的服装形成如此惊人的反差，我恐怕不会有失望的感觉。这种审美心理，有助于穿着创作中的思考（图3-51、图3-52）。

图3-51 自然的容貌配上正统的着装

图3-52 自然的容貌配上休闲装束

（四）年龄

人有年轮年龄、生理年龄和心理年龄之分。年轮年龄是客观存在，人自降生之日满一年就是一足岁。心理年龄是心理状态的反映，它是人的一种自我感觉。因为心理年龄也是由身体状况（即生理年龄）和心境、心情、情绪等诸多因素构成，所以不能将心理年龄完全归结为是主观的。

由于人拥有这三种年龄，因此在根据年龄进行穿着创作时，就自然出现一些难题，或引起误差。如自己感觉并不像实际上年轮年龄那么大，因此穿着上尽可能年轻一些。这种穿着创作的手段有时非常奏效，看上去着装者比他年轮年龄年轻了不少。但是有时处理不理想，常会招致嘲讽，原因即在于掌握分寸上的失误。不同年龄段的着装者，加之性

图3-53 老年人服饰形象可以独有庄重风采

图3-54 中年人服饰形象可以具有成熟风韵

别差异，需要掌握的分寸至关重要，而且十分微妙（图3-53、图3-54）。

老年人在经历了人生漫长的历程之后，渐渐有些无法再提当年勇的感觉。老年男性唯恐自己精力快速衰退，不愿让别人看到那不如以前矫健的步伐和不如以前灵活的举止。老年女性则唯恐距青春美貌越来越远。于是，老年人想到了服装，以服装来完成自我形象的重新塑造，无疑是一种可取的、乐观的人生态度。另有一些人甘心年迈，只随便找件深颜色的过时衣服穿上，其实是既不利于自身心理乃至生理的正常发展，也影响亲友情绪，甚至影响环境气氛。

老年穿着创作中美的首要表现是整洁。因为整洁会掩去年龄的弱势和岁月的痕迹。而整洁也正是一个穿着创作的关键，是创造服饰形象美的基础。不整洁，穿衣

邋里邋遢，衣服与灰白色的头发胡须形成一片模糊，那简直糟糕透了。而整洁、笔挺、漂亮的衣着恰恰衬出那一头仿佛闪光的银发和老当益壮的精神。

在这种分寸上，老年男性的穿着尺度可以上下大幅度浮动，所受限制较小，因为老年男性只要身体健康，可以在很长一段时间里风采不让中青年。所以，老年男性的穿着创作可以大胆地设计，大胆地实施。80岁老人穿60岁老人的衣服，并不新鲜，60岁穿40岁的衣服，也完全合理。衬衣、西服、夹克衫、大衣乃至礼帽、皮鞋，配饰中的领带、皮带卡、手表、眼镜等，老年人的使用范围与中青年有什么差异吗？基本没有。

老年女性就不同了。一名无论何等雍容华贵的老妇人，其体态、容貌也无法再与她自己少女和少妇时代相比。所以，常见有些老年女性一味追求少女服饰形象。美国伊丽莎白·赫洛克就曾在《服装心理学》一书中专门肯定了这种"少女化的祖母们"的服饰形象，她说"她们也束发，搽胭脂，穿齐膝的衣服……她们会把自己打扮成女孩子一样，同18岁的少女们一起购衣而不光顾那些专门为老年妇女提供服装的百货商店。她们的头发虽然全变白了，但还是修剪成像其孙女的发式一样，连同她们的眉毛也描成精细的弓形。为了苗条，她们也节食，而土耳其浴和按摩又使得她们的皮肤显得结实、光滑。"应该承认，这些老年妇女的精神是十分可嘉的。不服老，不甘于表现衰老态，对人生持有积极态度。但是，我认为，老年女性打扮年轻的下限只能到中年，或者说在服饰形象上，生理年龄应与心理年龄一致化。再往年轻处打扮，就容易适得其反了。因为无论怎样文眉、洗面，当她们与年轻人站在一起时，仍然掩盖不住脸上岁月的风霜。而且服装过于年轻化，反倒使面容的衰老在年轻化服装对比下显得更加老化，而不是年轻化。就在伊丽莎白肯定"少女化的祖母"的文字最后，也不得不承认"远远看去，她们像是年轻了一半"。如果走近了呢？岂不令人大失所望。

老年人有自己这一年龄段的服饰形象美。老年男性可以越发显得神采奕奕，当然要以穿着讲究为前提。老年女性尽可以自己的端庄、慈祥、可亲、华贵等少女所不具备的优势胜过她们和其他年龄段的女性。穿大红色衣服无所谓，只是不必再去束成少女般的细腰和做成年轻女性那种高耸的乳峰效果。

中年人倒是需要在百事缠身中抽出一点时间来塑造一下自我形象。中年人可塑性最强，年龄的伸缩性也最大，只是他们由于正值家事、国事、天下事集一身的年龄，根本无暇顾及。只有到了有社交活动时，才抽出时间打扮一下。这时他们会在镜中惊异地发现，原来还很年轻，很漂亮，只是平时来不及拂去的尘埃蒙住了青春并未完全逝去的脸。

中年男性在穿着创作时与老年男性有共同之处，即年龄限制不大，如果稍加修饰，即会容光焕发，而且有着年轻男性尚不具备的成熟的魅力。只是不能有大肚腩，腰腹呈中年态，在21世纪的网络用语中被戏称为"油腻男"，那就怎么着装也无法像青年人了。

中年女性常不免有青春已去的悲哀，如果在事业上情有独钟，还会冲淡这种情绪。但是对于没有一技之长，只凭借年轻貌美赢得一份工作或是得到丈夫养育的女性，就格外地存有这种恐慌心理。结果是不惜重金买高价美容品，甚至冒着被毁容的风险去整容，不惜时间去寻购时髦服装。这样做了以后，当她单独站在镜前欣赏自我时，也许感觉良好。可是作为旁观者来说，当精心穿着打扮后的中年女性与并未刻意修饰尚不算美的年轻女性站在一起时，仍然能够看到年龄的差异。世界各国美容健身的器械、药品和化妆品广告都说能够让人永葆青春，但迄今为止，世界女性还有形象上的年龄差异，经济发达国家中女性也并非都是少女形象，也许这是一个在穿着创作中需要深思的问题。

其实，中年女性有一种自身的美，那成熟的美貌与神态，光彩照人，充满了其他年龄段少有的风姿。因此，中年女性在进行穿着创作时，尽可以用服装塑造这种具有压倒一切的、厚实的（并非像少女那样单薄，包括形体与思维）、富有生机的（又非像老年女性那样衰弱，也包括形体与思维）中年女性特有的美。成熟之美与成功之美是中年女性，包括中老年女性可以塑造的。

姑娘、小伙子们其实不必在穿着上多费心思。本身即洋溢着青春的气息，为什么要去人为地塑造？然而，由于青年人正在认识自我，意欲提高自我地位的阶段，所以他们对服装格外关注，以致超过前两个年龄段的着装者。

当女孩子们将厚厚的白粉涂满一脸的时候，并不会给人带来美的感受，反倒恰恰遮盖住了原来那滋润的娇嫩的天然肌肤美。显得吓人的眼影和鲜红鲜红像流血一样的嘴唇，或是随时尚而刻意涂黑、涂紫、涂白、涂亮的双唇，是某些姑娘在穿着创作中最大的化妆失误。

青少年如果真正想塑造美的形象，不妨放松一下急于求成的创作态度，选一些鲜艳的一般档次的面料，做成新颖却又突出活泼特性的款式，戴上简洁平价有些情趣的配饰。小伙子们不必以服装将自己塑造成大老板样，姑娘们更不必以服装将自己装扮成已婚的"少奶奶"。那种成熟的形象完全可以留待以后的岁月再去塑造，何必让自己正值青春年少就过早地迈进中年呢？21世纪以来，年轻姑娘爱穿黑、灰衣服，而将鲜艳的色彩留给了中老年人，也许这是对的。是不同年龄段人在选择服色上的一种进步。

就各年龄段着装者在进行穿着创作时的审美价值取向来看，普遍存在着一种矛盾。年轻人想塑造成中年人的服饰形象，力求华贵、富丽、考究，但强装成成熟形象的着装者全身，仍带着大孩子般的稚气。而当真正跨入中年，又企图追回逝去的青春形象美。却谁知，年轻化的装扮和服装仅能在一定程度上遮住日渐衰老的体形和容貌。既然时光如此固执，着装者为什么还仍在寻求与时光硬性抗衡呢？为什么不能顺其自然而正确塑造那一个特定时期的美呢？这是一个穿着创作中的需要正视的严肃问题，正如钱钟书先生所说的"围城现象"。

儿童服饰形象，其创作者与着装者常常不是同一人。创作中的美的标准，正反映在父母亲友为他们设计、选择、制作的服装上。而这种美的标准，正是人们在特定条件下对服饰形象美的集中与概括，包括时尚，也包括亲情。

（五）气质

气质是一个人的心理特征，与先天性的气质有关，因而与个性受社会环境重大影响不同。一般在人与人交往中表现为兴奋型（胆汁质）、灵敏型（多血质）、迟缓型（黏液质）与抑制型（抑郁质）。着装者在进行穿着创作时，针对本身气质特点去确定创作风格，比起针对自我体形、肌肤特点去确定创作风格要困难得多。尽管气质差异在人群中显而易见，但对于个人来说，纯粹的气质类型很少，一般都是混合类型的，只是某一类气质特征表现得较为明显罢了。

图3-55　气质与服装相配范例
（之一）

如果能够正确地对待个人气质特征的话，那么偏于好动的人，应该尽量使其服装款式宽松、色彩鲜艳，避免穿着束缚躯体和大幅度动作的服装。而且其色彩亦可与举止、笑靥等相映成趣，以免给人一种受外力（服装）抑制的感觉。

相反，好静且举止斯文、缓慢的人，如果追随新潮购买花格布拼镶的夹克穿在身上，呈现出活跃的气氛，总似跃跃欲试，但服装包裹下的人体却毫无动的表示与前奏，服装被人体紧紧地钳制着，形动意不动。这两种创作艺术的结果都是不美的（图3-55、图3-56）。

图3-56　气质与服装相配范例
（之二）

既然是艺术创作，就有个艺术形式的内在活动和外在表现统一的问题。其内在活动在结构上也可称为内形式，其外在表现也可称为外形式。在服装艺术创作中，艺术形式可理解是服装连同着装者共同构成的服饰形象。这时是在考虑着装者的情况下，以主要精力去塑造服装整体，因此称之为服饰形象，以区别于服装社会学和心理学中以人为主体的着装形象。在进行服装创作甚至最后为穿着创作时，都无一不是将着装者作为重头戏去对待，而塑造着装形象时，却又要以服装作为一个包装物去考虑。着装形象与服饰形象的微弱区别，在于立体的异位。

当把服饰形象作为一种典型的艺术形式去看的时候，其外形式就是服装；内形式则包括两方面，一是服装的内涵，一是人，或称着装者。如果将服装单独作为艺术品的话，可以将服装内涵看作内形式；如果将服饰形象作为艺术品时，那内形式就绝对是服装之中的着装者了。

在论述穿着创作中"气质"一节的内容时摆清这些关系，旨在说明，艺术形式（即服饰形象）应该是内形式和外形式的融合、统一，两者不可以单独存在。

艺术的外形式必须是美的形式，但是它又不能脱离内形式而单纯讲美。当外形式与内形式不能统一时，一件艺术品的风格以及给人的审美感受将无法成立。

根据气质来决定服装，就要时时注意到艺术内形式与外形式的一致性。普通受众感觉到看起来不舒服的服饰形象，有不少就因为着装者在进行穿着创作时的盲目性而造成。

但是服饰形象创作毕竟是一种艺术创作，不同于社会理论。艺术的外形式与内形式的统一可以有两种方法：一个是适应，即兴奋、活泼的人，着装应该宽松、色彩鲜明，易于表现动感；另一个是突破，即沉静、抑郁的人，却穿着宽松、鲜明、富有动感的服饰，以达到内、外均衡，调节呆板的形象。

因此，进行穿着创作时，考虑着装自然形态十分重要，尤其是自然形态中的隐形形态（气质、个性等），更要以百倍的冷静去对待。一切想当然地闭门造车，都将注定失败。

二、社会形态

穿着创作中的社会形态，也存在一个需要划清界限的问题。即穿着创作中所要考虑的社会形态，是以艺术创作的态度去考虑的，而非从社会学角度去考虑服装，这一点区别于服装社会学与心理学。

前面已分析过服装与着装者本身自然形态的关系，这一节实际上是分析服装与着装者本身非自然形态的关系——教养。当着装者为自己塑造一个完美的形象时，实际上是表现出自己良好的教养。就穿着而言，如何使自己穿着的服装符合自己，是表现出对个人自然形态的了解，还要使自己的穿着创作符合社会美，这就显示出一个人的教养。综合表现出如何使穿着符合自己的身份、职业，并适合所处时间、地点、场合等社会环境的艺术创作能力。

一个居于领导地位的男性着装者，一般不会以过于时髦或花里胡哨的服装塑造自我形象，因为这容易削弱个人的地位（尽管只表现在受众心理上）。但是如果他并未考虑到社会形态的成分，未加思索或毫无主见地听从了别人的建议，穿上一件破了几个洞的皮夹克，头发凌乱不堪，脚下拖着一双没有鞋带的高靿鹿皮鞋，皮夹克里一件鲜红的高领毛衣，毛衣下摆处横挎着一个真皮的腰包。这种类同嬉皮士或"朋克"的服饰形象，会使人对这位领导产生何种印象呢？也许有人认为这种描述太离奇，生活中不常见。但是，不常见不等于没有，这只不过是将现实生活中的原型概括得更典型一些，这种穿法在不少人身上都有不同程度的存在。

生活中当人们发现有类似不符合身份的穿着时，爱戏之为"有损光辉形象"。这话不错。不合身份的穿着，不管是垃圾运送人员穿上笔挺西装，还是政府议员衣冠不整；无论是传达室工作人员大衣、礼帽，还是总经理蓬头垢面，在固有的社会岗位上出现，都会让人感到滑稽可笑，进而指责着装者穿着创作上的不当，是由于缺乏教养所致。社会上对一定身份的人有一种服饰形象的固定模式印象，这种固定模式在服装上很多成为惯制而不易改变，因此模式形象起码在短时期内不易更改（图3-57、图3-58）。

图3-57 具有运动性质的服饰形象

时装模特出身的无固定职业的某小姐，出则短裙、袒领衫，入则窄带背心、小裙裤；脸上纹眉、纹眼线、纹唇线、隆鼻骨；眼影、腮红无一处不加修饰；耳垂上颤悠悠拖着两缕长耳饰，鬓角处还绕着几圈胶粘过的已变形的头发；脑后一条带花点的发网罩住了圆圆的发髻，胸前如雪的肌肤上满是亮晶晶的项链；两只玉手伸出来，十指尖上涂成了带金星的赭红色，中指、无名指以至看不清到底哪个手指上戴了足有四五个戒指；透明丝袜裹着玉腿，不用说，再下面是一双最时髦的皮鞋……论形象，够美的，但是只限于她，限于她的身份。走到哪里，都会招致同性和异性同时投来的赞美和不屑的眼神。无论受众主观上欣赏与否，她的服饰形象都可以算作是一件鲜亮的艺术品（此处不论品位）。就是说，她的服饰形象符合她的身份，人们认为无可指责，自然之中也就必然显现出美，显现出艺术性。

如果其服饰形象不变，将着装者的身份变换一下，是否可以呢？女教师？女科员？女工？答案自在受众心中。

女学者有必要关注一下自我穿着创作，或者说，

图3-58 典型休闲意味的服饰形象

当她们出入较高层次的社交场合时，服饰形象几乎代表了服装中的着装者的真实身份与文化内涵。如果女学者想放松一下紧张的神经，独出心裁地改变一下以往的过于正规的服饰形象，可以吗？当然可以。她可以打扮成男学者样、女经理样、女学生样、女战士样等，但是，绝不可将自己塑造成陪酒女郎或交际花样，这就是身份的局限。社会对着装的客观要求，就是以自我穿着创作所表现出来的内在的多年接受和形成的教养物化了的格局。需要注意，着装者很可能会因为一次穿着创作的失误，降低了自己存在于社会之中的身份效应，以至长时间内扭转不了刻印在受众心目中的印象。

以自然人类学态度来看待人，本无高低之分，可是在社会生活中有一种无形的高低标定。哪一种身份的人穿着后应是哪一种形象，也不能以表格的形式明确出来，它在受众的眼睛里和心目中，即意识—社会美意识—社会穿着意识—社会穿着创作意识。时间一长，它竟像亘古不变的真理一样深入人心。着装者在穿着创作中不顾及这些，怎么能避免大的失败呢？

人在穿着创作中所表现出来的教养的外显形式，各时期也有微调现象。中国古代人身上佩玉，假如一个人环佩叮当但音响错杂，就意味着这个人步法杂乱，不合规范礼仪，当然也就是没有教养的表现了。欧洲古代的贵族女性，曾有一种极为普遍的优雅的提裙动作，将裙子提高到不影响走路的高度，但是又不能露出衬裙。很长一段历史时期内，在公开场合露出衬裙被认为是缺乏教养的不体面行为。

类似例子很多，因为穿着创作后的每一个形象，都受一定的传承性、共同性、稳固性，即社会美的制约。固定形象尚有不符合社会形态标准的，更何况着装者每天要适应不同的时间、地点与场合呢？这个问题需要引起人们的关注，要求着装者在创作静态艺术（服装）时就考虑到动态环境对美的不同需求（图3-59、图3-60）。

服装与普通着装者的关系千丝万缕，着装者进行穿着创作时，考虑得科学、全面，其创作成果将会大大超过预想值。反之，结果也相反。

图3-59　外出装束中的典雅与华丽

图3-60　家居童装的清新与俏丽

第五节 服装与特殊着装者

本节中所谈"特殊着装者"，是针对前节"普通着装者"所设。因为着装者的社会活动范围较大，不可能也不能够仅限于一种着装者的身份。因此，穿着创作中必须将其作为一个重要因素，加以认真考虑。

特殊着装者，实际上就是在穿着创作中，其服装作用偏大，而且着装者利用服装的目的性非常明确。如舞台上的演员、主持人、时装模特等，属于表演性质的。另一种是售货员、商品中介人、餐饮服务员、公关人员、礼仪小姐等，属于符号或标志性质的。这两类着装者在自我形象塑造中格外投入精力，在穿着创作中也下大力气去创造美。主观上想为自身创造出一流的服饰形象，体现本身的内在价值。尽管那些服装也许不属于本人所有（如时装表演模特的舞台服装等），但是由那些服装所构成的服饰形象美，对她们来说十分重要。穿着创作中的艺术性，往往直接影响到她们事业的成败或生计的维持。

一、舞台表演着装者

作为在舞台上表演的着装者，一般很少是由自己进行穿着创作全过程的。但是，即便有设计人员预先设计制作好的程式或标定性服装，当他们为了表演而在上台以前穿戴服装时，仍然有个再创作过程。

舞蹈、戏剧演员有时演传统剧目，其各个角色的服装当然也就各有传承模式。演员们的再创作，除了自己在可能的情况下（不影响角色服饰形象的条件下）稍做改动外，最主要的就是依靠自己的动态去使服装在表演中发挥最大效能。"长袖善舞"，即说舞蹈要利用服装舞出人物的性格心境来，这就是创作。

（一）舞蹈

蒙古族民族舞蹈中的长裙，原本只是个占据一定空间的裙子而已。可是，通过演员的旋转、扭摆、跳跃，裙身的形象不断变换着。因旋转而产生顺向的皱褶，因扭摆而产生左右、前后的拉长变形，因跳跃而产生长短、宽窄的压缩与伸展。在裙子这一普通的舞服上，轮番显示出形态美的各种方式，服装仿佛有了生命。

芭蕾舞剧《天鹅湖》久演不衰。演员那激动人心的表演，其借助于服装所产生的艺术效果，以及在穿着创作中的动态表现是显而易见的（图3-61）。

图3-61 画作中表现的芭蕾舞服

小天鹅那薄纱短裙的上下颤动，衬托出小天鹅天真活泼充满稚气的美感。《天鹅之死》中，纱裙的抖动牵动了观众的心。这种有别于小天鹅纱裙欢快颤动的悲伤的抖动，无疑是一种无言的情感传递，使观众在舞蹈中领悟到善与恶。

现代霹雳舞、太空舞的舞服比较简洁，其舞蹈艺术的强烈感染力主要来自于演员的身体动作。但是，细心的观者不难发现，即使是身穿紧身衣的小伙子，也会在额头上系上一条彩色的丝带。随着演员情绪亢奋的程度，头部乃至全身动作都在加强，于是缎带绕发后系扎的蝴蝶结成为小小的飘带，随着动作的变化而变化。它忽而直立，忽而持平，忽而上下跳动，给整个舞蹈气氛带来情趣与生机。不用丝带的现代歌舞演员，他们在边唱边舞时，借助了长长的宽松长衣，或是在光感效果上不遗余力地发挥。他们拼命地扭摆身体，自然使得缀满金属片的服装在五颜六色的旋转灯光下更加炫人眼目。

西班牙的踢踏舞别具特色。舞者身体不做大的动作，只凭一双脚有节奏地踏动，你能说那动人的踢踏声中，不是对服装的再创作吗？最没有表情的鞋子，这时其实是充当了舞蹈足服和音响伴奏以及着装者向观众传递感情的三重角色。

中国汉族农民的秧歌舞属于乡土艺术。舞者在不太讲究的舞服（即本民族农民常服）上，充分利用了长度与宽度都超乎寻常的腰带。腰带是布质或绸质，舞者手持两头，以腰带系结后余下的两段来增加舞势，纯朴的情感就在那红红绿绿的腰带上流露出来。这种舞者的穿着再创作，完全是对艺术的追求，对美的发乎心灵的创造。

至于用配饰来烘托舞蹈气氛的例子就更多了。耳环、项链、臂铃、腰铃、脚铃等，舞者充分利用它们的摆动而产生的音响效果和闪光效果，加强舞蹈语汇，尽力挖掘出服装穿着创作中的所有潜力（图3-62～图3-66）。

图3-62 跳长袖舞的西汉女俑

图3-63 东汉舞乐百戏画像砖

图3-64　唐伎乐菩萨胡旋舞壁画　　图3-65　唐铜胡腾舞俑　　图3-66　泰国传统舞

（二）戏剧

有人将戏剧艺术喻为"多元艺术王国"，意在说明戏剧艺术中蕴涵着多种艺术的综合美。戏剧老艺人中还流传着这样三句行话："虚戈作戏，真假宜人。虚戈谓戏，弄假成真。戏有戏法，真假相杂。"这就为戏剧演员在穿着创作上的大胆想象与尽情发挥奠定了理论基础。

京剧中的服装在生活化的基础上加以夸张，如帽子上的绒球、腰上的丝绦、脚下的厚底鞋、加长的衣袖，具有一定的程式化，即忽略朝代、季节，而强调年份和善恶，表现在特定戏装上，为演员的表演提供了充分的空间。《贵妃醉酒》中，扮演杨贵妃的演员在表现那种难言的失望、失落、失宠的复杂感情时，就利用了衣袖（京剧术语名水袖）和扇子的各种传达功能来起到感染观众的作用（图3-67）。《吕布戏貂蝉》中，吕布的轻佻，更有许多是利用了头上雉翎的弯曲、下折与上挑等动作来表现的。中国河北的丝弦老调演员在扮演吕布的时候，能够用头颈部的功力控制头上的雉翎，而不用手。为了形象地表现出吕布挑逗貂蝉的细节，演员使两根雉翎中的一根不动，而另一根翎尖却能围着貂蝉的面庞转了一圈。这种穿着的再创作，纯属是艺术性的。

不过，也有的服装虽在舞台之上，可是来源于生活。如川剧表演艺术家阳友鹤扮演《秋江》中的陈妙常，出场时用了一个"遮头袖"的程式动作。这个动作即是由阳友鹤从生活中摄取、变化而来。有一年夏天，阳友鹤在成都郊外，看到行人戴的大草帽后檐缝了一片绸子，不仅用来遮太阳，赶路时迎

图3-67　京剧《贵妃醉酒》剧照

风飘舞，也非常美观。于是他设计了"遮头袖"的表演程式——以右手水袖遮在头上，用左手牵平。这样一创作，就使得戏剧服装的穿着再创作显现出生活的韵味。

图3-68　民间年画中的京剧形象

一方面，用它来表现陈妙常冒着蒙蒙细雨追赶潘必正的规定情景；另一方面，在跑圆场时，头顶上飞扬的水袖增加了舞姿的美态。

另外，话剧、哑剧、杂技、小品等戏剧中的演员，也都在长期艺术实践中对穿着——服饰形象的第三度创作，有着自己独到的理解、运用和发展（图3-68~图3-70）。

图3-69　民间皮影戏

图3-70　藏戏表演

（三）时装表演

舞台上的时装表演模特们，当然与服装艺术密不可分。但是，其中只有一小部分服装是自行设计、自己制作的。对于绝大多数职业模特来说，穿戴着设计师设计的服装在观众面前进行走台表演，是规范行为（图3-71）。

是不是设计师精心设计的服装，穿戴在外形条件差不多的模特身上，都可以取得几乎相同的表演效果呢？不是的。这是因为，模特的综合修养程度不同，对设计师艺术作品的领悟与理解能力不同，对如何把握体态动作、如何让服装给观众留下深刻印象的概念不同。基于此，势必造成了着装者在舞台上是将自己的美向观众展示，还是将服装的设计

图3-71　时装表演

美向观众展示的差异。

聪慧的、有内涵的时装表演模特，能够在表演过程中充分调动全身心的积极力量和有利条件，通过体态和表情恰到好处地把握，使服装美显露到极致。时装表演模特在穿着创作上的水平，实际上正是她的表演水平。不能在穿着再创作中有自己新意的模特，仅仅成了活动的服装模型，俗称"衣裳架子"。而能够充分利用穿着创作的模特，才有可能创造自己的艺术金字塔，成为名副其实的"名模"。

穿着创作在舞台上，对特殊着装者有特殊的意义。

二、符号或标志着装者

无论是不是统一的职业装，有一些人穿戴的服装，实际上起着社会符号和标志的作用。但是不管它们的主要功用是为了什么，都不会忘掉一个字——美。符号与标志服装，具有较强的艺术性，即被受众认定是美的，这应该是设计者与采用者的初衷。

常见出售服装的小姐们，一个人穿戴着一件欲推销的服装，这是在掌握消费者心理以后，用活动的、真实的、切实可信的服饰形象向消费者展示、推销。很显然，这些售货小姐无疑是将穿着创作看作是一种商业化手段了。

礼仪小姐是各大小典礼、集会的美的点缀。礼仪小姐在穿着创作中，如何使自己为会议以及所有与会人士提供美的形象，使与会者耳目一新；还要使自己符合大会气氛，使自己的着装形象具有较高水平，端庄大方，提高会议的层次，以使大会进行得顺利都在严密思考范围之内。穿着中的美的创造，不在搔首弄姿，而在文淑、典雅，这才符合现代礼仪小姐的穿着规范和仪表美。

公关人员在穿着上也要讲究。只是他们通过服装所创造的美，千姿百态。公关人员的服饰形象美，应该在给人以视觉上的审美快感的同时，更要给人以心理上的信任感和愉悦感。

公关小姐与礼仪小姐的着装形象、价值取向根本不同。前者是交际性的，后者是服务性的。公关小姐的服装与受众有更大的平等性，应该打扮得体，规整而不华丽，潇洒又不恣肆，令人感到可信可亲，是合作的伴侣才行。因为对方是通过公关小姐的服饰形象，来推测企业的性质和实力的。

至于标定各职业形象的职业装，一部分是代表国家形象的，如代表国家执法形象的警察服装、法官服装、海关和海监等部门职业装的着装者，最首要考虑的就是整肃、端庄，不能懈怠、散漫。航空、铁路、高速公路等职业装有的是全国统一的，有的则是各省市、各公司或同行业所制定的，工作人员上班期间必须穿着，以达到职业形象的最大标志性。对内便于检查、管理、严肃纪律，对外便于识别，以起到专职人员的特定作用。

另外，保安人员、医护人员、消防人员以及银行工作人员往往都有职业装。在西方，第一次工业革命后开始广泛使用，在中国，宋代城镇经济发达后就已经有了鲜明的职业装。这些职业者在上班时穿上流一制服，自己便有了归属感和约束感，虽然不用着装者的穿着创作，但也需要他或她的职责认定使之神圣起来，因为穿上职业装后一般不能够太随意太涣散了（图3-72～图3-76）。

总之，符号或标志着装者在穿着创作上不需要过多的艺术性，却需要更多的纪律性。

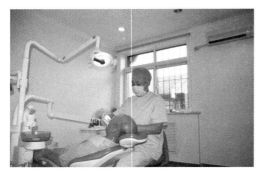
图3-72　口腔医生诊疗服

图3-73　20世纪80年代医师手术服

图3-74　保安制服

图3-75　酒店女服务员服饰形象

图3-76　卫生学校护士服

延展阅读：军戎服装故事与军服视觉资料

1．一箭射穿五层甲

唐高宗龙朔元年（661年）十月，曾派兵保卫边疆，其中左武卫将军薛仁贵为副将，领军出征。临行前，高宗召见薛仁贵，取出铠甲说："古之善射，有穿七札者，卿且射五重。"面对考验，薛仁贵拉弓便射，果然一箭洞穿五层，令高宗大喜，

"更取坚甲以赐之"。当年秦始皇曾做过试验，以秦箭射秦甲，箭入甲，杀制甲人，箭不入，杀制箭人，秦的兵器工业正是在这种残忍的考核机制下达到了极高的水平。薛仁贵能够射穿五层铠甲（高宗取出的铠甲应该代表了当时唐铠甲制造的最高水平），可见其膂力惊人。

龙朔二年（662年）三月，在一次对敌作战不利形势下，薛仁贵张弓搭箭，冲在最前的敌兵翻身落马，余众大惊，薛仁贵这一箭扭转了战局。正当其他敌军犹豫时，薛仁贵再发一箭，箭到人亡，其他人开始退却；薛仁贵再射一箭，又击毙了一名逃跑中的敌兵，"自余一时下马请降"。薛仁贵领兵乘胜追击，直到漠北彻底击溃其余部。"将军三箭定天山，战士长歌入汉关"的歌谣在唐军中传唱开来。

2. 布厂商标上的戎装形象

20世纪20年代，日本不断扩张在中国的势力，举国上下洋溢着悲愤之情，一家名为广益的布厂打出了"征东图"商标，画面上是薛仁贵和多名唐军将士跋山涉水，奋勇前进的情景，箭壶中的三支箭就暗示着"三箭定天山"的传奇故事。这一商标已远远超出了商业的意义，即使和后来名噪一时的"抵羊"相比也不逊色，在当时极大地激发了中国民众的爱国热情。由此可见薛仁贵的故事在中国民间影响力之深远，当年那个一袭白袍，在高丽军中所向披靡的无畏形象，历经千年岁月，在人们脑海中依然久久萦绕。戏台上长时期出现薛仁贵头戴有白虎形象的头盔（传说薛仁贵是白虎星转世），可见在民间流传久远。

3. 边塞诗中的戎装

唐代天宝八年（749年），年方三十有四的军中诗人岑参告别妻子，从长安出发赴安西都护府所在地碛西（在今新疆库车附近）上任。后于天宝十年（751年）从武威返回长安（当为六月后），并与杜甫、高适等人结交，诗艺愈发精进，雄心不减当年。新任安西节度使封常清的战绩再次吸引他于天宝十三年重返边塞，在封常清幕府中任判官。这次出塞时间更短，只有一年左右，但留下的诗篇却彪炳千秋，岑参诗中对唐军西域戎服的描写也多见于此时。如《白雪歌送武判官归京》：

北风卷地白草折，胡天八月即飞雪。

忽如一夜春风来，千树万树梨花开。

散入珠帘湿罗幕，狐裘不暖锦衾薄。

将军角弓不得控，都护铁衣冷难着。

瀚海阑干百丈冰，愁云惨淡万里凝。

中军置酒饮归客，胡琴琵琶与羌笛。

纷纷暮雪下辕门。风掣红旗冻不翻。

轮台东门送君去，去时雪满天山路。

山回路转不见君，雪上空留马行处。

诗中一方面生动地道出了西域的奇景，同时将艰苦的生活环境和唐军将士的戎装交替描写，借由"狐裘不暖"和"铁衣冷难着"突出西域风雪之酷寒，也可让我们一窥唐安西都护府部队的戎装装备状况。

4. 岑参诗中的明光铠

尽管从诗中看不出都护（即封常清）所穿的"铁衣"具体属于哪一种，但笃定不外乎从隋沿袭下来的明光铠、光要铠、锁子甲等式样（见《唐典》）。其中又数明光铠可能性最大，因为明光铠是唐朝将领和骑兵部队的主要铠甲式样。明光铠继承了裲裆铠的特点，也由前胸和后背两块甲片以及膝裙等部分组成，但两大块甲片多为整体式铁甲，较之裲裆铠前后的皮甲或小甲片防护性能强了很多。明光铠最大的特点是胸背部的甲片上有两个相对称的圆形或椭圆形的护心镜，出于防锈等原因，这两块整体护甲常摩擦得光滑，反光强烈，因而得"明光铠"之名。王维的《老将行》中有"试拂铁衣如雪色"的生动描写。明光铠这一称呼最早见于魏时曹植《先帝赐臣铠表》。南北朝时期出土的大量武士俑都身着典型的明光铠，作为一种工艺精湛的铠甲，在当时还很珍贵，只有将领才能配备。据《周书·蔡佑传》记载："佑时着明光铁铠，所向无前。敌人咸曰：'此是铁猛兽也。'皆遽避也。"可见在南北朝的战争中，这种新型铠甲体现出了巨大的技术优势。隋军中，裲裆铠和明光铠还广泛并存，到唐时随着财力的雄厚和技术水平的提高，明光铠已经一统唐军铠甲装备序列。唐明光铠系扎方法更为科学耐用，背部依然是一整片甲，但圆护多已取消，前胸铠甲由一片变为两片，保持了前胸两块大面积整体护甲对心、肺等重要器官的防护，对箭矢的防护效果尤其良好。唐明光铠的防护面积之大是前所未有的，护颈的盆领变得更大，头盔出现护耳，肩部腹部出现兽形吞口，并有双层护膊，对提高唐军战斗力的意义不言而喻。

5. 好个"将军金甲夜不脱"

岑参有一首脍炙人口的《走马川行，奉送出师西征》：

君不见走马川，雪海边，平沙莽莽黄入天。

轮台九月风夜吼，一川碎石大如斗，随风满地石乱走。

匈奴草黄马正肥，金山西见烟尘飞，汉家大将西出师。

将军金甲夜不脱，半夜军行戈相拨，风头如刀面如割。

马毛带雪汗气蒸，五花连钱旋作冰，幕中草檄砚水凝。

虏骑闻之应胆慑，料知短兵不敢接，车师西门伫献捷。

这首诗以奇峻挺拔的笔法道出了西域的地理气候，刻画出了唐军雪夜行军的果敢无畏，更为后人留下了封常清"金甲夜不脱"的生动场景。这其中的"金甲"在唐边塞诗中多次出现，最为人耳熟能详的"金甲"应该出自王昌龄的："青海长云暗雪山，孤城遥望玉门关。黄沙百战穿金甲，不破楼兰终不还。"

6. 金甲之贵与美

在歌颂金甲的著名诗篇中应包括李白《胡无人》中的"天兵照雪下玉关，虏箭如沙射金甲"，以及卢纶《塞下曲》中的"醉和金甲舞，雷鼓动山川"。这样多的著名诗人都着力描写"金甲"，可见其地位之殊，意义之重。那么，金甲的形制到底是怎样的？

金是一种呈金黄色的贵金属，在自然中的蕴藏量十分稀有，并主要以游离态存在，成吨的矿石被开采出来，却只能提炼出几克黄金，故昂贵异常，自古有高贵富丽之美。在以材质、色彩强调级别的古代军服中，以"金"为名的铠甲，位冠三军当之无愧。

纯金质地很软，而质量极大，和甲胄要求质地坚而质量轻的要求截然相反，这使得纯金不可能直接作为甲胄的制作材料，一般只通过镶金片的形式成为一种装饰，更有甚者只利用金的颜色涂于甲胄之上。从古代典籍和出土文物来看，有一个共同之处，即早期这类金色的甲胄多为高级贵族所穿。1979年山东临淄大武村西汉齐王墓即出土了一领金银饰甲，菱形的金银饰片固定在铁甲片上，生动地再现了汉武帝时期及前后——西域初开时期的王族戎装特征，也是汉时即存在"金甲"的强有力证据。在《三国演义》中，同样有"袁术身披金甲"和"孙权锦袍金甲"的描写，可见金甲并非一般人所能穿戴。

盛唐边塞诗人惯以汉比唐，且奉中华为正朔，故在他们笔下，金甲象征着唐军的正义、正统和伟大光明，不但成为唐军戎装的代名词，而且和"兜鍪""貂锦"等一样成为勇武官兵的代名词。

图3-77　古希腊科林斯式头盔　　图3-78　罗马阿蒂卡式头盔　　图3-79　注重脑后防护的罗马头盔　　图3-80　中世纪骑士大头盔

课后练习题

1. 你怎样理解服装穿着的艺术性？
2. 着装者应如何选购适合自己的服装？
3. 着装者有参加相关培训班的必要性吗？举例说明。

第四讲　服装创作的美学风格

　　风格，最早特指人的作风、风度、品格等，后来才用于艺术创作。一般指艺术创作在整体上所呈现出来的代表性特征，一个艺术家、一个流派、一个时代、一个民族，都会形成并表现出一定的风格。

　　风格的普遍存在，说明了风格的体现并不只有以上所涉及的类别。例如服装创作中的造型风格、色彩风格、纹饰风格等，就可以包含在服装创作的美学风格之内。创作中美学风格集中了服装艺术创作中的诸多素材来源和美感效应。这种分类法是根据笔者提出的人类服饰文化学的研究体系划分的，不能用其他美学风格的习惯分类法去照搬移用。

　　服装创作风格的美学研究，实际上侧重于服装创作和审美情感的进一步探讨。包括探求服饰形象的生活来源、服饰形象的历史依据、服饰形象的美学效果以及服饰形象与环境和谐中所呈现出的特有的美感等。需要说明的是，我在这里谈到的创作，偏重于创作思维，不包括服装裁剪与缝纫。

第一节　服饰形象的生活来源

　　在服装创作的美学风格章节中，我们将服装进一步向艺术品靠拢。服装的造型和色彩、纹饰需要从生活中撷取素材。那么，有哪些来源于生活的素材成为服饰形象创作中的构成基础并形成独特风格了呢？只要浏览一下人类的服装创作艺术，就会发现，自古以来与人同在一个空间生存的生物和非生物，始终被作为服饰形象的最直接、最生动的原型。人们就在模仿生物和非生物的形态美过程中，得到了越来越丰富的启示。而且这些素材对于服装创作来说，确实是取之不尽、用之不竭的源泉，同时又是各具风采、各具神态的。从生活中汲取创作素材，使服装艺术生命青春永葆。

一、模仿生物

　　在服装造型、色彩、纹饰创作中，模仿生物形态美，并不同于服装艺术创作中以此为原材料的简单行为。这是两个方面的问题，不能混淆。

人的初始服装，原是采自生物，以生物作为取材对象的。其中包含着两方面的内容：一是取材，另一就是仿生。模仿生物，是模仿其外形与神态，与生物本身没有任何接触。就好像以犀角做成配饰和银质做成兽角形头饰的区别一样。

在模仿生物的过程中，以模仿植物、动物为主，多选择一些美的形态和美的基质。于是，这些生物的美由此跃动于服装的造型、色彩和纹饰之中，从而显示出独特的韵致。

（一）造型与生物

服装造型构思中，创作者由生物之外形美姿而激发起创作灵感，进而将其美引用到服装造型之中的现象是十分普遍的，其中带有一定的规律性。

如千姿百态、生机勃勃的植物，不仅养育了人，而且还直接影响到人类的服装。可以这样说，凡有植物的地方，人们在创作服装时，无一不是从中受到过美的启迪。这是服装美学风格的第一来源。

从头上看起，有各式冠、帽、巾及头饰、发式等，如：

月桂树叶王冠　在古希腊时期，用真的月桂树叶编成的花冠，曾属于战争中的英雄、竞赛的胜利者和诗人，象征着智慧、勇敢及荣誉。后来，古罗马帝国时代前四位帝王戴的王冠，就是以金质模仿月桂树叶的形状，再行拼制而成的花环式御用王冠（图4-1）。

花冠　唐代盛行的女性头饰。以鲜花或像生花装缀而成的冠状饰，这在很多国家都出现过（图4-2、图4-3）。

花株冠　也叫"花株冠"，是中国金代皇后所戴的礼冠。冠上缀有花株、珍禽和仙女形象。

图4-1　月桂树神话题材的王冠

图4-2　宋代花冠

图4-3　戴花冠的酒神形象

图4-4　古画中的首服仙桃巾

芙蓉冠子　省称"芙蓉冠"，宫女所戴凉帽。以纱罗制成，染为红、绿二色，因帽檐宽大，形似芙蓉（荷花）叶而得名。自秦始至清末，嫔妃亦戴。

仙桃巾　中国宋代士人戴的一种巾，形状极似桃形，也被人们称为桃冠。米芾《西园雅集记》中写道："其乌帽黄道服提笔而书者为东坡先生，仙桃巾紫裘而坐观者为王晋卿。"看起来，仙桃巾造型，是雅士的雅趣所致（图4-4）。

蘑菇形发网　13世纪，欧洲妇女特别盛行一种精巧别致的发网。它将头发全部遮住，只剩下颏布带以及缩成很窄的小布帽。下颏布带及小布帽一般为白色，但前额部位的横带则为金黄色，有时也为绿色。当发网将头发罩住时，其形状近似于蘑菇。一说发网形起于对蘑菇形的模仿，一说是因网形近似蘑菇而得名。不管怎么推断，总是显示出服装造型与植物形的不可分。

麦穗头饰　14世纪在法国曾流行的一种头饰式样。一般先将头发和耳朵用发网完全遮盖住，再系额饰带将发网固定于脸的两侧。发网上装饰着许多穗状装饰物，直接取形于麦穗。

洋葱头发式　是20世纪70年代特别受年轻人喜爱的头发式样。这种发型是首先剪削成层，然后依头型向颈背梳，在肩部略张开，发梢微卷，酷似一个洋葱头。类似形态还有很多，如柿子帽花圃头饰和21世纪第二个10年的"头上长草"等（图4-5）。

身上取植物造型的主服，有各种衣、裙、裤等，如：

豆荚上衣　16世纪70年代，随着西班牙的影响不断增大，欧洲男子的紧身上衣正面部位开始膨胀起来，特别是腰围以上更加宽松肥大。这其中有一种凸起趋势有增无减的时髦上衣，曾被人们称之为豆荚上衣。

莲蓬衣　即披搭在肩上的无袖外套，中国明清时期以布帛制作，俗呼"斗篷"。

花冠裙　1947年，欧美妇女中曾流行一种花冠式裙子。裙摆宽大，像花一样。以紧身式围至腰后，再从腰以下由窄腰而逐渐散开。服装设计师克里斯玛·朵尔设计时，还采用了薄纱镶边，使裙身犹如花瓣的下摆，更加丰满。

郁金香式裙　法国设计大师创造的一种直接选取

图4-5　欧洲油画上的花圃头饰

植物形的裙体。其裙式样为腰部紧束，下摆离地37厘米，上身轮廓线呈郁金香花朵形，下部如花茎形（图4-6）。

南瓜裤　16世纪，欧洲男子的长筒袜（或紧身裤）上端突然向外膨胀，然后再于腰部收回，使大腿上部至腰这一段呈现出圆鼓鼓的南瓜形。由于突起部位通常有竖线形的刺绣或是刺绣而成的透孔，使南瓜形的裤体更接近于真实的植物。为了保持南瓜外形的不变，需要往里面填塞各种填充物，有马毛或亚麻碎屑等（图4-7）。这类模仿植物的裤形还有20世纪流行的萝卜裤等。

服装造型模仿动物，也可以先从头上看起，如：

兀鹫头饰　是古埃及王后戴的一种头饰。它以兀鹫为原形，在此基础上进行归纳概括，使之呈现装饰意味很强的兀鹫形头饰（图4-8）。相传当时遇国王外出时，国王赐予王后这种形制的头饰，以作护身符。

图4-6　欧洲郁金香式裙　　　　图4-7　西方贵族男性的南瓜裤　　　　图4-8　埃及王后戴兀鹫头饰

獬豸冠　中国古代传说中有一种兽叫獬豸。《异物志》载："荒中有兽名獬豸，性忠。见人斗则触不直者，闻人论则咋不正者。"秦以后，模仿獬豸角形为冠形，因此成为执法大臣的专用首服（图4-9）。

虎冠与鸡冠　中国古代武士所戴盔帽，自春秋时期直至近代，取威武勇猛之意。

凤冠　中国女冠中最贵重的冠，冠上饰有立体凤凰，从汉起多为皇后、贵妃礼冠，民间女性新婚时也许佩戴同名冠（图4-10、图4-11）

凤翅幞头　中国金元时期有一种幞头，两边装饰取飞禽翅膀的样子，故而得到一个美名——凤翅幞头。《元史·舆服志》上记："凤翅幞头，制如唐巾，两角上曲，而作云头，两旁覆以两金凤翅。"

蝴蝶帽　欧洲12世纪有一种高大的女帽，帽顶扁平带有褶裥饰边。其造型几乎就是一个变了形的蝴蝶。

鸭舌帽　20世纪自欧洲流行，直至亚洲，帽子前方形似鸭嘴，两层扁平状（帽檐和帽顶），中间以暗扣连接。俗称鸭舌帽（图4-12）。

羊角发式　14世纪欧洲流行过一种发式，将头发从中央分开，梳成两根大辫子，然后再将每根辫子盘成一个圆形，固定于耳边，完全是模仿公羊的盘角而来（图4-13）。

公鸡发式　20世纪80年代有一种不需要梳辫但要剃去部分头发的发式，叫作公鸡发式（图4-14）。它以留下头顶从前到后一条头发（长约4cm），而剃去两旁的头发直接暴露头皮。留下的一条头发酷似公鸡的鸡冠，与"朋克"的怪诞装扮风格有直接的关系。

图4-9　中国武士狮豸冠

图4-10　明代凤冠出土实物

图4-11　戴凤冠的中国皇后

图4-12　当代鸭舌帽

图4-13　14世纪欧洲羊角发式

图4-14　公鸡式发型

山鹊归林　中国南朝齐时东昏侯令人制作的四种奇异帽子之一，另三种分别为"兔子度坑""反缚黄离喽"（一种黄口小鸟）、"凤凰度三桥"，都与动物有关，并有情节创意。

猪尾式假发　是由戏称而得名。原本只是18世纪流行的一种假发式样。多数是用黑丝绸带在拖至颈部的假发上编织辫子，再饰以黑色蝴蝶结扎束。形状有些像猪尾，就被人嬉笑、调侃般地称呼开来（图4-15）。

老虎帽　中国民间的老虎帽、兔帽等，都是以民间艺术特有的装饰手法，夸张地塑造了动物形。老虎帽大多缝绣上两只大而黑圆的眼睛，眼睛上面有两道弯弯的好似人眉一样的眉毛。下端略呈圆弧状的正三角形小鼻子，两片红红的嘴唇，唇角处拉出数条放射状的线，自然就是被概括了的胡子。这些部位都有些人的五官模样。拟人化的额头上又很郑重地绣上一个"王"字，图案化的"王"字说不清意指老虎为百兽之王，还是填补了额头那双眉之间的空白。它是寓意性的，但更多的是装饰性的，威武已寓于艺术美之中（图4-16、图4-17）。耳朵用另外的布头做成，再缝缀在帽子的顶端，就那样竖立着，带着威风，也带着顽皮。

图4-15　欧洲猪尾巴式发型

图4-16　中国民间老虎帽

图4-17　老虎帽侧面

小白兔帽　是用两个红色的纽扣钉在帽子前方，顶上竖着两只高高、长长的夹着红布条的白布耳朵。有些兔帽也在眼睛上接近帽边的地方，缝出鼻子和三瓣嘴，再以红线拉出几道胡须。雪白的小帽上，以红扣、红布、红线勾画出一个可爱的白兔形象。工艺形象本身并不高明，但艺术性很强。

小王八帽　应急的小帽。如果抱婴幼儿出门时，天气尚好，半路上突然遇雨或遇风，而出门时并未想起给孩子戴好小帽。这时，大人就会将手绢的四角各系一个扣，平整的手绢顿时成了小屋顶，正好扣在孩子的头上（图4-18）。

图4-18　手绢扎成的小王八帽

而那四个小扣尖翘着，宛如活动的甲鱼四爪。小帽下是婴儿那充满稚气的傻乎乎的小脸，其欣喜欢快的神情，使最简练的临时小帽也熠熠生辉。中国古代还有"螺笠""兔窝""狼头帽"等，都因形似某种动物而得名。

穿戴在身上的模仿动物形的服装就更多了，如：

凤尾袍　相传五代后晋宰相穷困时常穿褴褛袍，后戏称破旧成缕的袍为凤尾袍。

燕尾服　这是盛行于18～19世纪的欧洲最著名的男子礼服。它的造型由英国骑兵服改制，其前襟短，原本是为了骑马时上下马方便。其后襟下摆加长而且开衩形如燕尾，既实用，又新颖美观。燕子那黑色的背羽和尾羽以及白肚皮的优雅身姿，是不是直接影响了欧洲绅士穿着礼服、风度翩翩的仪表与举止呢？无须直接回答，只要将其两种形象对照一起欣赏，就很容易看到人在服饰形象塑造中模仿动物的痕迹（图4-19）。

凤尾裙　因裙外有数条彩绣带垂下并呈尖角状，形似凤尾，清代时在女裙中流行。鱼鳞百褶裙在凤尾裙基础上，用交叉彩线将竖条彩带连接，走起来一闪一闪而得名。

图4-19　欧洲燕尾服

图4-20　蝙蝠衫

犊鼻衣和犊鼻裤　属无袖上衣和短裤，因似小牛鼻子而被人俗称。

斗鸡裙裤　日本江户时代末期，武士们在讲武馆里习武时穿一种和服裙裤。因为这种裙裤的上端粗、下端细，很像斗鸡的腿，人们干脆称其为"斗鸡裙裤"。

蝙蝠衫　20世纪70年代曾流行一种毛织蝙蝠衫，采取自袖口至下摆的一条略带弧形的斜线。整个衣衫穿起来只是一个宽松式，但两臂平举时，犹如蝙蝠的两翅一般（图4-20）。

服饰形象整体模仿动物的有印第安人的衣服，两臂平伸时，双臂下的成排的皮条极似飞禽的羽毛，于是，整个服饰形象就像一只凶猛的雄鹰。崇尚雄鹰的民族还有亚洲的蒙古族人，他们的摔跤服就是模仿雄鹰的形象设计制作的。摔跤的小伙子们头部或颈间扎着五颜六色的绸布条，绸布条随风飞舞，代表了雄鹰颈间的羽毛。摔跤手下装穿肥大的带膝套的绸质长裤，再将长裤装进硬质高筒皮靴之内（图4-21、图4-22）。这样，小伙子们的矫健身姿足以抵得上雄鹰。获得胜利的摔跤手，被誉为"草原之鹰"。

服饰形象局部造型模仿动物的还有中国满族服装上的马蹄袖，鞋子的马蹄底，这些都体现出人们在服装创作中惟妙惟肖的模仿手段（图4-23）。19世纪

图4-21　蒙古族摔跤服

图4-22　那达慕大会上的摔跤手

后期和20世纪60～70年代，欧洲女服中的羊腿袖也在奇特的造型中表现出对动物形体的模仿。那是一种从腕部到肘部都紧紧包牢的袖子，可是从肘部到肩部却突然鼓胀开来，然后在肩部收拢或在肩部上再打褶，样子很像是羊的后腿（图4-24）。亚洲南部一些民族有系尾饰的习惯，中国傈僳族就是以线、布等物绣扎成动物尾巴的模样，垂在自己衣服后面。

再有蝴蝶领结、鸭嘴鞋等，都是意趣横生的模仿动物的服饰造型。

图4-23　清代马蹄袖

图4-24　欧洲羊腿袖

（二）色彩与生物

服装构成因素之一——色彩，始终被人们作为模仿生物的艺术手段之一。进入20世纪末，由于人类环保意识的加强，各种植物的鲜活的色彩效果屡屡被服装创作者所引用，水果色、树皮色、苔藓色等，都表明了人们意欲寻回自然清香的心情与心态。

服装面料色彩中所谓孔雀绿、孔雀蓝、橄榄绿、青草绿、苹果绿、柠檬黄、石榴红、橘红、南瓜瓤黄、西瓜瓤红、梅红、米黄、橙黄、牙白、咖啡色、栗皮色等，都是很明显地模仿生物体的天然色彩。15世纪末和16世纪初的日本，曾流行一种猩红蓑衣。这种防雨斗篷所用的呢绒色，红似猩猩脸。于是，这种当时最高档的红色呢绒被普遍认为是模仿猩猩脸部红色而来，被人们直接称为"猩红"。

最讲艺术性的是服装创作之后，组织筹备时装表演之前的主题设计，什么绿色森林、都市田园、百花竞放等，反映出人们从生物中获取灵感，又将现实世界的生物色彩美感，以抽象的艺术手段表现出来的工艺风格。

生物的色彩千变万化，服装色模仿生物色的做法也从未间断。如果说生物的色彩在服装工艺中都能够如实地模仿，那显然有些过分。但是，作为服装艺术创作者来说，一直在摸索，希望探寻出一条服装色与生物色之间的桥梁，使植物和动物的绚丽色彩为服装工艺增添无尽的美。

服装色彩最首要考虑的，当然是与着装形象本体——灵长类动物的人的适应。人种分为黑、白、棕、黄、红，服装色彩自然要从对比、反差、和谐诸方面以人的肤色为基础进行设计、协调、组构，这也形成特有的美学风格。

（三）纹饰与生物

服装纹饰上模仿生物的例子更多，而且很多是先直接采用生物为原型，而后发挥为在纹饰中模仿生物的。服装纹饰简称就叫"花"，可见关系之密切。其组合与构图样式主要有：

单独纹饰　与四周无联系，是独立完整的纹样，是服装图案的基本单位。

适合纹饰　将一种纹样适当地组织在某一特定的形状（如方形、圆形、菱形等几何图形）范围之内，使之适合服装的装饰要求。

角隅纹饰　装饰在服装的夹角以内（如衣角）的纹样。

边缘纹饰　民间称为"花边"，装饰在衣边、领口、袖口、裤腿下缘的纹样。

平面纹饰　凡服装都有平面（如前胸、后背），均可用一方连续、四方连续手法施以纹饰。用做服装面料的织物，除单色外，都有平面纹饰。这些表现在以下方面：

莲花和纸草　是尼罗河岸两种特有的植物。埃及人非常喜欢以此为饰，早期以其形象制成扣针、金银饰等，后来将莲花和纸草作为服装纹饰的主要题材。一直延续到现在，仍为埃及民族的象征。

玫瑰花饰　古罗马时代有一种广泛使用的纹饰，以图案化的玫瑰花单独构成或呈二方连续状，用在服装的边缘上。有时，玫瑰花与涡纹组合使用，长时期流行在欧洲民间。

圆环花样　英国金雀花王朝时期，曾流行一种彼此重叠的圆环绣花花样，人们将此装饰在衣服或鞋上，受到普遍的喜爱。

东方人服装上的纹饰，更是讲求写实花卉禽兽。上至帝王，下至黎民，无论男女老少，服装上都有模仿生物的纹饰。不仅花卉纹样有不成文的规定，而且官服上绣禽绣兽（中国文官用飞禽、武官用走兽做成单独纹饰，以别等级），都是皇家规矩，不得有半分逾越（图4-25～图4-28）。

日本江户时代，大名以上的武士家中的妇女，夏天穿礼服，地位高的人服装整体都染上花纹，而地位低的人则在腰部以下也染上花纹，于是礼服就被称为"染花礼服"。其纹饰起初为流水或山水，后来发展为松、竹、鹤等带有吉祥含义的生物纹饰了（图4-29、图4-30）。

造型、色彩、纹饰同在模仿生物，其方法各异。造型是形象性的，色彩是象征性的，纹饰则是写真性的，它们从不同角度丰富了服装的美学风格。

图4-25 "福寿三多"图案

图4-26 "金玉富贵"图案

图4-27 "凤戏牡丹"图案

图4-28 "鸳鸯戏水"图案

图4-29 日本儿童和服图案

图4-30 日本成年人和服图案

二、模仿非生物

服装模仿非生物的表现，说明了人们在服装创作中不拘一格地吸收服装之外其他物质的创作态度，赋予了服装美学风格的广博和丰厚的艺术基础。

所谓非生物，按本书上所谈的生物为界限的话，那么，主要是动物和植物之外的物质，包括天体、大地、高山、流水，直至身边食物、器物，如塔糖、蜂巢、丸药盒等，应有尽有，都被人借用来作为服装造型、色彩、纹饰的模仿对象。这样一来，有的服装增加了崇高、深远之意，有的服装平添了诙谐和亲切之情。谁都可以想象到，当人们用天蓝、藤黄、石绿等五颜六色点染服装时，内心多么愉悦，感到与大自然多么贴近；或者戴着山形帽、圆柱形头饰，穿着气球裙、陀螺裙等模仿各种造型的服装时，又感到多么富有生活情趣（图4-31）。这也就因为在其原型上概括、提炼而具备了多样的美学风格。

图4-31　时尚气球裙

（一）造型与非生物

如果仍像上一节那样从头上来看的话，就有数不清的巾、冠、帽、头饰以及发式，如：

圆屋顶帽　古丹麦时代男子戴的一种盖头帽。帽口为正圆形，帽顶则呈屋顶状。这种帽子是由16层毡条一圈圈缝制而成，最后在帽口处再加一层毛毡布条，使其起到结实耐磨的作用。

圆饼形头饰　欧洲中世纪宗教战争期间所戴的一种呈圆饼形状的头饰（图4-32）。这种头饰在当时主要用于遮蔽阳光、风沙、雨雪及保护头部和眼睛。

丸药盒帽　13世纪妇女们戴的一种布制小圆帽。顶部略呈凹槽状，帽顶则凸起。也有的帽檐高于帽顶。整个外形极似当时装丸药的蜡盒，因此得名。

圆柱形头饰　14世纪欧洲贵族妇女间流行的一种呈柱状的头饰。这种头饰先用发网将头发罩固，再用束发带系于脸的两侧。带

图4-32　欧洲中世纪圆饼形头饰

子镶嵌着珠宝、金银等贵重饰品，一般与面纱配合使用。

袜帽　袜子属于服装范围之中，但是这种袜状帽形并非袜子，因而独具特色。15世纪，欧洲一些地区的劳动者在做工时常戴一种形状很像袜子的帽子。这种帽子一般由具有弹性的毛织物做成，由于帽子的顶端很长，所以可以将罩住头部之后其他余下的部分垂挂在背部。有时顶端可以系上一个带穗的绒球作为装饰。天冷的时候，垂挂在背部的帽子顶还可以绕在脖子上做围巾使用。

古代中国模仿非生物的首服造型有：

高山冠　中国人讲究"峨冠博带"。峨，即崇山峻岭的外貌形容词。高山冠是战国至汉代的一种冠形。原为齐国国君所戴。秦灭齐国后，将这种造型的冠赐给近臣。汉代沿用此冠式。《后汉书·舆服志》记："高山冠，一曰侧注，制如通天，顶不邪（斜）却，直竖，无山述展筒。中外官、谒者、仆射所服。"

卷云冠　元代蒙古族男子夏季所戴的一种冠。《元史·舆服志》载："夏之服凡十有五等，……服速不都纳石失则冠珠子卷云冠。"形似卷云瞬间的形，一贯的气。

钹笠　蒙古族凉帽。以竹篾、细藤编成。形似中国打击乐器——钹（图4-33）。

瓦楞帽　中国金元时代流行，至明代专用于士庶。造型如建筑顶部的瓦楞状（图4-34）。

主服中也有各种模仿非生物的服装造型，如：

鼓形裙　16世纪末至18世纪在欧洲十分时髦的一种裙子式样。这种式样通常是由缎带将金属丝、鲸鱼须等穿连成鼓的形状，以起到支撑罩裙的作用（图4-35）。裙撑的一端固定在裙子上，另一端则固定在腰部。裙子上常常装饰着皱褶。

喇叭裤　20世纪70年代风靡世界的一种裤形。裤子臀部及大腿部剪裁合体、贴身，但裤身自膝盖以下逐渐张开，裤脚肥大，呈喇叭形（图4-36）。

图4-33　元代钹笠

图4-34　元代瓦楞帽

图4-35　16~18世纪鼓形裙

气球式服装　1977年，日本著名服装设计师高田贤三在巴黎秋冬季时装展览会上推出的一种衣身膨胀、衣摆收缩、衣长较短，外形酷似气球状的肥大的连衣裙。

足服中更有模仿非生物的造型，如：

笏头履　也被称为高墙履，都指鞋头翘起的造型而言。其形似官员上朝时手持的笏板，又犹如墙类遮挡物。鞋头基本上是高竖起的一个长方形，长方形上端略呈弧线（图4-37）。

重台履　鞋头高高竖起，可是较之笏头履长方形又高出了一个略小的长方形，因此得名重台。

云头履、云头鞋　鞋头翘起部分做成云头形状的鞋履。《元史·舆服志》载："云头靴，制以皮。帮嵌云朵，头作云象，翰吏于胫。"早在唐诗中，也曾有王涯的"云头踏殿鞋"诗句。

琴鞋　履头高翘，底部纳线齐如琴弦，也叫琴面鞋。

弓鞋　中国缠足妇女所穿的鞋形，鞋帮与鞋底的分界线，即从鞋正侧面看呈弓形（图4-38）。

花盆鞋　实际上是花盆底鞋。鞋底较高，约在3～6cm左右，早期为船形，也曾被称为船底鞋。后增高至10cm以上，鞋底为上下粗、中间细，形状与花盆很相似。因为这种鞋原为满族上层妇女穿用，因此也被称为旗鞋。花盆底以木为之，再用白细布将鞋跟整个包裹起来，然后施以刺绣（图4-39）。

匕首跟女鞋　1951年在意大利开始流行的一种著名的鞋跟式样。其特点是高而窄，鞋跟的外形极似匕首。

酒盅跟鞋　是20世纪90年代流行的女鞋，其他如榔头鞋等也是新鞋式（图4-40）。21世纪初，女性又从松糕鞋过渡到铲形鞋。

图4-36　现代喇叭裤

图4-37　古代笏头履

图4-38　清代弓鞋

图4-39　清代花盆鞋

图4-40　现代酒盅跟凉鞋

除此之外，还有因服装或发式像一些生物类物质或非生物类物质的，但这些物质的名字并不雅观，因此，形成了"戏称"。如：

母鸡笼式裙　自18世纪中期以后，法国妇女中广泛流行的一种女裙式样。这种裙子通常由鲸骨、藤条或金属丝制成的裙环所支撑，裙形庞大，占据相当大的空间。有的裙子底边最宽处达到5～6m，所以行动起来很不方便。因为其外形类似法国饲养家禽的笼子，因而被戏称为母鸡笼裙。中国也有"笼裙"，但不是戏称，确实造型像桶和笼类物件，隋唐流行至今。

（二）色彩与非生物

服装色彩自古以来就在广泛地模仿。除了植物和动物之外，天地山水，金银铜铁，哪个不可以让它在服装色中得到再现？

中国古代帝王冕服创造之始，就以"未明之天"的黑色作为上衣颜色，同时以"黄昏之地"的暗红色（纁）作为下裳的颜色。

图4-41　网络时代的时装（之一）

山之青，水之绿，天之蓝，地之黄，历来就被人们注入感情和心理趋向，运用到服装色中，使大自然的韵味隐现在服装之上。自从人类进入到机械时代以后，人与金属的亲缘关系在不断拉近。特别是进入到电子时代、激光时代和网络时代以来，过去不曾存在的航空航天机械闯入了人们的服装美学风格之中。儿童动画片中科幻式的影视艺术，诸如"变形金刚""机器人""霹雳战士"等不仅成为孩子童话世界中的可爱的形象，而且也潜移默化地给成年人创造了一个个不知是现实还是虚幻的服装新形象。那些"太空人"穿的金属色的钢铁服装，不知不觉中成为人们服装创作中模仿的对象。于是，各种高级灰成为服装中代表现代气派的典型色彩。模仿不锈钢，模仿轻铝、氧化铝的服色大规模发展，使服装色彩模仿非生物的尝试一步步获得成功，并大幅度向前推进。

21世纪以来，金属装流行潮频繁出现，因而服装中的金属色彩也变得丰富多彩，不再拘泥于真实金属。尤其是3D打印出的服装，更具有现代科技非生物的韵味（图4-41、图4-42）。

图4-42　网络时代的时装（之二）

（三）纹饰与非生物

服装纹饰中以非生物作为模仿对象的例子，更是无法以数字来计算。单说中国明清富有吉祥寓意的图案中，就有花瓶、龙船、铜鼎、玉磬、古琴、围棋、线装书、卷轴画、山石、金钱、银锭、灯笼、金印、太阳、海水、绣球、竹笙、风筝、元宝、八宝绦子、玉璧、铜镜、香炉、祥云、如意。还有八仙（道教）的八种法器：扇、葫芦、长箫、檀板、宝剑、花篮、渔鼓、笊篱；八吉祥（佛教）：轮、伞、盖、罐等（八吉祥中应包括的荷花、海螺、金鱼等因属生物，故未在这里列出）。这些都被大量地应用在服装上，以绣、绘、补等形式出现（图4-43~图4-46）。

图4-43 中国吉祥图案"和合如意"

图4-44 中国吉祥图案"暗八仙"

图4-45 佛教"八吉祥"图案

在人类的视野中，存在着难以数计的实用物质。这些物质，有的是天地造化而成，带着天然的神韵，亦可称为自然美；有的是经过社会筛选、创造而来，带着人工的痕迹，也可以算是社会美；但是，人们并未满足单独地欣赏和应用，于是又将它们吸收到服装美学中来。这应该说是服装创作中的美学风格。这种美虽说是部分源于模仿其他物质，但这种模仿本身不是机械的，而是有目的的选取和有意识的创作，使各种物质原有的美又在服装艺术中得到升华，而且随着时

图4-46 中国"同偕到老"图案

代而变异。如穿"火箭鞋"、戴"船形帽"，即是那一个特定时代的产物（图4-47）。21世纪以后的机器人、变形金刚、汽车、火箭、飞机乃至所有工业化、智能化的物件都可以成为服装纹饰（图4-48）。

集众长为我所用，也许就是服装创作者自觉或不自觉的一种艺术创作心态吧。

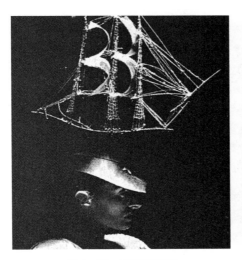

图4-47 欧洲船形帽

图4-48 铠甲时装

三、因名人、大事而成型定名

服装美学风格的形成，是否完全可以概括为是对生物和非生物的模仿与吸取呢？当然不是。服装中的一些造型成为特定形式，还有一个原因，就是因某名人或某大事件而成型并因此得名。一般来讲，因为哪一位有影响的知名者率先穿起，或者是因为某一事件促成或发起一种款式和色彩、纹饰。这种看起来极自然的成因与结果，恰恰为服装美学风格增添了新的构成因素。

名人、大事引发的着装现象，是社会学内容；追随名人，迎合大事的着装心态，是心理学内容；而已经形成的服装美学风格中，无论造型、色彩还是纹饰侧重哪一方面的风格形成中有名人、大事因素，都是服装美学中需要探讨的。

从服装的特定称谓中可以看到，名人、大事对服装美学风格的影响是各种各样的，但是最后总以某种服装成型和定名而宣告结束。

中山装　中国近代服装史中的中山装，是一个有代表性的例子。推翻帝制建立中华民国的卓越领导人孙中山，生前喜欢日本制服，后来又嘱咐为他做衣的裁缝在日本制服上做些更改。数次变异中，加入了一些清代的外翻领（原为假领）式，当然最初是出于孙中山先生的个人爱好。在他逝世以后，他的拥护者们凡遇国民党大典，就要穿上先生生前喜欢穿的服装款式，因此将其定名为中山装。

正式定型的中山装胸前有四个明口袋，口袋盖为笔架形，口袋造型则均为胖裥。胸前有五个扣子（最早为九个，后改为五个），袖口三个扣子。整体造型呈现出鲜明的东方风格。尽管其款式是从日本，日本又是从西欧辗转学来的，但是其严谨、内向、规整的美学风格，还是带着浓浓的东方艺术的气韵。这就是中国人，更确切地说是中国领袖和平民合作的服装款式，因名人爱穿而定型并得名，由此中山装也成为中国服装史的骄傲和中国民族服装的典型（图4-49）。

图4-49　中国中山装

这一类服装很多，如：

艾森豪威尔夹克　这是第二次世界大战以来美国陆军穿用的一种制服。衣长至腰、衣前面开拉锁、口袋多、紧袖口和紧腰身。因在第二次世界大战期间，欧美联军总司令、美国五星上将艾森豪威尔喜穿而得名。

威灵顿靴　亦称拿破仑靴。19世纪早期在英国军队中流行一种方头、低跟的黑色软底高筒靴。这种靴子通常在膝盖处加有一块方形的弯曲状皮护膝，主要是在骑马时穿。靴子的式样和名称源于英国威灵顿伯爵。另外，由于拿破仑也曾经常穿用这种式样的靴子，因此有人亦称其为"拿破仑靴"。

方坦基式头饰　17世纪流行的一种头饰。白色亚麻布帽子的前面装饰着一层层的皱褶、花边和缎带等饰物。相传，这种头饰是由法国路易十四的情妇方坦基夫人所创造，所以被称为"方坦基式"头饰。

韩君轻格　中国五代时期顾闳中曾画《韩熙载夜宴图》，其中韩熙载所戴的帽子据说由本人所造，因其为五代名士，后被称"韩君轻格"或"韩氏轻纱帽"形状高耸（图4-50）。

东坡巾　亦名乌角巾，起源于中国五代时期，但宋代文人苏东坡喜欢戴这种巾，因此得名。巾分为内、外两层，内层为四面方形，较高，前后左右有角。外层围护内层，比内层略低，前面正中开口。总的工艺风格是内层桶高，外层檐短。宋代时文人雅士都喜爱这种巾，明代时依然流行（图4-51）。

樊哙冠　汉代的一种冠，延至南北朝，殿门司

图4-50　五代韩君轻格

图4-51　宋《十八学士图》中文人首服

马卫士仍戴用。形状为高七寸，广九寸，前后各出四寸。《后汉书·舆服志》中记载是由汉将樊哙所造。

布朗腰带　亦称布朗剑带。20世纪初美国军队流行的一种腰带。它是一条从右肩斜穿进来的狭窄皮带，因由英国将军布朗首创而得名。

谢公屐相传是中国南朝宋时文人谢灵运所创，专用来登山。李白诗中有"脚著谢公屐"之句。

另外还有阿尔多瓦大衣（因法国路易十六的弟弟阿尔多瓦喜欢穿用而得名）、阿拉列式服（因法国女王玛丽·安唐妮特最喜欢这种式样而得名）等，说明了服装美学风格形成的又一因素是不容忽视的。

艺术家和艺员的活动，主要以形象的美反映生活，因而他（她）的服装往往成了人的特殊标志。嘉勃尔在《乱世佳人》中的小胡子，曾使一代妇女倾倒，欧美男人也受熏染留下了"嘉勃尔胡"。山口百惠在日本电视剧中所扮女主人公的上衣，也曾被人们称为"幸子衫"而风行一时。这是轰动效应加光环效应合力的结果，例子实在太多太多了。

大事，包括战争、运动会等也可促成服装美学风格的形成与演变。其中最典型的要数欧洲的中世纪宗教战争。远征中，部队有必要规定出某种标志，以区别战争中敌我双方。另外，欧洲的官兵都喜欢佩戴挂在腰带上的小荷包。这些影响到民间从而构成配饰品的基本造型和佩戴方法。尤其是圆饼形装饰的头冠以及精美的纺织面料、宝石珍珠、刺绣纹饰和服饰造型在民众中引起了很大的影响，以致风行多时。这些不能不说是因大事而促成服饰风格的建立。

1949年10月1日，中华人民共和国成立。中国人民解放军的服装成为民众崇尚的款式和色彩。人们将解放军战士戴的圆顶有前檐帽称为"解放帽"，将深色布胶鞋称为"解放鞋"，一直延续数十年（图4-52、图4-53）。

1991年，在中国的安徽一带洪水泛滥，造成很大损失，一时各地同胞纷纷捐款捐物，以示慰问。前往抗洪第一线的人员都穿上印有红色大字"风雨同舟"的汗衫。结果，一场洪水，使"风雨同舟"衫得以在大部分地区流行。再有运动会在某地举行，使这一区域内的服装式样极易偏重运动装型，纹饰也极易大量出现与运动项目有关的题材。虽说大事引起服装风格演变多为昙花一现，但绝不能疏漏这一形成原因。

服装艺术，是与生活密不可分的。生活中的物与人，成为服饰形象的来源。无论是凝固还是流动的，无论是不呼吸还是有生命的，当它们一旦成为服装艺术构成的一部分，便立即活跃并闪出奇异的光芒（图4-54）。

图4-52　解放帽

图4-53　中国人民解放军服饰形象

图4-54　洛可可时期的"轮船形"头饰

第二节　服饰形象的艺术依据

服装本身是艺术品，着装本身是艺术创造。因此，它与其他艺术品类的互相汲取、互相促进是符合艺术规律的。服装从其他艺术直接移植造型、色彩和纹饰的美学风格特征或间接选取其他艺术中的偶然效果，都是极为正常的。建筑风格可以导致服装风格的明显改变，绘画作品中的服装也可以构成服装风格的形成，音乐的流行趋势也可能引起服装风格的大幅度变异。这里可以清楚地看到，服装的美学风格不是孤立地存在着，它始终在与其他姐妹艺术的交流中充实自己，超越自己，不断变幻出新的风格、新的风貌。

服装美学（第3版）

一、建筑

建筑是主体的艺术，服装也是。尽管从体量上看，两者难以相提并论，从质料和功能上看也毫无相同之处，但服装与建筑还是有很多共同点的。仅从立体一点来看，它们就显然与绘画有别。服装直接移植建筑风格的例子自古有之（图4-55～图4-57）。下面可列举几个有代表性的。

哥特风格　这是指12世纪以来，在西方艺术风格的形成中举足轻重的建筑风格。但是，它那以尖顶拱券和以垂直线为主，高耸、轻盈、富丽、精巧等特点所构成的风格直接影响了服装的风格。这个时期妇女穿一种名叫柯达迪的紧身长裙。袖子窄而长，袖侧开缝，袖子整体从双肩到前臂都特别适体，有的还钉满了小纽扣。当然，根据法国萨巴王后的雕像外观，我们可以推断12世纪王室贵妇服装也有宽大衣袖的。可是，无论其局部如何处理，服饰形象整体都塑造出竖直、挺拔的形象。各式女服在外形直观上格外强调服装面料的竖直线条和悬垂感，并在衣服上装饰着精致的花边。为了显得像教堂建筑那样高耸的艺术效果，妇女们还在锥形帽上垂挂着面纱和长长的飘带。男子服装也在以骑士甲胄和外衣为主服的同时，留尖胡须，戴尖形头巾和穿长而尖的鞋等。尤其是男子穿的紧身裤常出现两条裤腿分别用两种不同颜色的现象，这与哥特式建筑中不对称地使用色彩的

图4-55　建筑风格服装（之一）

图4-56　建筑风格服装
（之二）

图4-57　建筑风格服装
（之三）

手法极为相似。面料上出现凹凸很大的褶皱，使服饰形象的主体感明显增强，好似一座座软质建筑（图4-58）。

巴洛克风格　17世纪建筑艺术的巴洛克风格，突出表现为色彩绚丽、线条多变、气势磅礴、富丽堂皇。而当时欧洲的服装也形成了活跃、轻快、装饰性强或豪华、富丽的风格。例如在女服中出现了较多的宽翻领，垂于肩部并饰以花边。上衣出现方形袒领，并将腰围紧束于胸部以下。男服基本上都使用翻领，骑士装式样的翻领较为繁复，并讲究缎带和假发。这时期的服装用纺织品有天鹅绒、麦斯林，各种锦缎、金银线织物以及亚麻等，还有各种皮革和毛皮。纹饰图案除了用在服装面料上以外，还用在刺绣和花边之中，其中各种花卉和果实组合而成的"石榴纹"图案非常盛行。线条多为曲线，色彩富于光和影的变化，图案中形象大都丰满，整体气氛豪放（图4-59）。

洛可可风格　18世纪欧洲建筑风格，轻快柔美、秀气玲珑、活泼热烈，但不免有些矫揉造作。表现在服装上，无论男女老少、上下尊卑都普遍使用精美的花边、褶皱和缎带。这种服装风格体现在女服上时，腰以上紧贴身体，领口开得较低，常饰以褶状花边，有些是以缎带收紧再打成蝴蝶结。腰以下的裙身，有的是后背部宽松直拖地面；有的则是形如农妇手中的元宝篮子一样的裙撑，夸张女性的臀部，特别是两胯。男服出现明显的女性化趋势，讲究穿花纹皱领的紧身衣，用钻石装饰的鞋、以羽毛装饰的帽等。洛可可风格的服装面料，主要是柔软轻薄，如丝绸中的方格塔夫、银条塔夫等；棉织物中的花布；麻织物中的上等细麻布和条格麻纱。此外，凹凸天鹅绒仍用来做男女服装。纹饰中除了条格纹、花卉纹、云纹、庭园风景、动物和人物以外，还有中国的龙、宝塔、冰纹、八宝、落花流水等，这些都已经成为符合欧洲人审美趣味的图案形象了（图4-60）。

图4-58　哥特风格服装　　　图4-59　巴洛克风格服装　　　图4-60　洛可可风格服装

以上这三种，是在世界上影响比较大的建筑风格。其他民族的建筑和当地人民的服装造型、色彩、纹样也常常趋于一致。例如东方维吾尔族尖而半圆形的屋顶、门窗上拱，无疑在外观上与维吾尔族人的小花帽相近似，而且都处于物体或人体的顶端。这一点，只要稍加注意，就可以找到很多资料。

南亚的缅甸、泰国、斯里兰卡等国信仰佛教，其服装色彩中多用金黄色，帽子的造型简直就活脱脱像一个宝塔的顶子，这些都是由僧侣使用的钵（覆钵）演化而来（图4-61）。中国境内的傣族妇女，头上高髻，以小梳子为头饰。纵观傣族女性的发髻与饰件造型，依稀见得到当地竹楼的身影，都是杆栏式建筑的化身。北方的蒙古族、裕固族、满族等游牧民族，过去常年居住的可移动居室，就是帐篷，有时被通称为"蒙古包"（实际是古匈奴人由对天的崇拜而形成的天穹式屋顶的呈现）。看完那些散落地支架在草地上的一座座帐篷以后，再看他们的帽子，他们的衣裙以及上面的花边、纹饰，就好像将一个缩小了的帐篷戴在头上，或是移植到身上一样（图4-62）。笔者有这种感受和联想是在青少年时，后来经过专业性比较分析，发现原来的直觉感受和联想是对的，因为后来广泛的例子在一步步证实这种服装移植建筑风格的现象普遍存在着。

如果换一个角度，是不是也可以说建筑风格是由服装风格转移而来呢？这样的说法一般来说不能成立。因为就艺术创作而言，人们习惯是将大的形体缩小，如将真山真水缩成立体的园林或平面的绘画。即使室外大型雕塑上的人物、动物等形体放大，也要掌握在人们视觉中仍然感觉和真实形体相差不多或略小的程度。因为大的形体缩小后，会比原来的形象显得精致，而小形体以真实手法放大，则会显得粗糙、简陋。现代建筑中有些模仿大门（巴黎拉德方斯大拱门）、水果（巴黎街头售货亭）、人面（东京私人住宅）、莲花（印度巴赫伊莲花教堂）、菠萝（澳大利亚菠萝园建筑）等物体形象。这些属于在原形体上放大，但这些是材质差异悬殊，对建筑形象的大胆构想结果，也早已不是原物体的面貌了。因此说，有人将阿拉伯圆屋顶建筑说成是帽式屋顶，实际上是姐妹艺术中再度反弹的现象所致。

或许有人认为帽子比建筑早，这也是个误

图4-61　泰国宝塔帽子

图4-62　蒙古族帽

图4-63　建筑与服装的艺术
体现

会。帽子出现并不早。埃及第一王朝的王冠和中国辛店彩陶上的斗笠也就在距今五千多年以前，而那时的半卧地建筑早已存在了。况且，服装风格瞬息万变，建筑风格却相对稳定。建筑还未来得及模仿服装时，服装风格又已经转向了。可是在建筑成型并已形成风格的一段较长时间里，足可以对服装造成影响。服装可以在建筑风格的基础上变幻出无穷无尽的花样，形成一种总体风格中的诸多造型、色彩、纹饰风格。不过，有一点应该承认，建筑也好，服装也好，都是早期民族对自然物，特别是对天的崇拜的曲折反映。这种原始崇拜被各族人民世代传承并加以演变，因此再经物化后，使得不只是建筑与服装，即使是其他的文化载体上，也极易保持风格的一致（图4-63）。

二、雕塑

文艺复兴运动深刻地影响了整个西方的社会与文化。文艺复兴起因之一，就是在古希腊废墟中发现了公元前5世纪的大理石雕像。文艺复兴的核心思想是人文主义。人文主义这个专用名词源出文学，最初是指攻读基督教以前的希腊和罗马的文学和哲学，后来，词义扩大到包括研究人类的本性和人类在宇宙中的地位。

古希腊和罗马雕刻中的人像，有着健美的形体、优雅的风度和潇洒的衣着。它直接影响了服装的造型与风格：男子衣服的腰身长而细小，像胡蜂一样，正面呈曲线边缘；肩部鼓起，高领并饰以褶带；有的领口也相当低矮，领口抽成褶皱，并以刺绣图案加以点缀。女子则穿紧身束衣，有一种具有代表性的长衣，衣体腰围偏上，不系腰带；较宽的鸡心领口部位露出贴身的三角胸衣，与衣体缝合一起的两只衣袖的开衩更为明显；腰围以下部分宽松肥大，直落脚面。总之，这一时期的服装

图4-64　希腊女子雕像

式样也像希腊、罗马的大理石雕像一样，强调人体的曲线、人肌肤的美质和人本身内在力量向外扩展的动态与美感（图4-64）。

时至今日，抽象雕塑对服装设计师的创作构思也给予有意启示，难怪人们称服装为软雕塑。而我更感到，服饰形象整体正是可以移动的雕塑。从三维空间这一特

点来看，服装与雕塑也和服装与建筑的关系一样，有许多互通之处。

雕塑家在谈到雕塑的性质时说："雕塑实质上是占有一个空间，用凹陷和体量、丰满和空虚来构造一个物体，即用这类对立因素相互之间的交换、对比和坚定而相互补充的紧张感来构造一个物体，而在最后获得的形式中，则必须表现出这些因素相互之间的平衡。……雕塑在参与人类生活的瞬间，有它的位置。……雕塑占有整个三维空间，使雕塑的每一面都同等重要。这也许是建筑学上的一种新的同化作用。"（摘自法国美术杂志《20世纪》昂利·洛朗斯的文章，1952年1月）雕塑家只强调了雕塑与建筑的艺术上的同一性，而在衣服与配饰上看到的，则是以软材料和部分硬材料以不同于雕塑与建筑的构成方法而塑造出的可以移动的彩色雕塑。虽然每个着装者并不注

图4-65　罗马男子雕像

意，但立面装饰性与光线照射下的视觉差异，在雕塑与服装上都同样被重视。

由于这三类艺术的特点有其一致的基础，所以，雕塑风格以不具体的方式影响服装美学风格是极自然的。反过来说，雕塑在记录服装发展和传播服装信息上还有着相当重要的作用（图4-65）。

三、绘画

一些服装的成型与定名，竟是因为受绘画作品中服饰形象的影响。也就是说，当人们认为某位画家在画布上表现的人物着装真是太美了的时候，就会兴致勃勃地将画布上那虚幻的服饰形象变成现实的服饰形象，将画框里平面的艺术变成立体的艺术品。结果，许多画家有意无意之间充当了服装设计师的角色，这有许多实例。

吉奥蒂诺服　是14世纪意大利流行的一种服装。它领口宽大、袒肩、两袖有许多扣紧了的纽扣。衣服的边缘装饰着华丽的刺绣图案，腰带精美而偏向下坠。这种服装就是因为经常出现在当时著名的艺术大师吉奥蒂诺的绘画作品之中而影响了服装的美学风格。历史的平面绘画竟影响了后世的服装造型。

华托裙　是18世纪初期欧洲最时髦的系列女装。其基本特征是腰以上紧贴身体，领口较低并常饰以褶皱花边，前面用缎带收紧，后背宽大、松弛，打着很宽的褶纹直曳至地（图4-66）。这种服式所体现的总体风格是洛可可式，但具体款式就因为经常出现在著名画家华托的作品之中，因而风行一时。

蒙德里安式样　当代法国时装设计大师伊夫·圣·洛朗在1966年创造过一种无领无袖的连衣裙。这种服装上有着鲜明、简练的图案，色彩格外纯净、醒目。它之

所以得名为蒙德里安式样，就是因为其美学风格来源于荷兰抽象派画家蒙德里安的绘画风格（图4-67、图4-68）。

另外，在绘画界被称为"野兽派"的马蒂斯，曾被很多服装设计师引用其名和画中人物来作为设计主题。艺术大师毕加索从西非雕刻吸取营养，创造的立体派绘画和雕塑，更导致了正方形羊毛背心和矩形短裙套装的设计构思。在1979～1980年秋冬时装发布会上，服装设计师索性推出了"毕加索云纹晚服"。裙腰以下大胆地运用绿、黄、蓝、紫、黑等对比强烈的缎子料，并使其在大红底布上再镶纳，构成多变的涡形"云纹"（图4-69、图4-70）。

服装设计中的新风格、新形式，很多都是从绘画作品中得到有益的启示。

图4-66　华托裙

图4-67　蒙德里安式裙正面

图4-68　蒙德里安式裙背面

图4-69　时装上的毕加索画作

图4-70　毕加索名画穿上身

四、音乐

音乐是听觉艺术，它也会成为服饰形象创作中的艺术依据吗？事实证明，它会对服装风格造成影响，只是较之建筑和雕塑、绘画来说，显得要间接、含蓄得多。

音乐艺术的最主要特征是通过流动的、有组织的乐音——旋律、节奏、和声、对位配器为手段，去表现人类最深层的情感和心理活动的一门抽象的艺术。

表面上看，音乐是时间的艺术，它以声音为材质构成一定的音乐形象，表现人的审美感受。而服装是空间的艺术，它以纺织品和金属玉石等为材质构成一定的可视的服饰形象，既表现人的审美感受，也满足人的生理需求。可是，音乐对服装确实有着重要的影响。

音乐利用特定的音响变化与特定情感起伏的复杂对应关系，间接和曲折地反映社会生活与人的思想情感变化的关系，通过调动欣赏者的审美感受能力，运用联想和想象而在人的内心唤起一定的情感意象。正因为这样，中国香港地区的声乐演员张明敏在演唱《我的中国心》时，总是穿上西装或中山服，以体现"洋装虽然穿在身"。他自己感受一致，听众兼观众也感受一致。假如他在演唱《我的中国心》时，穿着金光闪闪的通俗歌曲演唱者的服装，又会怎样呢？就连中国香港地区的歌星"四大天王"张学友、郭富城等人的服装选择，也是在唱民歌时穿戴上民族服装。

这一节并不是专讲音乐对于从事音乐的人服装的影响，而是说，一个时期的音乐风格，在相当大的范围内和相当大的程度上，潜移默化地影响着服装设计者和着装者的创作构思。当今青年人留披肩发，特别是男性梳"马尾式"或一条粗辫，不能不说是将摇滚乐手的发式作为自己创作发式的依据。由于青年人追随歌星的狂热，更会在其歌声、乐声的感染下，穿戴那些歌星常着的服装，或是选择那些与流行歌曲风格一致的服装来塑造自我形象。21世纪初，一股由韩国音乐和韩国歌星引发起来的"韩流"袭击了中国内地。年轻人将头发染黄，穿宽松T恤、肥腿裤，将裤的膝部撕成洞，并且在背包或前襟上缀上无数枚旅游纪念章，一时狂热不已。此波未平，又陆续掀起追别国歌星的热潮。青少年中顿时出现"哈韩族""哈日族""哈拉丁族"等追星族，而这些人的明星标志，就是反映在"音乐迷"和"着装秀"上。应该看到，音乐中存在着艺术语言，服装中也存在着艺术语言（图4-71、图4-72）。语言是可以互通的。

图4-71　与时尚音乐同步的街头流行服装

五、戏剧、舞蹈、影视剧

图4-72　与综合艺术流行相关的
街头服装

这三者都是表演艺术。表演者，特别是演技高超，造成轰动效应的演员和某一剧种中独有的装饰形式，极易成为创作服装形象时的艺术依据。

脸谱装，脸谱是一种面具艺术，其实就是人的面部化妆。它一般是用写实和象征互相结合的夸张手法，鲜明地表现某些人物的面貌特征。以图案化的脸谱揭示出人物的类型、性格、品质、年龄等综合特征。脸谱是在与面具、涂面两种化妆方法长期并存、互相影响并经过从简单、稚拙到精美、多样的漫长的发展过程逐渐形成的。谁会想到，在现代中国时装表演中，频频出现以脸谱图案作为服装纹饰图案，而成为新潮款式和纹饰主题（图4-73）。它仍然能够看出是戏剧脸谱，但其目的已不在人物性格的刻画，而只是在服装上单纯取其装饰性了。

舞蹈是综合性的艺术。如果我们从传统交谊舞和现代"交谊舞"这一个窗口去观察的话，就会发现舞台之下的各品目舞蹈对服装要求也不尽相同。在这些属于社交舞蹈范畴之内，以自娱性质为主的舞蹈中，服装被严格限定，同时服装美学风格也受到较强的影响。如今国际上流行的传统交谊舞，早年为欧洲宫廷和上层社会舞蹈，源于高层人士的社交礼仪。20世纪70年代风靡世界的现代交谊舞"先驱"迪

图4-73　现代脸谱主题服装设计

斯科，其音乐和舞蹈都来自非洲和拉丁美洲的民间舞蹈，最初流行于美洲小城镇的黑人青年中间，后传入法国，又从法国传入美国纽约，进而流行欧亚（图4-74、图4-75）。

由于各种舞蹈的主调不同，势必决定了与之谐调的服装。严格地说，布鲁斯（慢四步）、狐步舞（快四步）、华尔兹（三步舞，也称圆舞）、探戈、伦巴、吉特巴等，都要求有不同的服装与之对应。尤其是女服。但是当那减少旋律和抒情性，加强连击节拍，低音部分有强烈催促感的迪斯科舞曲响起时，如果舞蹈者仍旧穿着探戈、华尔兹的舞裙，是难以与之相和谐的。因此，那些全身大幅度前后左右不断用力扭摆、旋转、下蹲和跳跃，双臂向各个方向极度伸张，头部也随之颠颤的舞蹈者，必须穿上宽松的毛衣或夹克，再穿上富有弹性的紧身裤以及运动式旅游鞋。长裙与高跟鞋不属于迪斯科。如此这般的舞蹈，创造了迥然有异的气氛，随之自然影响了服装的美学风格。20世纪70年代，迪斯科时装正式进入人们的日常生活。美国服装设计师斯蒂芬·伯罗斯、贝齐·约翰逊和诺尔马·卡马利推出的服装，包括紧身衣、T恤衫、短裤、弹力裤等，面料选用了棉布、灯芯绒、粗斜纹棉布、小山羊皮和天鹅绒。同时，令人眼花缭乱的金属饰件和水晶、金属小圆片、具有热带风格的印花图案、仿蛇皮效果以及色彩艳丽的短裙也应运而生。

另外，布鲁斯、霹雳舞和未经大范围流传的民族舞，因其不是以舞台表演为主，而是以民间自娱为主，所以对大众服装影响强烈，不期然而然地成为服饰形象的艺术依据。

图4-74　与舞蹈互为影响的时装

图4-75　舞蹈韵律服装

电影是现代技术与艺术融合的骄子，它可以通过屏幕上的形象、场景、声音使观众有身临其境之感，这就使得电影中角色所穿着的服装直接成为人们着装时的模仿对象。由此还产生出一些以某影星命名的服装式样。

玛丽·彼格芙特式样　这种20世纪20年代流行的妇女服装式样，就是因为人们崇尚和效仿美国好莱坞著名女影星玛丽·彼格芙特而形成的一种着装风格，其式样包括了衣服和配饰的整套穿法。玛丽本人被称为"世纪夫人",除了她高超的演技以外,就是颇为考究、新颖、诱人的服饰形象。

嘉宝式样　20世纪30年代美国著名影星格里塔·嘉宝所穿戴的服装式样,在欧美妇女中产生很大的影响。她穿用的束腰大衣,戴的墨镜、软边女帽以及所梳发型等,都曾被作为最时髦的服饰式样而盛行一时。

大岛茂包　1978年底,中国改革开放,首先涌入神州大地的日本电影《血疑》中主角之一大岛茂的方形提包,引起了长时期使用圆角人造革包和布挎包的中国人的兴趣,于是大规模流行开来,并延续多年。

服饰形象的艺术依据,绝不仅仅限于以上所述的品类和具体内容。服装美学风格所构成的诸多因素也不只是艺术。即使是没有直接出现视觉形象的文学家(不是文学作品中描述出来的人物肖像)也会被模糊地作为人们服饰形象的艺术依据。如:

卡萨诺伐式样　1977年秋冬季,在法国巴黎流行过一种穿着的整体式样,包括饰以白色皱边的衬衫、紧身裤,以及由缎子制作长到膝盖的高筒靴。因为这身装束所构成的服饰形象颇具浪漫、诱惑的艺术效果,因而特以风流倜傥的意大利文学家卡萨诺伐的名字来命名。无论是先有此式样,还是先有文学家,都可以从中看出人们寻求艺术依据的多向思维和艺术风格所给予服装的总体影响。

从以上两节不难发现,服饰形象的来源是广泛的,不仅来自身边的人物、动物、植物、器物,同时还来自身边的各种艺术形式。正因此,才可能形成丰富多样又丰满美丽的服饰形象。接近21世纪第三个10年时,人们惊异地发现,尽管每天接触的各方面形象信息很多,一个"云计算"专业词就能概括这个时代的信息量,但是却很难有某一个人,某一个事物,某一种形象可以引起服装的迅速流行了。大约是人们应接不暇的缘故吧!见得越多,越出现视听麻木。服装流行虽然存在,可是不会因一点闪亮而形成波涛汹涌之势了。

第三节　服饰形象的艺术效果

既然服装是艺术品,那么服饰形象的艺术效果,理应为所有创作者与着装者所关注,因为这两者与一切着装形象受众的审美体验是相同的。因此,当人们将整体服装组合后,去作为一个完整的服饰艺术形象去观赏时,会发现服装艺术有自己独特的语言和效果,它会通过单体形象(人视野中的主要审美对象)、群体形象(呈现给人们的连续或重叠审美对象)以及与环境共同构成的艺术性来顽强地表现出自己所特有的艺术效果。

一、单体形象

单独的服饰形象所呈现的艺术效果宛如肖像画，只不过这是有生命的、立体的、可活动的。那些包括服装造型、色彩、纹饰以及着装者的身材、面容、发式等各个细部的表现，都酷似一幅高度写实的人物肖像作品。

由于单体形象所造成的审视点集中，因此，呈现给人们的单独的服装艺术形象，是容不得疏忽细部的。这说法不仅指舞台上的表演者，对于舞台下数不清的着装者来说，当他单独进入某一接受者和欣赏者的视线之内时，都在事实上成为具有一定艺术内涵的单体形象。

这时候，相对稳定的服饰形象，如着装者静坐等候，会出现肖像画般的艺术效果；相对活泼的服饰形象，如着装者突然闯入观者视线或交谈、走动，即会出现电影特写镜头的艺术效果。无论怎样，单体服饰形象所给予人的审美感受，主要通过下列内容表现：

①服装质地之美（物质美感）。

②服装造型、色彩、纹饰之美（设计美感）。

③服装做工之美（技术美感）。

④服装组合之美（穿着美感）。

⑤服装与着装者及社会环境的和谐之美（综合美感）等。

因为只有当单体服饰形象呈现在观者眼前时，人们才有可能如此细致地对服装细部逐一欣赏，所以单体形象必须在上述五项内容中都具有典型意义的美。这种艺术效果才会感染观者，从而为生活带来总体的艺术美，同时也使与此服饰形象相关的所有人都分享这种艺术创作成功的幸福和喜悦（图4-76）。倘若其中之一成为缺项，那么服装艺术的遗憾即在所难免。

二、群体形象

群体服饰形象所呈现的艺术效果，不同于单体服饰形象。首先说，群体形象一般出现在队列中，包括纵队、横队和平方队伍等，如军人接受检阅的队伍、迎接外国首脑时的仪仗队、运动员入场式队伍和中小学生团体操、出外游行时队伍等，都会出现群体服饰形象一同进入人的视野的可能。

由于在人视线可及范围之内同时出现为数较多的服饰形象，因此每一个服饰形象的体量相对缩小，距离相对加大，艺术效果所产生的视象是集团，而不可能单独地、长时间地集中在一

图4-76 单体服饰
形象

图4-77　群体服饰形象

个服装具象之上（图4-77）。

在这种情况下，观赏者不会注意服饰形象的细部，没必要也不具备条件去分析和研究细部。群体形象所给予人的审美感受，主要通过下列内容来体验：

①服装色彩主调倾向鲜明。

②服装造型规整、简练、同一。

③服装形象移动转向一致。

其中最重要的一点，是通过整齐、富于韵律的重复美去突出气势，突出艺术的整体效果。时装表演中也有人采用了同时出现60个模特儿，着同一色调（红色）、同一材质（薄纱）和基本相同款式（裙装）的做法。设计者或称组织者的主观意图，就在通过群体服饰形象创造一种非凡的气势与美感。

群体形象所呈现的艺术效果不同于单体形象，虽然它在生活中出现的频率不如单体形象高，但是其中任何一种也无法取代另一种，却又同属客观存在。群体着装形象的明显特点，是单体着装者之间的联系，这种联系绝不能分割，否则对观赏者所产生的审美感受就会变异，因而得出不同的美学价值评判。设计或着装意图必须着眼这一点，不然就违背了主观意图。"制服"的"制"字，要体现在对两个以上着装者的制约上。

还需要说明的是，群体着装形象，也包括从集会、市场、街道上所感受到的对着装者群的印象（图4-78、图4-79）。这种着装者群在服装上往往也出现许多共同点，这便是民族或地方服装风格的构成。群体着装形象所集中的同一着装群的风格是分散的统一。

图4-78　会场上的群体服饰形象

图4-79　行进中的群体服饰形象

三、服饰形象与背景

服饰形象作为艺术创作，脱离不了生活，必然进入一定的社会环境，因此，服装设计和着装必然考虑有背景的衬托，就好像画一组静物或一个人物时，后面有衬布或自然景致一样。演员在舞台上表演时，总会配以一定的舞台布景；雕塑、建筑在市区，郊野有蓝天、绿树和整体建筑群。服饰形象一般不会出现中国绘画的表现形式，如折枝花或人物头像停留在白纸上。服饰形象出现在四周都一片白色的背景前的可能性，不是没有，但绝对微乎其微，只能说在极偶然的条件下（如身处沙漠），才可能出现。

在服饰形象与背景的关系上，类同于雕塑和建筑等艺术品种。它们都是具有三维空间的艺术，其背景不会像绘画、摄影那样，无论表现对象如何复杂、多面，呈示时只有单一平面，而服饰形象至少有六个面（上下、前后、左右）背景的烘托。

服装艺术形象的背景当然就是环境。寻求服装对生活环境的适应，是社会学范畴的课题；探讨着装者与环境的和谐是心理学的内容；欲使服装功能因环境变迁而变异的需求，属于生理学。可是在服装美学里，人们会发现，服装的美学风格，即造型、色彩、纹饰等具体内容与环境共同构成一件艺术作品时，才会真正呈现出完整的艺术效果。无论是单体形象，还是群体形象，即使它飘在空中，也会在蓝天的映衬下，共同构成一种艺术美。追求艺术美正是服装美学的课题之一。

（一）大背景

海滨服、沙滩服的创作构思，除实用功能外，就是要使服饰形象取得与海洋、沙滩等大背景共同形成的最佳艺术效果，即在背景烘托下所呈现的美。即使是对色彩感觉迟钝的人也会发现，海滨服、沙滩服的色彩，都用大红色、玫红色、橘红色、橘黄色以及纯白与浅蓝、柠檬色和翠绿等鲜艳的色种。为什么不用以土黄或普蓝为基调的色彩呢？很显然，那样将使服饰形象在与背景色彩相近的情况下，被背景"吃"掉。

风筝是一种民间艺术，人们在扎绘风筝时，除了要让人手拿风筝近观时体现到扎制与绘画的合理、精致。还有一点不可忽视，就是要考虑到风筝放飞到距地面几十米高的空中时所呈现的艺术效果。民间艺人总结出一套关于风筝艺术的创作经验，如用色上多用大红、粉红、深绿、浅绿、姜黄、淡黄和纯白，以求在地面向空中望时，风筝在蓝天白云衬托下呈现明朗、清新、鲜艳和对比强烈等独特的艺术效果。高空中的风筝与海滨、沙滩上的服饰形象有着艺术表现上的诸多相似之处。

登山服，也需要色彩上的艳丽。以白雪皑皑的群山为背景，当然需要在银装素裹的雪山之中呈现出火一样的红、草一般的绿，从而突出服饰形象，方显得分外妖娆。如果登山队员在海拔8000米的终年积雪的群山环抱的背景前，穿一身纯白色的登山服，那就不仅是艺术上的失误（产生视觉含混的误差），而且一旦出现危险，意味着这种人为造成的着装错误，是在开一个天大的生命玩笑。

比起登山服来，在青山绿水背景下的旅游服装色彩，就不必去考虑太多了，只要让自己感到愉悦，又在大背景下确实呈现出美的效果来，就可以算是服装与背景构成一种艺术美了。但是要注意，你绝不可以也不会穿一身三件套的黑色西装。其间自有服装创作的主旨（图4-80）。

（二）小背景

背景大小之别，很难划分得非常科学，因为服装背景的大小都是相对而言的。就服装与背景共同构成艺术效果这一点说，可以将室外空间地带称为大背景，而将室外非空阔地带和室内称为小背景，不再论室外院落之小与室内厅堂之大的区别了。

人在一天之内要变换许多环境，也就是说，一个服饰形象很难长时间停留在一个背景的前面或之中。所以，不可能走到院落、阳台之上时，考虑到服饰形象是否与之构成美。回到居室以后，又考虑这身装束是否与背景和谐。这一点不能等同于海滨服、沙滩服等专用性服装，要在特定背景下稳定一段时间。这是个与背景和谐中的特殊问题。

图4-80　与大背景相协调的服装

背景大小主要考虑的是空间度（场面）、充入量（人数）、价值观。前两种是量的意义，后一种是质的意义。尽管量大，却因质的不同，在服装设计与着装艺术上表现出极大的差异。同样场面阔大、人数众多，追悼会、运动会、庙会，因价值观的不同，绝不能在服装上施行同一艺术手段与技巧。

无论怎样，有意安排、设计的礼仪活动，还是要充分考虑服饰形象与背景的关系的。诸如婚礼、便宴、集会等礼仪场合中的着装者，应力求使其服饰形象在与背景和谐中获得一种绝妙的艺术效果。既不要不伦不类，也不要黯然失色。艺术效果就在整体（服装与背景）环境之中显现（图4-81）。

图4-81　与小背景相协调的服装

服装美学中，我特别要提出"中间服装"概念。中间服装可以理解为日常所穿着的服装。但又不完全如此。常服可以认为是在生活中随意性的穿衣打扮，中间服装却是有意的设计，适用于比较广泛的大小背景。它在款式、色彩、组构、配饰上都要求单纯。它不能因多样组合而呈现出活跃的态势，也不能因简略节省而显出草率。男性一身深色（如深蓝）的套服（如西装），女性一身深色连衣裙足矣。但材料与工艺一定要显示高品位。这里不涉及季节问题（其实夏季可换为白色），这种着装形象既可以出现在最大最庄严的环境背景（仪式或会议），又可以适用最小最轻松的环境背景（小型宴会、游乐）。这种设计与穿着，是具有普遍意义的服装美学创作原则，换句话说，是寻求服装上类似数学的"最大公约值"。

服装创作是任何时代都普遍存在的，只是当代的服装创作越来越多元，越来越被科技所左右，包括材质、加工手段和营销。科技含量越高，人们离自然越远。尽管人们总在说生态和环保，实际上智能服饰已经显露出高科技所带来的造型、色彩与配饰的根本性变化了。

延展阅读：军戎服装故事与军服视觉资料

1. 流传至今的军傩

在贵州不多的平地上，一群手持刀枪剑戟、背插靠旗、身穿战袍的人在锣鼓声中念唱做打，犹如古代的战士重生。走近一看，或雄壮或瑰丽的面具顶在他们的头顶上，在面部则蒙着一层青纱，人就通过青纱向外看。这就是流传在贵州的地戏，演员头顶的面具称为"脸子"。从他们的道具和舞姿，专家们考证出这是中国其他地区久已灭绝的古老戏种"军傩"，今天被称为"地戏"。

地戏有自己独特的表演方式，角色主要为主帅、大将、老将、少将、女将，还有法师、番将和跑龙套的角色等，每一个角色都离不开表现自己身份的"脸子"。除去面部的刻画，头盔和耳翅也是展现面具艺术魅力的部位。男将头盔上多有盘龙，女将头盔上多有凤饰。头盔则模仿唐宋战盔的形制，分尖盔和平盔两种。在头盔的装饰中，还有几个在中国民间流传广泛的特点：一是在头盔上装饰人物所属的星宿，比如薛仁贵的头盔上装饰白虎等；二是在头盔上运用与年画类似的暗喻和谐音，比如以蝙蝠谐音"福"等；三是在头盔上装饰有长长的雉（野鸡）尾，随着演员的动作，雉尾上下翻飞，留下一道道五彩斑斓的掠影，威武庄严。

2. 野人山中的草鞋

野人山自然条件险恶，崇山峻岭连绵不绝，地势险要至极，加之颇多瘴气，千里渺无人烟。相传当年诸葛亮南征时曾到此地，为其荒蛮险恶唏嘘不已，武侯南征，"五月渡泸，深入不毛"（见《出师表》）。20世纪曾有一支精锐之师，为了壮烈的中华民族抗战图存，为了正义的国际反法西斯事业，毅然重踏南征路，演绎了一部热血与热泪交融喷涌的恢宏史诗，世人将永远记住他们的英名——中国远征军。

中国远征军组建于中华民族抗战最艰难的时刻，其渊源可以追溯到抗战名句"一寸山河一寸血，十万青年十万军"。后来，一位见证了远征军反攻战役的当地老人说，战后多年从这里挖出了大批中国远征军士兵和日军士兵的尸体。当记者问到何以分辨双方时，老人答道，日本兵穿皮鞋，中国兵穿草鞋，抗战时期中国物资匮乏的程度可见一斑。可是，我们胜利了！1945年1月，中国远征军的胜利足以告慰野人山中之英灵。

3. 各异的军服形象

人们一般认为只有整齐划一的军服形象，才可使部队更有战斗力。实际上，在中国抗日战争和解放战争中，八路军与新四军各部的军服无论款式和色彩都差异大。因为当年各军服制作地相距甚远又条件有限，以致我们今日看朱德、彭德怀等高级将领在站场合影时，军服颜色只是相近，款式和纽扣细节更无法完全相同。

4. 雪原上的白色"幽灵"

1939年，苏联的强大兵力进攻芬兰，却遭遇意想不到的麻烦。芬兰的冬天气候恶劣，处处是厚厚的充满腐殖质的泥土、湖沼、皑皑积雪，这一切令机械化程度较高的苏军一时间无所适从。当时芬军的单兵装备十分实用：羊皮帽、羊皮外套、毛毡靴满足了御寒的需求。而苏军当夜间生起篝火抵御严寒时，诡异的事出现了：一个个飘忽不定的白色身影悄无声息地在附近的森林中忽隐忽现。"幽灵！幽灵！"第一个看到这番景象的苏军士兵尖叫起来，然而转瞬间射来密集的子弹把他和他的战友打翻在地，鲜血染红了身下的积雪。原来，这些"幽灵"就是芬军滑雪兵精锐营和狙击手，他们中的很多人以前或现在仍然是专业猎人，熟悉这里的一草一木。他们脚踩雪橇，身披白色伪装服，对苏军日夜进行袭扰。自从19世纪末，身着红色军服的英军在南部非洲与身着绿色服装的布尔人（殖民非洲的荷兰人后裔）作战付出巨大代价以来，世界各国军队开始根据战场环境变换军服和战争装备颜色，芬军可算是"二战"期间采用白色保护迷彩的先驱。

5. 变形迷彩的形象源

对于现代人来说，迷彩服并不是新生事物，迷彩从"二战"开始应用，至今已有多种，有单色的保护迷彩，这已经在世界各国的绿色、白色、原野灰色军服上广泛使用；另一种是仿造迷彩，是与背景颜色相近的多色迷彩，多适于伪装陆地上的固定目标；然后是变形迷彩，主要是由形状不规则的几种大斑点组成的多色迷彩，以歪曲目标外形，德国最先发明并装备的就是变形迷彩服。他们使用的变形迷彩图案一共出现过四种：橡树叶、悬铃桐（法国梧桐）、棕榈叶（一称边缘模糊）、豌豆，以适应不同的作战环境。如今，数字迷彩已经变得更加科幻，以致无法找出原形了。

6. 防撞头盔与坦克结构

苏式坦克帽也被称为防撞头盔，里面有厚实的皮革衬垫。来源于其对手德国"一战"时的飞行员帽。在"二战"后，这种坦克帽成为东方阵营和大量发展中国家装甲兵重要的服饰特征之一。当年德军与苏军作战时，却只戴了一顶装甲兵黑色船形帽，这种军便帽轻便也不会妨碍佩戴耳机，但没有任何保护作用。这因为其乘坐的坦克不一样。

在德国装甲兵初创时，也考虑到了坦克兵防撞头盔的问题。当时的德军防撞头盔是一顶有着厚实衬垫的大号贝雷帽，可以在撞击中有效保护坦克乘员的头部不受伤害。到了1943年，这种头盔开始在德国精锐装甲兵部队中消失，其原因实际上是"虎"Ⅰ和"豹"式坦克的广泛服役。众所周知，坦克的履带行走装置设计关乎着坦克的机动能力，"虎"Ⅰ坦克开创性地采用了一种交错负重轮结构，即在其他坦克每侧只有一排负重轮的情况下，"虎"Ⅰ每侧有三排负重轮，这样就以更多的负重轮数量，降低了车辆的最大接地压强，从而行驶起来变得极为平稳，这正是当年德军装甲兵只戴船形帽的原因。

7. 军人的特殊饰件——身份确认牌

具有身份识别功能的服饰出现很早，早在中国汉代著名的杨家湾兵俑中，就可以发现不少步兵俑的背部有一个被称为"章"的长方形物体，约20厘米见方，其上注明了该名士兵的姓名等个人信息。这一身份牌佩戴位置明显，其主要作用是有利于指挥官将散兵归建或辨别逃兵的单位以军法惩处。

将军事服饰的身份识别功能发挥到一个系统化、规范化高度的当属美军。在绝大多数的战争电影中都可以看到这样的镜头：不论炮火连天还是追兵逼近，美军官兵都会扯下同行阵亡者脖子上一个类似项链的东西。以前总是为此迷惑不解，以为是他们贪财，后来才得知他们扯下的是阵亡战友的身份确认牌。

1898年的美西战争中，这种年份确认牌被普遍使用，1906年获得官方认可，成为美国陆军的标准配件。1916年美国海军陆战队率先将确认牌上的信息标准化，军官的牌上刻有全名和军阶（发牌时），士兵的则刻全名和服役时间，这些信息都属于国际公约允许被俘人员透露的范围。

图4-82　山西南禅寺天王像

图4-83　唐三彩天王俑　　　图4-84　罗马军团士兵板甲　　　图4-85　罗马军团士兵锁子甲

课后练习题

1．服装设计可借鉴哪些生物或器物形？

2．特定名称的服装其命名来源有哪几种？

3．服装创作在人工智能时代会有怎样的前景？

第五讲　服装艺术的美学意境

何为意境？众说纷纭。

一说：艺术创作中主客两方面之形神情理相统一所达到的审美深度的呈现。

一说：文艺作品中所描绘的生活图景和表现的思想感情融合一致而形成的一种艺术境界。

……

关于意境的说法虽多，但各家也无太大的分歧。只是说到细微之处，有些不尽相同。

意境之说，历来贯穿在中国哲学和艺术之中，成为中国美学中具有民族特色的范畴之一。中国人认为：凭借匠心独运的艺术手法，熔铸所成情景交融、虚实统一、能深刻表现宇宙生机或人生真谛，从而使审美主体之身心超越感性具体，而进入无比广阔空间的那种艺术化境，是真正的意境。中国意境说与古代道、玄、释哲学思想密切相关，尤其与禅宗的体悟密不可分（图5-1）。

西方现代美学界，以科林伍德、凯瑞特为代表的"表现论"、以朗格为代表的"符号论"等，也着重谈情感表现在艺术中的决定性作用。假如只用中国南朝文人刘勰那"文之思也，其神远矣。故寂然凝虑，思接千载，悄焉动容，视通万里"的最高境界去衡量服装艺术，势必有些牵强。可以说，此意境与彼意境，并不完全相通。因为文人雅士、哲学所说的意境，只是在小众中有所感悟，而服装艺术的意境

图5-1 《八十七神仙卷》体现出的意境

之美，需要大众体味到。

服装意境，即服装艺术的美学意境。

服装意境主要表现为，创作者力求创造出一种强烈的个性意识，将它物化为造型、色彩、纹饰、肌理等艺术形式凝固在服装上；然后，通过服饰形象所表现出来的风采，使受众对其设计意图有所领悟，从而感受到那浓郁的意蕴与绝妙的境界。

为了使创作者意欲构成的服装意境和受众深刻感受到的服装意境达到统一，双方的观点都必须基于现实生活。任何一方任凭个人情才偏离轨道地无限自由行驶，都不可能创造出真正的服装意境。哲学意境可以自己享受，而服装意境还需在受众中产生影响。

古往今来，人们在丛林中，在山坡上，在一望无际的大草原和灯红酒绿的繁华都市，创造出种种服装意境。如果将今日我们能够领悟到、感受到的服装意境加以分析，可以基本上分为四种，即：天国意境、乡野意境、都会意境、殿堂意境。这几种意境又分别由多种服装风采所构成。

第一节　天国意境

天国，纯属子虚乌有，完全是人类想象的产物。多少宇航员在"天上"飞了数月，既未看见西方人信仰的上帝，也未遇到中国人描绘的玉皇大帝，更不知佛祖现居何处。但是，天国确确实实存在于人们的观念中，那是一个无限美好的仙境。人人都向往着能够登上天堂。

天国不可知。不过既然是在天上，那空气对流的形势一定比陆地剧烈。因此，中国古人才有"风高浪快，万里骑蟾背，曾识姮娥真体态，素面原无粉黛"的幻想诗句（图5-2）。在造型艺术中，无论是油画中的圣约翰、小天使，还是中国画中的神人仙女，甚至摩崖造像或寺庙壁画中的飞天，个个都是天衣飞扬。中国画家吴道子以道释内容为主的壁画，

图5-2　东晋顾恺之《洛神赋图》中展示的天国意境

曾用"天衣飞扬"而使观者感到"满壁飞动"。

由风而及神人，于是，在人们的意识中，神化了的人物即使在陆地上，其衣襟也会被风吹起。唐代吴道子画神人就以"吴带当风"被世人赞赏，白居易也以"风吹仙袂飘飘举"形容身居仙山之上的杨贵妃形象。又由此推断出除了尘世和地狱以外，其他都具有天国的景色和氛围；生活在其中占主要地位的服饰形象都是飘然若仙，无论是不是中国人心目中的神仙。

天国飘忽在空中，天国神人的凭虚御空，足不点尘，在相当程度上是以服装来表现的。人非天神，但是也可以像画家描绘神人那样，再由服装设计将其"神"气折回到真人身上，于是，在人类服装创作中，人为地创造出天国意境（图5-3~图5-7）。

图5-3　清仁熊《麻姑掷米》

图5-4　元张渥《九歌图》中河伯

图5-5　元张渥《九歌图》中
湘夫人

图5-6　元张渥《九歌图》中
东君

图5-7　晋顾恺之《洛神赋图》
中人物

一、天使风采

西方造型艺术中的天使形象以裸体的为多，但是他们凭借什么在天上飞呢？于是，人们想象天使后背上长着一对翅膀。在希腊神话中，众所皆知的爱神丘比特就长着一对可爱的小翅膀。这对翅膀无法在服装中直接体现，便间接显现其原型。以欧洲国家为主，其他国家也存在的男性短披肩，实际上就是在创造一种天使的风采。披肩的上端系在颈项间，披肩的下摆只及胯下。柔软的材质，产生出轻盈的感觉。当风吹到披肩之上，或是身穿披肩的人跃马驰骋时，披肩便会随风飘起，宛如后背生出矫健的翅膀。2012年春，时尚界女装中流行斗篷式时装。这不仅仅是斗篷，而是刻意模仿那种生有两翅，可以随风飘扬的样子。在中国，早就有羽衣，因此有"羽化登仙"一说。羽者，翅膀也（图5-8、图5-9）。

图5-8 当代羽饰装

这种形象与气势，是天使般服装风采的雏形。而在蓝天白云之间的"翱翔畅想曲"，就是服装创造的天国意境（图5-10～图5-13）。

佛教壁画中的飞天，即是东方的天使。只不过，飞天不同于小天使之处在于，飞天凭借着大气的浮力和飘动体——飘带，以此代替天使的肉翅（图5-14）。这使得以服装来塑造飞天的风采可以更形象一些。

图5-9 羽饰时装

图5-10 元张渥《九歌图》
中大司命

图5-11 晋顾恺之《列女传仁智图卷》中人物（之一）

图5-12 晋顾恺之《列女传仁智图卷》中人物（之二）

图5-13　晋顾恺之《列女传仁智
图卷》中人物（之三）

图5-14　敦煌壁画上的唐代乐舞

　　佛教源于古印度，因此佛教形象所选用的服装大多具有古天竺或是斯里兰卡、锡兰、尼泊尔一带的特色。当然，佛教形象毕竟与真人不同，佛教造像中的释迦牟尼、众菩萨以及飞天（包括空手的，就称为飞天；手捧供果的，称为供养天；手持乐器的，称为伎乐天）等，大部分为头上绾髻、穿着紧身衣或袒胸、长裙、赤足。所谓飞天是在这些服装上多了一条长长的帛带，从身后腰间至身前，经由双臂再垂在臂下飞舞起来，自是较之长袖又多了几许动势与飘拂感。很显然，这种飘拂有着更多的随意性。

　　印度女性身围的纱丽，是隐约地借助风的吹拂（图5-15）。中国唐代女性的披帛，则是完完全全地模仿飞天的飘带。衣服外再加上或宽或窄，或特长或略短的披帛，自然是全身未动，而披帛"闻"风即飘舞起来。竟使得唐代美女虽说丰腴，配上披帛的服饰形象，也恍若行于空中，俨然玉女形态了。至于五代以后，美女标准转为瘦小玲珑，披帛则越发窄长，其飞天的韵味愈益浓厚（图5-16）。

图5-15　印度古典舞身着纱丽的女性

图5-16　中国披帛的动感

二、神仙风采

无论哪一个地区的人，都认为神人、仙女绝非肉体凡胎。神仙也，体轻可驾云踏水，飘逸若空中行舟。而威严之中不失洒脱妩媚，言语之间竟会吹气如兰。

神仙在哪？恐怕人们除了梦境或幻觉以外不曾遇见过。难怪中国道教所宣扬的"长生不死、羽化成仙"，最终未能抵得上佛教那含而不露的"修来世"的吸引。

神仙不存，但古人传说、塑造的神仙风采，可以在服饰形象中得到充分的体现。中国魏晋南北朝时期的文人高士，以服饰形象模拟神仙，简直到了几乎乱"真"的地步。真神仙在人臆想中，魏晋士人却以现实的服装，凭空创造出一种神仙风采，魏晋士人风度的最高体现，就是"飘然若仙"。

晋时"竹林七贤"之一的刘伶，其服装、其举止本身即有几分超凡脱俗之态。《世说新语·任诞》载："刘伶尝着祖服而乘鹿车，纵酒放荡"。鹿拉车一般少见，人们熟悉的中国老寿星以梅花鹿为坐骑，欧洲圣诞老人则以鹿拉雪橇。看来乘坐鹿驾的车已经不同寻常，况且还着祖露躯体，即不拘形迹的服装呢？加之当时文人所时兴的散发（不梳发髻），可想而知更是超越尘世了（图5-17）。

魏晋南北朝时期的文人为了追求飘逸之美，因而讲究形体清瘦，与当时佛教"秀骨清像"风格一致。形体瘦却衣衫肥大，风吹动起衣衫的"余量"，自然飘动起来。"褒衣博带"的服装罩在清羸的躯体之上，怎会不"飘如游云，矫若惊龙"呢？

不仅刘伶、王羲之等文人高士这般打扮，就连当时的淑女，也想宛若天仙。曹植写洛水之神的"凌波微步，罗袜生尘"，即不是一般俗艳女子可以比得了的。他在《洛神赋》中写道："奇服旷世，骨像应图。披罗衣之璀璨兮，珥瑶碧之华琚。戴金翠之首饰，缀明珠以耀躯。践远游之文履，曳雾绡之轻裾。"不用回眸已生百媚，这就是服装艺术的妙处所在。通过理性的"旷世奇服"概括和具象的"罗衣""瑶碧""华琚""金翠""明珠""雾绡""轻裾"等服装造型、色彩、质料、纹饰的描绘，在人们面前显示出一位不折不扣的仙女。而这些以轻罗做成的衣服，以美玉、金翠、明珠做成的首饰，还有那雾一般的柔美的衣料和展示的轻盈、菲薄的前襟、下摆，不正是当时女子的服饰形象写真吗？此处真有些庄周梦蝶的意境，也不知那行于洛水之上，若即若离，可望而不可即的洛神是人间美女的真实写照，还是那尘俗中的服饰形象有如神仙一样的风采。在东晋大画家顾恺之的画

图5-17 竹林七贤着装风采

像中，无论洛神还是女官，其服饰形象都是设计在神天缥渺的氛围之中。看顾恺之
《列女传仁智图卷》中所描绘的女性杂裾垂髾服没有飘带，仅凭那深衣下摆裁成的多
层尖角状杂裾和腰带处飘出的宛如旗帜上的垂髾一样的轻盈的装饰，就已经完全显
示出服饰形象所蕴含的神仙风采了（图5-18~图5-20）。

天国的意境是美好的。人们通过服装创造出的天国意境，更集中反映了人从凡
俗解脱的出世思想和对超自然力量的向往。

天国是否存在不是关键，以服装创造出的富于浪漫气息的天国意境，确实为人
生为艺术都提供出超现实的美的理想。

图5-18 元张渥《九歌图》中少司命

图5-19 晋顾恺之《列女传仁智图卷》
中人物（之四）

图5-20 晋顾恺之《列女传仁智图卷》中人物（之五）

第二节　乡野意境

　　乡野就在人们眼前，换句话说，人就生活在乡野中间。即使是摩天大楼林立的繁华闹市，依然也衍化出人的乡野观念。而且，越是远离了乡野，越会想念那泥与草的清香，越会珍惜那小国寡民般的清静和一览无余的大自然。因而，自古以来就常有些征战一生的有名将领，或是满腹才华的文人高士，厌恶你争我斗的政治上的血雨腥风，希望回到青山绿水、蛙叫蝉鸣的山野乡村，过清纯朴素的生活（图5-21、图5-22）。

　　时代的车轮飞转，都市生活节奏变得越来越快，除了度假以外，人们无暇光顾大自然。于是，就有了服装上回归大自然的情趣，去创造屋顶花园之外的服装上的乡野意境（图5-23）。

图5-21　明陈洪绶《归去　　图5-22　宋马麟《静听松风图》中　　图5-23　现代人创造的乡野
　　　　来图》中陶渊明　　　　　　　　士人　　　　　　　　　　　　　意境

一、山野风采

　　村姑之美，具有典型的山里妹子的味道。服装上的山野风采，五花八门。阿尔卑斯山下的法兰西、瑞士、意大利、奥地利农女们，无论多么贫困，也要在裙子上绣上花卉并缀上花绸带和花穗边；只要条件允许，必定要戴上珐琅质或金属质的配饰品或信手拈来的鲜花（图5-24、图5-25）。长白山上的山民们，总是穿着兽皮做成的帽子和大袄，那些虽厚重却短打扮的服饰形象成为山里人的象征。

　　中国云南、贵州一带，特别是贵州境内那绵延的南岭、大娄山、武陵山、乌蒙山等青山加上环绕的绿水，滋生出独特的蜡染花布袄裙的山野风采。于是，这种迟滞的带有农民气质的服装艺术反倒成了现代人无限倾慕的服装"偶像"。

许多时髦的姑娘、少妇，都喜爱那纯朴的手工印染面料。于是，蜡染、扎染、叠染的围巾、挎包、连衣裙，带着那蓝天般的深湛、远山般的凝重、泉水一样的清澈和山花似的芬芳来到现代时装中，给现代社会吹进一股清凉的风。

朴拙无比、土得可人的山野风采，会同古老的艺术风韵和现代的艺术新潮，成为一种非刻意追求所能得到的天然韵味，进而体现出服装艺术的纯真意趣（图5-26、图5-27）。

图5-24 鲜花头饰最自然

图5-25 美不胜收的鲜花头饰

图5-26 日本乡村装束

图5-27 宋李嵩《货郎图》中妇孺形象

21世纪，大众旅游潮给着装者带来各种各样的山野风采。一则是到山林体味那种远离城市的清纯，二来是真的接触到各地或说各旅游区提供的土特产，其中不乏深山老林的皮帽和江南水乡的扎染以及综合形象（图5-28、图5-29）。

图5-28　当代人的山野风采　　　　图5-29　年轻人喜爱的山野原生态

二、水域风采

　　水域服装依水而生情，傍水而幻美（图5-30）。

　　爱琴海养育了古希腊人，也赋予古希腊服装以特殊的风采。质地较硬的亚麻布和细腻柔软的丝绸，使古希腊人的衣衫形成竖向褶皱悬垂着。那种薄衣贴体的服装效果，宛如刚刚从水中站起一样，竖向棱线般的线条标志着它的出生地——水域。

　　希腊服装的衣纹都是垂直的；希腊服装的下摆大多长及脚背，这是服装上特有的水域风采，山里人绝不会身着齐踝的长裙去爬那荆棘丛生的山路。亚洲的水边民族，中国的傣族服装就带着浓浓的水乡特色（图5-31）。

　　越南人的斗笠、日本人的和服、中国西南京族人和东南惠安女的肥腿裤，都是典型的水乡服装。尤其是那一双赤脚，更增添了无尽的乡情与水意。

　　水边那温暖的、略带潮湿的风，吹不起那总也晒不干的水边人的衣裳。他们就任凭筒裙或肥裤飘散着、低垂着，滚动着水珠，潇潇洒洒地在水边沙滩、岩石上赤足行走。当海上袭来风暴时，岛上渔民的衣服就会突然成为海鸥翅膀似的羽化物，被风吹着、跑着，海边服装又会生出与内河水边服装迥然不同的韵味（图5-32）。

　　水的滋润，致使服装也带着清凉凉、湿漉漉的水域风采。笔者2010年12月专访福建省惠安县崇武镇，这里有惠安人聚居的渔村——大岞村，见到惠安女

图5-30　古人的水域风采

图5-31　傣族女装背面

图5-32　中国古代渔民

图5-33　当代惠安女

图5-34　仪式中的惠安女

虽然已骑摩托车，但依旧是头裹蓝花头巾，身穿紧身短衣、阔脚裤。海风阵阵吹来，吹起惠安女的花头巾，却吹不凉惠安女的脖颈。阳光直射下来，有斗笠戴在头上，晒不到惠安女的脸（图5-33、图5-34）。层层海浪翻滚着装束，却只能浸湿那肥阔的裤脚，不会让裤子紧贴在腿上，一阵风来便会将其吹干。还有惠安女的精致腰带——银龙，缠着玉柱（腰），处处展现的都是水域风采。

三、田园风采

田园，原本指的是田地和园圃，意为可以耕种庄稼、培育树苗和栽种菜蔬的土地的统称。这是从事农业劳动的人常年生活的地方。

但是，田园的哲学意味和艺术风采，并非出自老农之口，就好像黄山脚下的人不知黄山有何美好，竟引来四方游客到此一观一样。农民虽然也知道乡村的恬静但并不能体会到它的难得。倒是在尔虞我诈和车马喧器中感到厌烦的文人士大夫选择了"田

图5-35　帝王着便装闲情抚琴

图5-36　元王振鹏《伯牙鼓琴图》中士人

图5-37　清华嵒《仕女图》中人物

园"这么一个亲切、宁静而又带着几分诗意的环境，来作为躲避烦扰的隐逸之所。

因此，服装上所创造的田园风采，实际上是本不着渔、樵、农夫服装的人，穿戴了这些农夫、渔夫的服装，从而人为地创造出"采菊东篱下，悠然见南山"的哲学意境。中国画中常见这样的题材，什么"秋江独钓""踏雪寻梅""远山观瀑"等，都不是农夫所可能产生的闲情逸致（图5-35）。

士大夫追求田园式意境，实不在田园的劳作、赋役、祈天和攘灾，其实是想在田园寻求一份乐土、一份安宁，这一点与天国意境中的神仙风采是互通的。

看中国东晋末年弃官隐居的陶渊明，就曾在其代表作《归去来兮辞》中写出那种逃出宦海，奔往田园时的轻快心情："舟遥遥以轻飏，风飘飘而吹衣"，以及"园日涉以成趣，门虽设而常关"的恬静。陶渊明并非意在田园的劳作，只希望能够在"黄发垂髫，恬然自乐"的世外桃源中"怀良辰以孤往，或植杖而耘耔。登东皋以舒啸，临清流而赋诗"（图5-36、图5-37）。

诗人的风情、诗人的意趣，距山野、水域远，而距神人、仙境近。以服装创造出的田园风采，意在以土石草木之质，去满足心灵上对自由和闲逸的渴求。文人士大夫脱下绫罗绸缎的官服，穿戴竹笠、蓑衣、麻鞋，确实别有一番景象，一番心绪。

自古以来，解甲归田对于官场得意之人是一种失落，但对于已被挤压得心灰意懒，无力再闯名场利海的人来说，实在是一种解脱。

服装上的田园风采，是人为的。就好像醉翁之意不在酒一样，追求田园风采的人也不在于是否穿上真正的田园服装。对于已经厌恶官服的人来说，服装所创造的田园风采，正是一种转换心绪的最好的表现形式。

当代人出于对生态的追求，重新又想在服装上达到田园的韵味，不少姑娘意欲创造"邻家女孩"的风采，人们尤其想在享受城市优越生活的同时，又在小环境中营造一种安逸的"世外田园"氛围（图5-38、图5-39）。

四、牛仔风采

图5-38　植物装演绎时尚

美洲西部嗒嗒的马蹄声和那卷起的烟尘，激励着人们的开发精神。西部牛仔那粗犷豪放的美吸引了年轻人。

牛仔的紧身衣裤，粗粗的材质坚固耐用，再加上牛仔风格的大方巾，富有刺激性的皮带卡和带着几分剽悍与俏皮的大卷檐帽，成了新一代人崇拜的英雄形象的外部特征。一种开拓和勇往直前以及不畏强暴的精神，全部体现在牛仔服上，给新时代注入一股刚劲的服装风（图5-40、图5-41）。

图5-39　植物装也"田园"

图5-40　时尚界的牛仔装束

图5-41　野性之余又有些闲散的牛仔装

与美洲西部牛仔的服装风采相比，中国牧童和俄罗斯放牧人，再有安徒生笔下的牧羊女等，虽说都与牧畜关系密切，可是其风采绝不相同。今人仍然还会偶尔表现出对牧羊女服装的兴趣，但那与追求牛仔服的心境已不一样；因为牛仔服装集中了美洲西部的开发者、淘金者的服装形象，表现的是冒险，是搏杀，是进取，是裹挟着风声、枪声、马蹄声的强烈刺激；牧童与牧羊女服装表现的则是闲适、恬淡、开阔、畅想式的宁静风采。

牛仔风采是现代人崇尚的服装风采，是对一切严谨、闲散服装风范的叛逆。牛仔装的流行是时尚界的一个神话，它能够保持魅力将近200年，而后又延续为一种戎装、骑士装之类的英勇武将式的风气，不断变换服装倾向而又保持着骁勇的主流风格。它不同于戎装之处，在于总带着一种随意和散漫，常显出无拘无束的个人主义遗痕。

第三节　都会意境

广阔的田园山野之中，先是有了城堡，继而出现了城池，以至有了都市。

从此，一部分人就在这人员密集的都市中生活、交往。因而，服装艺术中必然会产生有别于乡野意境的都会意境。

都会意境构成中所表现出来的服装风采，最突出的一点是"入世"。它不再像乡野意境那样简洁、单一。乡野意境虽然也由四种风采组成，但是总体意蕴还是相近的。都会意境就不同了，它既有庄重、矜持的绅士风采，又有追求艺术个性甚至我行我素的服装表现。由于都会意境五彩缤纷，所以它又有着区别于紧张、严肃的休闲风采和军服、警服及摩托服上所体现出的勇士（都会卫士）风采。

服装上的都会意境，就像现代都市的建筑、街景一样，各具特色，并行不悖。然而又错综复杂。好在能互相融会。最低限度是并不存在矛盾，相安无事地各行其是。

一、贵族风采

贵族（绅士、淑女）不仅古代社会中存在，现在依然有人在刻意追求那种优雅的绅士、淑女所特有的风采。

古代欧洲以英格兰为首的国家，最讲究服装上的绅士风采。在上流社会的交际场合中的服装，有着严格的要求。

着装者欲创造出一种服装上的绅士、淑女风采，脱离了大礼服和古典裙装，根本不可能实现。那些黑色或其他凝重色彩的燕尾服和典型的上流社会淑女装束，构成早期都会的氛围。而透过众多绅士、淑女服饰形象，人们也可以轻易地在华灯灿烂、宾客如云的礼堂、客厅里感受到服装与都市生活的吻合。特别是服装本身的典雅、庄重、严谨、考究，奠定了这种都市社交所特有的高贵与豪华的都会意境（图5-42～图5-45）。

图5-42　追寻昔时的庄
　　　　重和豪华

图5-43　复古的贵族气派

图5-44　现代淑女装

图5-45　当代淑女装别具一格

已成为国际社交礼服的西装，伴随着现代都市人走过了百余年。昔日的都会意境——绅士、淑女风采是否不复存在了呢？不是的。如果有暇踏进社交舞会大厅，就会发现对当代文人和青年来说已不太讲究的服装礼仪，在官场商界之中仍被沿用。某些从事外交、商务的人员，在交际圈中对服装展现出的绅士、淑女风采格外关注。因为对于世界大部分地区来讲，贵族的概念已经淡化，知识界人士的服装历来不拘一格，因而也就剩下外交官员和一些有钱消费且又有闲消遣的人，还在模仿着昔日欧洲的贵族阶层，也来个温文尔雅，仪表堂堂。

这是因为外交与商务活动往往是国际性的交往活动，而国际交往都带有历史传统性，服俗也都有一定的规范性，不能逾越，否则就是失礼。所谓传统与规范，就是在服装上表现出一定的绅士气派，也就是官、商两界人员在服装上要创造出一种贵族风采，以显示出他所拥有的实力，并以此达到被人们尊重的目的。

二、艺术风采

前面讲到，服装所创造的都会意境是五颜六色的。匆匆而过的街市行人中常有些奇异的服饰形象。那些服装所表现的形式大都别具一格，既有浓妆艳抹、披金饰银、鲜衣华服的，也有粗服乱头、衣冠不整、穿戴怪诞的。两类服饰形象从表面上看相差悬殊，但实质上是有很多共同之处的——都经过有意修饰或刻意模仿。

既是属于艺术风采，那么其中所体现出来的艺术水平，就有高低之分。有的人热爱生活，他们走到哪儿，都以信心百倍的精神面貌和瑰丽美观的服饰形象给人们带来艺术美。有的人出自美好的修饰动机，但不得要领，结果使服装效果出现蹩脚现象，这也不能否认是在创造艺术风采。还有的人以衣衫破烂、装束怪诞为创造服装艺术风采的最佳选择……不管怎么样，他们都是将人生这一大舞台，真的当作是服装表演的舞台了，他们都力求通过自己对艺术的理解和认知去创造艺术（图5-46~图5-48）。

图5-46 怪诞装束　　　　　图5-47 怪诞也是一种美　　　　　图5-48 艺术范儿可以随意
选择

艺术对一切表现都是宽容的。因而，服装艺术风采就好像是都市夜景中闪烁的霓虹灯。它们不停地闪烁着，发着奇异的光芒，忽明忽暗中又分明显示着天然的生机和人为的把握。有谁能够捕捉到那捉摸不定的光和影？有谁能够分辨出哪个暗，哪个亮？就这样，扑朔迷离又光线耀眼，一切都在变幻着，一切都在流动着。服装艺术风采以其丰富绚丽，构成了服装上都市意境特有的氛围。尤其是当代青年，将这种留着长发、穿着休闲式西装、大肥裤、大头儿皮鞋的男性称为"艺术范儿"，更固定了这些人的艺术风采服饰形象。

三、休闲风采

都市生活和工作的紧张，并不等于要把现代人都牢牢地捆缚在机械上，桎梏在写字楼里，人们总要换一换新鲜的空气，于是就要在有限的空闲时间里尽情地放松自己，包括服装（图5-49~图5-52）。

图5-49 中国古典小说
插画中人物

图5-50 元周朗《杜秋图》
中人物

图5-51 日本女性投壶时形象

图5-52 日本女性洗浴清洁情景

　　款式宽松合体，色彩鲜艳夺目的旅游服、沙滩服将人的神经放松的同时，也给予躯体以最大限度的自由。特别是比基尼泳装，它那三点式的造型并不是现代才有。因为人们在希腊陶瓶（收藏在卢浮宫）上，发现了一幅画在陶瓶上的少女题材的画。美丽的少女上身穿一件窄小的乳罩，胯部则是一条6～8in（相当于15.2～20.3cm）宽的布块遮盖住耻骨区，头上还戴着一顶与现代泳帽相似的圆帽，用饰带牢牢系在下颏。出土文物也有皮革缝制的比基尼装。提倡形体健美，相对自由的古希腊制度造成的服饰形象到20世纪又焕发出崭新的光彩。它以休闲装的特殊形式标志出现代都市服装上的休闲（不受任何约束）风采。到了21世纪，都市中的休闲风采已经无处不在，休闲风采的着装甚至成为现代风貌的最好体现。休闲装满目皆是，休闲风采更是应有尽有，表现出人们在繁忙的工作之余，力求争得躯体的舒适和心灵上的放松，服装形象上的休闲风采自然应运而生（图5-53～图5-55）。

图5-53　休闲装扮遍布都市街头

图5-54　再舒适不过的休闲装

图5-55　休闲装是一种放松的美

图5-56　都市骑手的风采

图5-57　都市骑手风姿

四、勇士风采

都市需要卫士，因此勇士风采也被人推崇。它可表现在摩托车驾驶员的服装上。他们驾驶着摩托车奔驰在繁华都市的柏油路上，其气势、其风采完全可以和草原上的骑手相媲美。当马蹄后卷起一片烟尘时，骑手高举马刀大挥大砍的劲头似乎移植到摩托车手身上，只不过他们的服装风采更具现代气息（图5-56、图5-57）。

头上是红色、黄色、黑色、白色或蓝色的帽盔，无论帽盔前面的遮护面罩是不是放下，都使摩托车手带着一股英武之气，一股朝气蓬勃的帅劲儿。再加上一身黝黑发亮的紧身皮衣、皮裤、高靿皮靴，俨然一位都市骑手，柏油路上驰骋的勇士。当然，21世纪的大城市已经取消了摩托车在主要交通干道上的行驶权力，而大量出现在都市街头的汽车和电动车驾驶员服饰形象又很难再体现出勇士风采。这是一个事实。

都市的卫士是交警、特警、防暴队员。他们的服装是英勇的象征。既整齐划一，又灿烂鲜明。军警的服装构成都市风景线。在功能上，军警的服装轻便合体，利于战斗行动，加以军衔、徽章、标志金光闪闪，就有力地构成了勇士风采。

有人说，看一个国家的警服，就可以窥视出这个国

服装美学（第3版）

家的都市风貌。车辆、警察、红绿灯都有都市特有的色彩、特有的形象、特有的旋律。这里需要重笔点彩的是特警，一身黑色警服，头戴钢盔，脚蹬半高靿皮靴。特警的设备全是最先进的，从眼镜、挎包到枪，都在显示着时代前沿的尚武勇士风采，机警、善战、年轻、不可战胜（图5-58、图5-59）。

图5-58　西方特警

图5-59　行动中的西方特警

第四节　殿堂意境

创造殿堂意境的服装，是严肃的，具有不苟言笑的政治家和法官一样的风范。

殿堂意境的构成，主要源于几方面：

着装者主要为权威人士，无论是皇帝、国王、皇后、王后、高级官员，还是牧师、神父、和尚、道士，乃至居士，前者为社会实力权威，后者为社会精神权威（图5-60、图5-61）。

图5-60　元永和宫壁画《朝元仙仗图》

图5-61　日本宫廷妇女礼服

衣服与配饰，大多取严谨、中规中矩的艺术效果，显得庄重、肃穆。

服装与建筑，这两者关系在殿堂意境的创造上至关重要。因为服装在显示殿堂意境时，有相当一部分因素取自于建筑外观和室内布置，只有这两方面的气氛一致，风格和谐，才有可能使服装显示出至高无上且又神秘莫测的意境。

当然，如果细分起来，服饰创作追求殿堂意境，也由不同的服装风采组成。归为两类，可有皇家风采和僧侣风采。

一、皇家风采

无论是哪一个时代的国家领导层，都在服装上追求特有的风采，即区别于平民的服装风采。

封建制度下的皇家以"冠冕堂皇"创造至高无上的威严，使服饰形象与辉煌宫殿共同构成一个整体。宫殿非平民所有，皇族的服装也不是随便哪一个人都可以置办来穿戴的。这里并非指经济力量是否可以达到，而是有严格的等级制度。最高统治者特有的一切，都会以服装和建筑等外显形式表现出来（图5-62～图5-65）。

帝制退出历史舞台以后的国家领导人，虽然在服装造型、色彩、纹饰上没有专门的等级规定，看起来与平民没有两样，但是，国家领导人在出席正式外交场合时，包括在国内举行重大会议时，服饰形象还是非常考究的。不同寻常的质料和做工，是服饰形象的基础。礼宾司根据不同规格确定的服装造型与色彩，特别是选定的环境（包括外环境和内环境），再加上前呼后拥的工作人员，还有频频闪光的新闻摄影灯和摄像机的忙碌……处于这样一种气氛下的服饰形象，已绝非一般富

图5-62　中国明代皇帝

图5-63　中国清代太后慈禧

图5-64　法国国王路易十四

图5-65　末代沙皇尼古拉二世和皇后亚历山德拉

人所能相比的了。庄严、亲切、友好或充满火药味却又深深隐在握手微笑的气氛之中，仍然使领导者服装有一种与过去不同但又几乎一致的皇家风采。

再有，服饰形象上的皇家风采，往往不是由国家元首单体形象构成的，而是由陪同人员、警卫人员和全副礼仪服装的仪仗队集体服饰形象整体形成的，可以说这个整体显示出了皇家风采。这一点，古今中外都一样。

二、僧侣风采

作为精神权威的僧侣，在服装上所创造的不是豪华，也不是威严，而是神圣（图5-66～图5-69）。

不管是红衣大主教——欧洲中世纪国家权力的实际拥有者，还是活佛、住持——佛教的最高权威，都旨在通过自己的服装去体现神、佛的尊严。主教那高高的宛如教堂尖顶形状的帽子，活佛那红色的酷似寺庙砖瓦一样的袈裟，都代表着神佛的法力无边，同时显示出自己是神佛留在人间的使者（图5-70）。

图5-66 南美洲古祭司

图5-67 南美洲古酋长

图5-68 佛教和尚

图5-69 东正教萨满

图5-70 西班牙教皇（英诺森十世）

在相当长的一段时期，在相当多的一部分国家中，神权与政权共同统治着国民。因而僧侣和统治阶层中的高层人士，通过服装所表现的威严是一致的。

不同的是，僧侣风采在服装上的体现，一般说是讲究俭朴的。因很多宗教都强调苦修，所以至今的和尚、神父、道士、牧师、修女等仍然恪守着本教的服装清规。常见花团锦簇的街景中，突然闪过一个穿灰布掩襟大褂子、灰布裤、白线袜、棕色草履式布鞋的人，再看头上，很显然，佛门子弟。修女依然是一身的素色，一脸的正气。在以佛教为国教的国家中，黄色僧衣随处可见（图5-71、图5-72）。在藏传佛教区域，紫红色的僧衣经常出现。基督教和天主教修女则以黑白为服装主色。僧侣们平日的服装也与他们所处的教堂、道观、寺庙建筑内外气氛统一，共同构成僧侣服装上所体现出来的殿堂意境。

服装为实体，意境乃心象。服装具象（物象）有不同特色，可以直观，而且无论接受者的文化水平高低，见识（体验）多少，观看后大体能指出外部形象的总体特征，这叫风格。意境则是抽象的，可能对不同意境做出直觉判断；但也可能做不出这种判断。因意境属于心象（表象）。心象由两部分构成，一个是服装具象（物象），即看到了什么；另一个是由具象引起接受者的联想、想象与幻觉，是心理映象，即想到了什么。如"乞丐装"从具象（物象）上可直觉判断为新潮风格；而在心象（意象）上，则呈现出一种艺术风采，即都市意境。

在本节论述中，所举各例也许有不足之处，因为风格与意境易混淆。但应指出，在研究服装美学时，必须注意意境的研究，因为这是更加深入内涵，同时又是向更高水平探讨的关键。

研究服装要研究美学，这就是说要研究文化。所谓服装艺术，或有人提出时装艺术，只是在一个层面上强调，甚至说只是一种形式的表现手法。从研究生教育的

图5-71　和尚僧服

图5-72　泰国当代和尚

学科分类来看，"艺术学"自2010年升为门类后，下设有"美术学"和"设计学"等数个一级学科。

国际上的艺术设计概念，主要来自包豪斯的教学理念。设计就是设计，不混同于绘画、雕塑等纯美术学科。在中国，很长一段时间人们将艺术设计放在工艺美术的近现代部分。20世纪70年代末，有专家将工艺美术分为三类，即实用工艺美术、特种工艺美术和工业设计，这已经把工业设计从实用工艺美术中分离开来，但依然将其列入到工艺美术里。

具体到服装设计，它本身即是艺术，分不清是设计工作者或说设计师，还是画家甚至泛称艺术家。只要创造出一种新的款式、一种风格，即使是裁缝，也可称之为艺术家。因为服装是综合性艺术，它在设计成型的过程中，首先是对艺术的理解，任何造型、纹饰、材质乃至色彩，都首先是出于对艺术的一种理解，因此不能将其分成艺术家或设计师还是裁缝、工匠。

服装艺术，不是人对某种材质的加工，成品也不是仅供使用和欣赏。服装在设计制作成型后，尚需穿在人的身上，至于穿出来的效果如何，包含了全过程的三度创作，这在前面已经提到。

总之，服装艺术是具有悠久历史的一种艺术。这里遵循的是一种艺术规律，不神秘，也不现代。真正应该重视的倒是服装艺术所需营造或说达到的美学意境。只有这样，艺术才可以升华，才可以长大，才可以永远焕发出精彩与魅力。

延展阅读：服装成语

1. 对于高档服装和服饰形象的描绘

翠羽明珰、玉佩琼琚、绫罗绸缎、蝉衫麟带、朱翠绮罗、珠光宝气、穿金戴银、衣冠楚楚、衣冠济济、冠袍带履、象简乌纱、方巾阔服、凤冠霞帔、褒衣博带、方领圆冠

2. 对于装饰性服饰形象的描绘

傅粉施朱、弄粉调朱、蝶粉蜂黄、六朝金粉、美如冠玉、峨眉蝉鬓、螓首蛾眉、丰容靓饰、浓妆艳裹、风鬟雨鬓、粉腻黄黏、淡扫蛾眉、如不胜衣、粉白黛黑、皓齿蛾眉

3. 对于帝王百官服饰形象的描绘

衮衣绣裳、金印紫绶、珥金拖紫、顶冠束带、怀金垂紫、俯拾青紫、佩紫怀黄、被朱佩紫、拖青垂紫、紫袍玉带、印累绶若、鸣玉曳履、传龟袭紫、秉笏披

袍、七叶珥貂

4. 以服饰形象来描绘境遇

白日衣绣、衣锦还乡、昼锦之荣、服冕乘轩、褰裳露冕、倒冠落佩、散发抽簪、青鞋布袜、席丰履厚、锦衣玉食、无衣无褐、缺衣少食、短褐不完、脱白挂绿、束带立朝

5. 以服饰形象来描绘情绪

怒发冲冠、发上指冠、奋袂而起、拂袖而去、攘袂扼腕、揎拳捋袖、堕珥遗簪、拂袖而归、冠缨索绝、奋袂攘襟、瓶坠簪折、视如敝屣、濯缨濯足、挂笏看山、轻裘缓带

6. 以服饰形象来描绘人品

扫眉才子、无冕之王、被褐怀玉、饭囊衣架、瑶环瑜珥、襟怀坦白、濯缨洗耳、濯缨沧浪、马牛襟裾、沐猴而冠、衣冠禽兽、角巾私第、草衣木食、敝衣疏食、解衣推食

7. 以服饰形象来描绘世间百态

正冠纳履、毁冠裂裳、袖里乾坤、微服私访、被发缨冠、领袖后进、屦贱踊贵、长袖善舞、张冠李戴、冠冕堂皇、朱紫有别、冬裘夏葛、振裘持领、郑人买履、连衽成帷、解甲归田、衣冠云集、赭衣塞路

课后练习题

1. 如何理解服装风格的天国意境？
2. 服装风格的乡野意境有何代表性款式？
3. 你更喜欢哪一种意境的服装？举例说明。

第六讲　服装研究的美学意义

　　在美学范畴中，服装美学属于部门美学，正因为是部门美学，因此不可能远离美学理论，即审美对象、审美属性、审美存在、审美本体、审美体验、审美批评、审美机制、审美个性、审美欣赏、审美创造、审美形态、审美教育、审美文化与审美起源等内容。但同样因为是部门美学，因而又必须关注服装研究的独特的美学意义，这就是说不能仅仅将美学的理论照搬到服装美学中来。

　　在这一讲中，应将重点放在四个方面：一是服装作为审美对象时，我们的观察方法和研究方法；二是服装文化与审美教育的必然结合与社会需求；三是服装审美批评的现实性和重要性，这里不只是对于着装者的批评与引导，更重要的是对于服装设计的善意批评与文化商榷；四是服装研究的根本在于理论水平的提升。这些都是服装美学研究中必不可少的，是服装总体发展全面推进过程中所必须重视的，尤其是学术理论体系的科学构建。

第一节　作为审美对象的服装文化圈

　　人类服装文化的总特征，是作为人同自然的历史结合，并倾注了社会文化观念的积淀物。服装以其自身所具有的功能性（即物质性）和装饰性（即精神性）双重属性，特别是与人共同构成的整体形象性，全面、准确、完整、清晰地反映和记录了人类的总体文化（包括风貌和内涵）。

　　故此，在人类服装文化的总特征下，又可根据其间存在的差异，而分出若干个服装文化圈。这些服装文化圈并不能截然以人种、地域、气候带来划分，而是基于每个服装文化圈中有着较为相同的形象特征、心理特征、工艺特征和物理特征。因此，这种服装文化圈，尽管不可能脱离自然条件，却是以社会历史文化为标准而划分的。

　　划分服装文化圈，必须有四个具体依据，如着装者自身体质条件的一致、着装者文化心理定式的一致、着装者所在区域工艺风格的一致、着装者对服饰价值取向的一致。

基于以上四个主要条件，我们将人类服装文化划分为两个服装文化系，内含五种服装文化型，最后细分为七个服装文化圈。

表意系，即内向系，包括两种服装文化型。第一是礼教型，其本身形成一个服装文化圈，主要区域在东亚。第二是宗教型，包括两个服装文化圈，一个是佛教服装文化圈，主要区域在南亚和东南亚；再一个是伊斯兰教服装文化圈，主要区域为西亚和北非。

表象系，即外向系，包括三种服装文化型。其中性感型本身也是一个服装文化圈，主要区域为西欧以及西欧人大部分迁入的美洲诸地。乐舞型也是一个服装文化圈，主要区域为东欧以及与东欧毗邻的西亚一些地区。第三个服装文化型是原始型，包括两个服装文化圈，本原服装文化圈主要区域为非洲、大洋洲太平洋岛屿和南美洲的部分地区；功能服装文化圈主要区域为北欧、北美洲等北极地带的一些地区。

各服装文化圈分属表

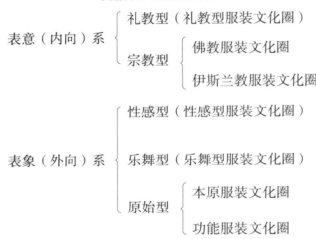

当然，这只是将纷繁、悠久的人类服饰，结合一定范畴内突出（或主要）的文化表现，做出的判断或划分。只能取其最高的近似值。尽管它有许多难点，我们却不能放弃这种归纳的工作，否则就无法认识我们所生存的这个世界的服装文化概貌。

一、表意服装文化系

（一）礼教型服装文化圈

如表意（内向）系，第一类就是礼教型服装文化圈。

在地球上位于亚洲东部的一些地区，居住着属于蒙古利亚人种的人群。这些人群已分别属于若干个国家，如中国、日本、朝鲜等，可是这些人群的服装风格有着惊人的一致性，因为他们毕竟生活在气候条件相近的自然环境中，而且同属一个人种。即使其生存条件有所差异，可是在他们长期交往的历史进程中，受到汉文化特别是儒家礼教文化的影响很大。其文化心态，特别是反映在服装上的文化观念，与其他服装文化圈相比显然不同，而圈内是十分相近，甚至可说是几近相同的（图6-1～图6-4）。

气候温和，但四季有变，又带着或浓或淡的海水潮湿味道的东亚地区，孕育了这样一些性格相对内向的人群。他们以农业、畜牧业和渔业为主要经济手段，自古以来就这样默默地劳作着。

历史文化在这一圈内没有过大起大落（没有中世纪宗教战争那样大规模的征伐），在生活中也很少有像西方人所经历的那样的惊涛骇浪。据说蒙古利亚人的扁平面颊的形成是基于抵挡风沙严寒，东亚人起伏不大的五官，却似乎是显示着他们平静又不优裕生活的痕迹，显示着他们那恒常的毅力和相对温顺的性格（图6-5、图6-6）。

图6-1　中国唐代
皇帝

图6-2　中国古代女服

图6-3　日本上层武
士正式礼服

图6-4　日本上层女性
装束

图6-5　中国宋代士人

图6-6　日本古代女性

这一文化圈的人们所恪守的行为规范，在相当大程度上受到中国春秋时期思想家、教育家孔子的影响。他们所表现出来的心理上的紧缩感和责任感，无不与孔子的儒家学说有关（图6-7、图6-8）。儒家思想也被称为儒教，在美国L.M.霍普夫所著的《世界宗教》中，就有关于儒教的章节。当然，包括作者本人也知道儒家思想体系不是宗教，而认为"它更是一种伦理观，一种治国安邦的理论，一整套深刻影响了中国人达24个世纪之久的个人和社会的奋斗目标"。实际上，儒家思想影响所及远不只中国，还有东亚或更远一些的地方。儒学中以"礼"为核心以及"仁、义、礼、智、信"等行为规范的产生，是与其自然条件密不可分的，但是它的诞生又无疑给这一区域的人们加上了一种思想的特殊性。

表面上看，与儒家几乎同时起源的道家学说好像没有儒学影响大。其实，这主要是因为儒家思想曾在汉代（罢黜百家、独尊儒术）和宋代（存天理而灭人欲）两代公开成为统治思想，而道家学说没有登上这样的地位。但是，应该看到道家思想在对这一文化圈的人的影响上，始终没有减弱。直至佛教自古天竺传到中国，又由中国传入日本、朝鲜时，还是在佛教中夹杂着许多道家的精华。对日本人影响深刻的禅宗文化，实质上正是道家虚无思想在佛教文化上的闪光。于是，敬奉上天、维护政权、注重修养与励精图治等一系列规范更加融入这一文化圈的艺术活动之中。茶道、插花等礼俗活动都被罩上了一层温文尔雅、虚无缥缈的纱幕（图6-9、图6-10）。

可以这样说，这一文化圈的哲学（包含美学）思想孕育出的，不是一种外求、外向、外显、外张的人生观。它特别注重的是怎样成为一个完美的人。人的服装，自然是"成人"的一个重要组成部分，所以自古以来，服装都被列入到礼制范围之内。

礼教型服装文化圈的服装观，是以服装作为修身的必修课程之一；其服装美的标准，是映耀天地，符合身份；在服装上所追求的艺术意境，是浑然天成、飘然若

图6-7 日本武士的平
日穿着

图6-8 中国武将形象

图6-9 明代舞者

图6-10　日本舞蹈场景

仙。男性，在英武的装扮中总要不失几分服装上的文雅；女性，在俏丽的着装中更要以服装显示娴熟与端庄……

于是，这一服装文化圈的服装风格，整体性强，不讲求显示腰身，而是通过衣服宽松的外形去表现一种气韵，一种诗意，一种只可意会不可言传的民族文化的精髓（图6-11、图6-12）。服装造型上没有主体的挺拔的褶皱，却有自然下垂的含蓄的衣纹，而且在服装面料上织成的吉祥寓意的纹饰，使其整体呈现在着装形象受众面前时，宛如一幅精美秀致的工笔画。

图6-11　中国人的文雅形象

图6-12　琴茶酒是中国人生活中的情志

近乎中和的自然条件是这一服装风格的基础，而公开宣扬"发乎情而止乎礼"的儒家思想又成为这一服装文化的约束力。"儒服雅步"也许难以概括这一服装文化圈的由来与发展，但这四个字已能以最简练的语言勾画出这一服装文化圈的服装风格和文化人——着装者的心境与仪表。

（二）佛教服装文化圈

表意（内向）系的第二类是宗教型，其中之一是佛教服装文化圈。

亚洲南部和东南部分布着很多个国家，有印度、锡兰、泰国、斯里兰卡、老挝、缅甸、越南、菲律宾、印度尼西亚等。这里居住着蒙古利亚人种、欧罗巴人种、尼格罗人种以及基因倾向不同的混血人种。在东南亚居民中还可以见到维达、美拉尼西亚和尼格利陀等种族类型。在这一地区的居民人种问题上，显然要比东亚地区复杂。但是就气候和地理条件来看，南亚大部分地区位于赤道以北和北纬30°以南之间，除了北部的山地以外，绝大部分地区属于热带季风气候。东南亚则位于热带，兼有热带雨林和季风两大类型的气候特征。这就是说，将南亚和东南亚地区划为一个服装文化圈，其自然环境基本是一致的。

这一文化圈最突出的文化特征是笃信宗教。很多文化事象都与宗教密切相连，而且教徒们虽然所信仰的宗教不同，但是其虔诚的程度是十分相近的。由于南亚、东南亚地区大部分是半岛或分散在海洋中的群岛，所以其文化发展程度相当悬殊。所信仰的宗教，在佛教、印度教、基督教等宗教以外，还有耆那教、锡克教等，并普遍存在着原始宗教形式，如图腾崇拜、巫术和万物有灵信仰等。但是，尽管所信仰的宗教很多，这一区域内仍是以佛教体系为主（图6-13~图6-16）。

在泰国、缅甸等国，佛教成为国教。以泰国玉佛寺、缅甸蒲甘地区佛塔群为代表的佛教建筑比比皆是。而且男性公民一般都要去寺院中过一段僧侣生活。其中

图6-13 印度雅姆娜河神像

图6-14 当代印度女装

图6-15　泰国女子日常装　　　　　图6-16　泰国传统服饰

老挝曾一度成为东南亚佛教中心；柬埔寨国王曾为佛教的当然护持；泰国国王也有在一定时期内出家为僧的风尚；缅甸佛教不但由印度传入较早，而且至今公民中80%以上都是佛教徒；印度尼西亚在8世纪和9世纪时，中爪哇建立的夏莲特拉王朝，信奉大乘佛教与印度教混合的密教，其世界驰名的婆罗浮屠大寺，成为世界美术史上的奇观，只是到15世纪后伊斯兰教传入爪哇后，佛教和湿婆派的信仰才逐渐衰落；越南信仰佛教，主要是公元2世纪时从中国传入的，在此以后创立四种禅派，至16世纪、17世纪天主教开始传入越南，佛教虽不似以前兴盛，但仍绵延不绝……

印度，是多种宗教发源地。印度教、耆那教、佛教和锡克教都来自古印度。其中影响深远的印度教与佛教有着渊源关系，它是在从波斯地区迁至印度河流域的移民团体和印度本土宗教相混合的产物。

可以这样说，这一文化圈是明显受到宗教（特别是佛教）文化制约与促进的。因此，根据其区域内公民的信仰观念将其定为宗教型佛教服装文化圈，是有着独特意义的。

首先说，一些宗教的教义、教规就与服饰密切相关，如佛教教徒必须信守的戒律中有："不戴花饰，不洒香料，不用润肤脂，不用装饰品"。

与此同时，佛教中的西方净土派（净土宗）又将"西方净土"描绘成阿弥陀佛的世界，充满了沁人的芳香，到处是各种美丽的花朵和甜美的水果，宝石装缀的树，……这些宝石树五光十色，千变万化，变化着组成七种珍贵的东西，即金、银、绿玉石、水晶、珊瑚、红珍珠、绿宝石。

16世纪在佛教发源地印度产生的锡克教，曾建立过一支由不同寻常的优秀战士组成的锡克精锐部队。这一组织被称为辛格（狮子）。他们的显著标志是：束发、蓄胡子，头上留长发、戴长哈（梳子），穿卡克（短裤），戴卡拉（铁手镯）、佩卡达（铁剑）。

在此基础上，这一文化圈的着装者在服装风格上追求一种宁静与素雅，他们希望在合身短上衣与长裙、长袍、肥腿长裤以及缠裹身体的长巾所构成的服饰形象中能创造出肃穆与庄严；并以佛教或其他宗教题材的配饰和头抹红粉等达到一种远离尘世的境界，从而寻求灵魂的解脱。

客观环境上，这一文化圈居民所处的自然条件和经济方式所给予人们的，并无多少优雅与清闲。他们必须常年头顶烈日或跋山或涉水地奔波劳作。实际条件的艰苦、视觉景物的美妙，加上宗教对人心灵的影响，三种外因从截然不同的三个角度，共同塑造成这一区域内人民的文化观念，其中自然包括着装观。

在佛教服装文化圈内，着装者普遍具有对佛教的忠诚信仰，同时执著中带有淡淡的被压抑的伤痕。应该看到，他们对宗教有一种发自内心的感情，已经深深地融入血液之中（图6-17、图6-18）。

佛教服装文化圈的服装风格不同于礼教型服装文化圈服装风格那样拘谨：一则，古印度发起的佛教艺术形象中，并不显现严格的禁欲思想；二则，这一文化圈的着装者出于自然环境的限制，也不可能总是包裹得那样严实。这一文化圈实际上包含着中国南部和西南部少数民族，由于他们族源同一、生存条件相仿和相互交往频繁等诸因素的促成，因而形成了这一区域中一致的服装文化观念（图6-19）。

图6-17 藏传佛教僧人服饰

图6-18 当代佛教僧人

图6-19 穿印度传统服饰的舞者

（三）伊斯兰教服装文化圈

宗教型中除了佛教服装文化圈，还有伊斯兰教服装文化圈。

北非埃及，西亚伊拉克、叙利亚、黎巴嫩、约旦、土耳其、伊朗等二十余个国家所居住的区域，在世界上被称为"中东"。当然，这是欧洲人以欧洲为中心，根据距离欧洲的远近而对亚洲各地区的称呼。我们权且保留这种划分，主要是因为这一区域内的居民大多信仰伊斯兰教。

西亚地处亚、非、欧三洲交界地带，正好位于阿拉伯海、红海、地中海、黑海和里海之间，所以又被称为"五海之地"。西亚的地形以高原为主，气候常年干燥。在许多山地和一些绿洲上，分布着大草原，因而畜牧业发达。地处北部非洲的埃及，与西亚地区的自然环境十分接近，不仅有着人类早期的文明发源史，而且较大规模地接受了西亚阿拉伯国家所普遍信仰的宗教。这就使得这一地区不仅自然条件相近，其文化观念也基本一致。从人种分布情况来看，这一地区主要是欧罗巴人种以及欧罗巴人种和尼格罗人种混合类型的民族。

从以上各种条件来分析，将此划分为一个服装文化圈是有基础的。至于说何以将此称为伊斯兰教服装文化圈，这完全可以从他们对伊斯兰教的彻底皈依，以致对服饰形象的严格限制上看出这个服装文化圈的特征（图6-20）。

这个服装文化圈内，在很长时间内是"政教合一"的。圈内的着装者由于一出生就是伊斯兰教的信徒，因此，终身都沐浴在阿拉伯文化、宗教观念之中。作为最年轻的世界性宗教——伊斯兰教，是发展最快的宗教之一。它以富有活力的传教计划，使它在亚、非等不少国家中，成为占统治地位的宗教。伊斯兰教的基本信仰是世界上只有一个神，他的名字叫安拉。"除了安拉，没有别的神灵；穆罕默德是安拉的使者"（《沙哈达》）。根据先知穆罕默德的教诲，信仰者的生命只有一次，信仰者怎样生存将取决于他们怎样度过永恒的存在。在一次生命期间，信仰者必须服从安拉的意志。因此，这一宗教的信仰者就称为"穆斯林"，即"顺从者"的意思。

由于这一文化圈内的人们在信仰宗教的态度上其虔诚程度远远超过了其他地区，而民族习性与生活方式又与其他文化圈差异较大，因此，他们的着装也极严格地按照伊斯兰教教义规定去选择和设计。在最神圣的麦加朝觐时，穆斯林们必须穿上没有头盖的简朴朝圣长袍，穿简朴的鞋，因此从外观上看不出穷人和富人的区别。进入清真寺做礼拜时，不能穿鞋，以

图6-20　伊斯兰教风格和服饰

图6-21 当代穆斯林服饰

免将不洁之物带进寺院圣地，玷污了神灵。

伊斯兰教服装文化圈的特征突出表现在女性着装形象上。女性穆斯林本着苦修、禁欲的精神，以服装色彩的深重和服装款式的大幅遮盖表现出本身的圣洁，以及对安拉和先知穆罕默德的虔诚。而男性则认为女性理应这样着装，不允许有丝毫疏忽和放松。任何服装上的动意和行为，都直接连着一个人的灵魂乃至生命。在那里，服装不仅是遮盖躯体的物品，更是一种身份标志，一种心灵的外显形式（图6-21）。在服装上任何不经意的开放行为或疏漏行为，都是对神的莫大的亵渎。

服装和信仰已经密不可分。宗教观念直接限制了这一服装文化圈居民的着装行为。凡有不规范的着装想法，就等于在亵渎神灵的同时，还表明了自己的叛离行径。这一点是不能容许的，无论从着装者角度还是从着装形象受众来讲，都是这样。

二、表象服装文化系

（一）性感型服装文化圈

表象（外向）系中，第一类即是性感型服装文化圈。

欧洲西部和南部是人类历史上中后期飞速发达的地区。从地理位置上看，欧洲就像是亚欧大陆西部向大西洋伸出的一个大半岛，北临北冰洋，西临大西洋，南临地中海。大陆边缘有许多内海、海峡、半岛和岛屿，是世界上海岸线最曲折的一大洲。欧洲大部分位于北温带，纬度40°～60°的地方全年盛吹西风。又因为欧洲西面濒临辽阔的大西洋，沿岸有北大西洋暖流经过，加上海岸线曲折，山脉多东西走向，西风容易把温暖湿润的空气送进大陆内部，所以欧洲气候受大西洋影响很大，海洋性气候特征显著。西部大西洋沿岸更为典型，冬季比较暖和，夏季比较凉爽，年降水量较大。南部地中海沿岸属地中海式气候，冬季温和多雨，夏季炎热干燥。

欧洲的居民主要是白种人，即欧罗巴或称高加索人种。这一地区的文化发源早，而且哲学体系完整。自然科学方面的探索、研究工作更是走在世界各国的前列。西欧和南欧虽然也经历过中世纪那一时期的宗教至高无上的统治，但是西欧人崇信基督教和天主教，又并未完全陷入到宗教思想的思维模式之中。他们更相信科学、崇尚逻辑学，讲究推理，善于以科学的方法去解开宇宙万物之谜。

也许是由于希腊古国在爱琴海和煦的暖风吹拂中，既诞生了伟大哲人苏格拉底、柏拉图、亚里士多德，又曾流行过崇尚人体健美的裸体体育运动。所以，当既严谨又开放的探索精神延续下来时，那种视人形体为世间最完美的观念也断断续续地在西欧人文化观念中显现出来（图6-22）。

西欧和南欧人的文化观念体现在服装上时，就使得着装者极力以服装来表现和颂扬人体美，并以夸张的服装结构去强调不同性别的形体差异。西欧和南欧人的服装风格是趋于立体化的，无论是早期的骑士式上装、鼓形撑箍裙，还是当代服装设计大师的最新创作，总是力求以三维空间的形式，去表现一种体积感很强的服装美（图6-23）。

当西欧人大批迁移到美洲大陆去以后，由于人多、势大、占据有利地形并拥有优厚的经济实力和先进技术，所以以迅雷不及掩耳之势占据了美洲，极大地冲击了原住居民的正常生活秩序和文化传统。

北美洲居住着大批欧洲移民的地方，有些属于温带海洋性气候，有些属于地中海式气候。可是，欧洲移民聚居地的气候条件大致与西欧相同。这就促使美国、加拿大等文化圈的服装风格基本上类同于西欧服装风格。

将这一服装文化圈的名称定为性感型，主要是相对于东亚礼教和西亚伊斯兰教（即封闭式）服装文化圈的特征而设定的。这一文化圈的人性格豪放、开朗、不隐讳个人的思想倾向，也不有意遮掩自己的天然体形。他们的服装在相当大程度上是有意表现这种优越感，表现内心对服装美

图6-22 古罗马服饰形象

图6-23 富有立体感的裙装

的渴望与追求。他们把以服装表现文化内涵的期望，寄托在以服装来表现人体美和人性的本质美之中。这一服装文化圈内，在各个领域都显示出这种特性，所以在服装上讲究适体，突出性别差异（或曰性感），讲求现代化和时代感，并在近现代领导着世界服装新潮流（图6-24~图6-26）。

图6-24 性感的牛仔服饰　　图6-25 充满野性的现代装　　图6-26 美洲原住民风格时装

（二）乐舞型服装文化圈

表意（外向）系中第二类是乐舞型服装文化圈。

在西起波罗的海东岸，东抵乌拉尔山脉，占有整个欧洲东部的东欧平原上，居住着热情奔放、能歌善舞的许多民族。他们主要是欧罗巴人种。就气候条件来说，东欧平原属典型的温带大陆性气候，那里冬冷夏热，降水主要在夏季。长长的伏尔加河与多瑙河赋予了这一文化圈人们更多的艺术气质。特别是发源于德国南部山地的多瑙河，向东流经奥地利、俄罗斯、捷克、匈牙利、罗马尼亚、保加利亚和乌克兰等国，在为这些国家带去经济交往的同时，也促成了文化上的大范围交流。

这一区域内的居民也属白色人种，只是他们在语言上主要为斯拉夫语系，与欧洲西南部意大利、法国、西班牙、葡萄牙等国语言所属的拉丁语系及欧洲北部、西部和中部的丹麦、挪威、瑞典、英国、德国语言所属的日耳曼语系有所不同。这一斯拉夫语系的人们尽管分居各国，但由于居住区域自然环境大致相同，文化传统基本相近，因此在文化观念上极为一致。

男性的白衬衫、黑裤、窄檐帽，女性的花边衬衫、紧身围腰和肥大的裙子以及部分男女老少穿的软皮靴，似乎能让人感受到旋转起来的表演艺术效果。在这一服装文化圈的文化生活中，舞乐占据着重要的位置（图6-27）。当夕阳西下或星光闪烁时，人们常常聚集到村庄的宽阔地带，绕成圆圈跳起舞来。如果适逢喜庆节日，那乐舞之声之影更是通宵达旦。

就乐舞本身来讲，它是不以洲界、国界来分的，几乎全人类每一个地区、每一个民族的人们，都有着悠久且美妙的乐舞传统。但是，我们将这一文化圈的服装风格划归为乐舞型，是因为宗教并没有在此形成绝对的影响，而哲学、科学的探索也没有在此形成全民的风气。相对来说，倒是乐舞这一有声有色、有形有象、有动态的文娱形式贯穿在他们的生活之中，以至连他们的服装造型，如宽松柔软的衣袖和肥硕、软硬适中的长裙以及男女都爱穿的小坎肩，本身就适宜表现舞蹈中的旋律和形体语言。舞服就是常服，常服也是舞服，乐舞一刻未离开这一文化圈的人，这一服装文化圈的着装者也创造和发展了适于舞蹈的、带有浓郁民间艺术特色的服装风格（图6-28、图6-29）。

图6-27　东欧民族舞蹈服饰

图6-28　东欧民族服饰

图6-29　东欧中学生

（三）本原服装文化圈

表意（外向）型中的第三类是原始型服装文化圈，这里又分为两种趋向，其中一种就是本原服装文化圈。

本原服装文化圈主要包括非洲撒哈拉大沙漠以南和大洋洲太平洋岛屿以及南美洲的一些原住民居住的区域。其实，非洲的历史并不短暂，非洲还是人类文明摇篮之一。只是与世界大部分地区相比，实在是发展得太缓慢了，以致这一区域中的许多地方至今还处于较为原始的生活、生产状态之中。至于人类进入澳大利亚和美洲大陆的历史，相对于亚、非、欧三洲来说显然要晚，至多不过几万年，进入波利尼西亚群岛的时间更晚，约在公元前1000年左右。由于太平洋岛屿远离大陆，南美洲原住民不愿轻易被外来移民所同化，所以他们拥向偏远的地区，仍然尽可能地保持着自己的生活、生产与文化方式，刀耕火种仍不失为一种普遍的生产表现形式。

由于尼格罗人种中有尼格罗和澳大利亚两支，所以一些权威著作中，也将其称为尼格罗—澳大利亚人种。前一支主要分布在非洲撒哈拉大沙漠以南地区，后一支分布在澳大利亚和大洋洲以及亚洲部分地区。此外，由于中古以后特别是近代民族迁徙中各人种之间的通婚，因而形成了多种混血民族。这种种族成分复杂的现象以南美洲最突出，因为在南美洲既有原住民印第安人（蒙古利亚人种），又有欧洲白人（欧罗巴人种），还有被贩运去的非洲黑人（尼格罗人种），所以混血人群之中，存有不同人种基因，有的某人种基因多些，有的少些。

非洲气候的特点是：气温高、干燥地区广，气候带作南北对称分布。它地跨南北两半球，赤道横贯中部。全洲有四分之三的面积在南北回归线之间，绝大部分地区的年平均气温在20℃以上，气候炎热，有"热带大陆"之称。包括澳大利亚和太平洋岛屿的一些地区属于大洋洲。大洋洲有沙漠也有绿地，其分散着的岛屿有大陆岛、火山岛和珊瑚岛。虽然也在南北回归线附近或之间，也属热带气候，但是属于温暖湿润一类，不像西亚、非洲那样干燥。南美洲位于北纬12°和南纬56°之间，赤道横贯北部。全洲约三分之二位于热带，同其他各洲相比，南美洲气候比较温暖、湿润，类同于大洋洲。

本原服装文化圈的划分依据，是这些地区文化的初原性。就宗教信仰来说，这些区域的土著居民主要有图腾崇拜、巫术和万物有灵等明显属于人类童年时期的信仰形式与内容。他们的语言、婚丧仪式、结社活动等社会文化活动，还停留在人类原始社会时期的性质和形式之中。因而在服饰品的制作和服饰形象的设计上，也自然带有明显的原始社会的痕迹，甚至是保留着全部原始性的服装原生态。如重视饰物，以各种摘取来的植物果实、根茎和猎获来的动物骨、牙、角经加工后装饰在身上（图6-30）。同时，注重文身，以此为美为荣耀，或是为标明地位，或是为显示所属。由于这一服装文化圈内的自然条件不用着装者以衣御寒，所以，人们除了以必要的服装遮护皮肤防止暴晒以外，一般不以衣服的寓意性和工艺性作为服装选择重点。就这一点来说，也使得大面积裸露的皮肤需要以文身（包括针刺涂线和刀割瘢痕）或绘身、火烫来加以装饰（图6-31）。

严格地说，在艺术上以草裙舞为主要表现对象的地区（如美国檀香山），着装者的形象虽有很大改变（追求现代化），但是就其根本着装形象来说，也应该划入原始服装文化圈内。

图6-30 装饰性十足的服饰

图6-31 文面文身的原始部族人

（四）功能服装文化圈

原始型中除了本原趋向以外还有一种就是功能趋向。

欧洲北部和北美洲北部都靠近或进入北极圈。欧洲北部北冰洋沿岸一带属苔原气候，冬季严寒而漫长，夏季凉爽而短促。挪威、瑞典、芬兰、丹麦和冰岛五国处在由波罗的海和巴伦支海通往北海，或由北冰洋通往大西洋的航线上。北欧大部分地区处于高纬度，北极圈通过挪威、瑞典和芬兰的北部。特别是北欧的最北部，气候寒冷，多阴天，地面上积雪可达半年。北美洲北部，即北冰洋沿岸，也是冬季漫长而寒冷，夏季凉爽短促，沿海许多岛屿常年被冰雪覆盖，属极地气候。

北欧区域内居住着属日耳曼语系的欧罗巴人种居民；北美洲北部居住着世界上分布最北的居民，即属于蒙古利亚人种的因纽特人。他们终年生活在严寒的极地区域，以渔业、狩猎为生。寒冷的气候、漫长的冬季，给这两大洲的北冰洋沿岸居民带来诸多的艰苦条件。当然，同时又赋予了他们以坚韧的性格。他们在恶劣的自然条件下养成了顽强的奋斗精神，善于在困难中取得胜利，赢得乐趣。因此，北冰洋沿岸的居民有着自己的生产方式、生活方式和娱乐内容，也始终在创造着不同于其他区域的服装风格。如用海兽皮和鱼皮为服装原料，做成防冰雪和强日光反射的只留细缝的木制眼镜。但是，如果我们将七个服装文化圈的服饰风格加以比较的话，就会发现这一服装文化圈的着装者，首先必须考虑其实用功能——御寒，从而保护自己，保存生命（图6-32）。

在这里会看到，无论挪威的小新娘身披多少条头巾，戴多少串项链，甚至戴上金质的王冠以显示其美貌和富有，但是绝不会舍弃厚厚的袍子和宽大的皮靴（图6-33、图6-34）。说明这一区域内的服装更多地考虑到实用功能，而不是一味地寻美，因此有了一定的局限。我们如果选取影响服装风格特别是服装文化观念的最重要的因素的话，那么这一服装文化圈属于功能服装文化圈是不容置疑的。它虽然与本原服装文化圈的着装从表面上看有很大差异，但其实质是一样的。只不过这里更强调御寒，从着装行为和服装风格上来看基本上很少改变，因此仍属原始型。

图6-32 北欧传统女装

图6-33 北欧民间服饰

图6-34 北欧的民族服装

第二节　服装美学的教育作用

根据社会调查和教学实践得出结论，服装美学不但具有人的自我形象设计的教育作用，还是社会生活与心灵的教科书。它需要从两方面入手：一方面是课堂教学，另一方面是社会传播。

生活，创造了文化，人们又用文化的法则改造自己和生活。追求服装文化，倡导服装美育是社会发展的客观要求和生活准则。从历史的纵向发展与生活的横向展示看，服装文化与美育都占据不可动摇的地位。人类在地球上，一要生存，二要温饱，三要发展。在服装上也是一要蔽体，二要完善，三要美化。不能蔽体，就不能保温（升温和降温），抵御来自大自然的伤害。不能完善，就不能满足人对生存和生活条件的全面需求；不具备文化内涵，就无法适应社会发展和文明进步的步伐。而它们又是义无反顾、相辅相成并互相促进的。例如，早期的蔽体并不单纯是保护肉体的，同时有精神上的护体需求，如巫术服装。三要美化，也不是简单地追求美，而是仍然以适体和健康为原则。因而可以说，服装文化是客观要求，又是人们主观能动的精神活动。

总之，衣服与配饰在人类物质生活中的地位，即在自然人的需求中仅次于食品，但是它所具有的强烈的情感色彩，即在社会人的实际生活中又远远超过了食品。另外亟须引起文化界关注而且需要文化教育界人士为之呼吁的原因，就是服装美学的普及性还根本无法适应人们对服装需求的程度，或者说相当一部分人在服装审美中还不能将着眼点放在应有的位置上。因此，确立并在此基础上提高服装美学在社会教育中的地位十分重要，而且势在必行。

一、服装是文化的集中体现

几乎每个人都会有这样的经验，当我们进入一个陌生的区域时（区域的范围大可到国家，小可到某一社区），这个区域给我们留下的最初印象是由建筑、卫生、人群着装和言谈举止等共同构成的。如果要从最简便易行的方面去审视，那人群着装中所体现出的文化内涵与审美趣味，最能如实地反映出这一区域内人们的文化素养和精神风貌。

作为社会的人，他的意识、思维必定受到社会的熏陶与支配，而且在某一区域内长期积淀下的观念、习惯、传统也约束着人们的行为。人们选择服装，这一极为平常的行为是每个人随时随地乃至一生都无法回避的。无论他怎样随意，怎样不假思索地选择，实际上的着装效果还是完全显示出他文化意识中的价值观、道德观和审美观。

从已逝去的年代中可以看到，社会生活和文化传统决定了人们的着装风格。而这些又是在一定的社会生产力的基础上形成的，处于不同的生产关系中的人对物质文化的需求和消费方式是不一样的，对衣食住行的要求标准和美丑观念也绝不相同。中国的唐代是封建社会的巅峰时期，它的政治相对稳定，经济空前繁荣，对外交流频繁，强有力的统治和宽容的政策，造成了一种非常开放的思想意识氛围，从而使得唐代人比封建社会中任何一个朝代的人都更敢于在服装上创新，更敢于大胆表现受其他民族影响而产生的各种新鲜感觉，并且上升到与本民族服装完美结合的高度。唐代女子盛行的袒领服，所欣赏的露髻骑马驰骋以及曾达到登峰造极地步的面妆，都不是孤立存在的。透过异彩纷呈的服装世界，可以深刻感受到大唐的高度文明（图6-35）。同样，在欧洲的文艺复兴时期，人们也是在人文主义旗帜下，勇于在服装上求新求美，一扫中世纪的昏暗与压抑，同时荡涤了宗教桎梏给人生活中所带来的单一色彩（图6-36）。当然，并不是说，只有在经济高度发展、思想获得解放的形势下，才会出现服装文化的高峰，人即使在最艰难的社会生活中也不会忘记美。正如艺术本身没有高低一样，所有民族在某一时期经过人类筛选出的精华都没有美与不美之分。生产力低下的原始人部落在没有文字的状态下，仍然不容我们低估他们的服装文化创造。而且，从某种意义上讲，他们在服装文化上因未受到过多限制而表现出的那种自然与纯真，仍然令文明发达的现代人赞叹不已。这是因为，所谓文化财富是不以识字多少为依据的，他们的鼓声、他们的长矛、他们那激昂的乐曲和强劲的舞步以及有特色的服装都代表了那一个区域内在那一时代所创造的文化。

图6-35　中国唐代女子袒领服

我们需要站在一定的文化高度来审视与对待服装。将视角拉近，回到我们身边来。假如有一人，不懂得"学而不思则罔"（《论语》）的道理，错误地认为只要盲目模仿就是积极学习，其结果便是只学了一些皮毛，无论是学中国的，还是学外国的，都这样对待。很明显，这当然算不上真正的学习。对服装的审美标准可以显示出来，由于没有根据文化性加以选择，一味单纯模仿他国他人的服装，因此总会闹出东施效颦和邯郸学步的笑话来，这不能不说是一种遗憾。

图6-36　欧洲文艺复兴时期女性
装束

图6-37 优雅端庄的着装

图6-38 青春活泼的着装

另外有一种情况，某人的专业水平很高，甚至在事业上颇有建树，但是他在着装中却显不出自己的堂堂仪表，这是不是也会影响他本身的形象，进而使别人怀疑其文化素养问题呢？我以为会的。因为他的事业只说明了他修养的一方面，而不是全部，但服装恰恰是全面反映一个人的文化素质与审美观的。正如风度一样，它显而易见地反映出一个人的全貌。无论是粗衣布鞋，还是鲜衣华服，只有搭配得当，整齐清洁，符合本人身份和涉身的场合，才可能是美的。单独装饰某一个局部，与人的整体脱离，都很难取得理想效果。

综上所述，服装是文化的集中体现，它既不能由一个人或几个人闭门造车、标新立异，也不能由一小部分人去设法逆转。从历史视角上看，服装如实地反映了一个时代的社会文化背景；从目前趋势来看，它也是直接受到社会生产力与意识形态制约的。具体到一个人，当他着装后既成为着装形象主体又同时是着装形象受众时，穿衣就会成为衡量这个人的文化素养的标准了（图6-37、图6-38）。十分自然，由无数个人组成的人群着装风格也就构成了一个区域的文化表征。特别是有代表性的领导人物，着装更是举足轻重。英国撒切尔夫人和中国宋庆龄等人的政治形象，即是与她们通过衣服和发型所展示的文化形象分不开的。在国际上，军警的一再改装，也从一个侧面说明了无论在宏观和微观上看，服装都集中体现了国民文化的内涵。

二、服装美学的社会教育和自我教育过程

既然服装客观地展示出人们的社会生活，那么还何必去费力进行美学教育呢？这涉及一个导向和启发着装者思考的问题。如果能有切合时宜的、积极的引导，那就会使服装穿着水平在一定时代背景下相对提高。反之，任其自然发展，其发展的趋势和结果也必然会完全不同。

社会审美教育，是美化生活、提高个人文化形象，促进服饰形象标准在原有基础上不断提高的重要手段。其方法，主要是利用一切与人民生活密切相关的新闻刊物、音像资料和有关教材，宣传并讲授有关服装文化的规律与原理，深入浅出地结合理论又选取生活范例，使大众在不消耗太大精力的情况下，潜移默化地接

受服装美学知识，然后循序渐进，逐步调整与提高自我形象的设计能力（图6-39、图6-40）。

社会文化与美育实际上还可以引发出由此而产生的自我教育过程，意指不由任何专业美学人士参与的活动，是人们在可能接触到的群体之内的一种自觉学习，因此，"近朱者赤，近墨者黑"的哲理在这里非常适用。同时还应看到，这种群体中审美意识的提高还会反过来促进社会文化与美育的再研究与再深入，因此产生良性循环（图6-41）。如果眼低（即审美趣味低下）的问题解决不了，那么再好的衣料和缝制工艺也无法呈现出完美的着装效果。20世纪90年代初的中国北方城市，婚礼上的新娘往往是红色拖地褶皱长裙，红色高跟皮鞋，加上头上的红纱、红绢花以及红皮包、红喜字袜子和红鸳鸯手绢等一系列婚服，就是将西欧服装款式、中原喜庆色彩、地区固有的配饰和华北农村的着装方式杂乱而不加融汇地穿在一个人身上。这样做，忽略了很重要的几点，如特定时代、环境、色彩和谐、与周围人的视觉效果等，社会教育环节在当年还未上升到一个较高的层次，以致自我教育过程也略显粗糙。真正有特色的中国北方民间艺术的特殊美感未能继承下来，西欧服饰特点又未能巧妙地予以利用，再加上对河北农村各地区习俗片面地摘取，就造成这样一种后果。由此看来，自我教育过程中的互相影响力很大，它包括了人对事物的评价、吸收以及由此而产生的行为取向，所以特别需要引起有关部门乃至美学界的重视，需要社会组织的因势利导。

服装，是人类生活的需要。凡需要，必然要反映出个人生理和心理的内部需要，并且成为个人行为不断向前发展的动力，这是个人积极活动的内因。如果想提高服装审美趣味，创立美好环境，这是有助于内因健康发展的条件和外因。依前所述，个人积极心理活动又反过来促进环境和教育的改观与发展。通过内外因素矛盾的辩证统一，才会有可能使大众服装文化审美活动取得正常而积极的进展。

图6-39 放松自我的着装

图6-40 炫色时装

图6-41 华美饰品造就的复古品位

在人们精神生活和物质生活的各种必需品中，服装，人人皆用，司空见惯，似乎不足以提升到美学上来。其实不然，服装不仅在社会场合中对树立一个人的形象至关重要，而且要看到服装效果影响到整个区域的声望，影响到整个区域在外人心目中的印象。所以，有人将胡乱穿衣说成是"污染环境"，乍听起来是玩笑话，其实此说毫不夸张，因为它反映出来的确实是这一区域内人们的整体水平。在国际交往中，一个国家人民的日常穿着（即不仅指重大礼仪活动中的服装）直接影响民族的形象和威望；在国际交往场合中，双方代表人物的服装不仅对外国人，对自己本区域内人民的心态也会产生重大影响，如日本投降后，当时任盟军最高司令官的美国将军麦克阿瑟会见日本天皇，日皇裕仁着隆重的燕尾礼服，麦克阿瑟却只穿着美军衬衫，敞开领扣，不系领带，以示蔑视。刊登当场照片的美国《生活》杂志传到日本，曾使日本人为之泪垂。类似的例子在古今中外都可以找到。

说到底，必须在全体人民中树立一种意识，即恰当地选择服装，并通过服装更好地烘托出每个人特有的风度。这需要做细致深入的工作，但又不能仅仅依靠为数不多的文化与美学界人士，而需要一个渗透过程，不能有半点急躁。因为服装美学只是人类文化中一个小小的分支，只有以全民族文化素养的大幅度提升为基础，才有可能跟上时代的步伐，才有可能在新形势下不断创造出新的服装美来（图6-42）。这种真正的服装美是与矫揉造作格格不入的。

文化学者列夫·卡西里在谈到审美活动时说："高尚趣味——这首先是一种有助于人们发现和识别世界上真正的美的健康趣味……而低级趣味则是由于不善于识别真正的美而满足于浅薄的表面的漂亮的一种粗俗趣味。"用它来说明服装文化与审美也是值得人深思的。

服装审美教育中，时装表演会起着示范作用。曾有一段时期，全世界的人们对时装的热度不断升温，但在中国一些城市中对时装表演的兴趣却远不如刚刚改革开放时。操办者抱怨，中国人不懂艺术，不知道看时装表演实际上是艺术欣赏，看一件总问自己穿上合适不合适，真是没办法。中国老百姓说，欣赏也罢，看热闹也罢，我们也想了解服装新潮流，自己做件试试。不然，看动作不如舞蹈，听曲调不如京剧，何必要花上个把钟头来看千篇一律的"一字步"的时装模特呢！一部分模特认为选进时装模特队就说明了是完美的，整天致力于涂脂抹粉，保持线条，忘却了最根本的文化修养。因此，观众看了半天，只是晃来晃去的美人躯壳，再加上时装表

图6-42 高雅来自内涵

演不注重面部表情，更觉索然无味。于是，台下人斥台上人为妖，台上人斥台下人为牛，如此这般，还有什么审美可谈，连最起码的共鸣都没有。

说起来，以时装模特来进行表演的初期，主要是为了展示服装新风采，推销新创作，借以刺激大家的购买欲，从而产生影响。19世纪下半叶在巴黎首先作此尝试的女装设计师、英国人查尔斯·沃思即是通过其妻子玛利亚的穿着向社会推出自己作品的。1901年，英国服装设计师露西尔女士正式聘请时装模特在美国进行时装表演，在考究的剧场内安排了淡雅的橄榄色绉绸背景、华丽的地毯、银灰色织锦帷幕，同时由管弦乐队演奏愉快的乐曲。但是，对大多数女士来说，对因时装设计新颖而成为美国社会中时髦的新闻人物露西尔来说，时装表演的着眼点还是应首先放在时装设计上，或者说应该放在与生活密切结合而只是超前一步的审美意识上。露西尔在美国表演的150件服装就是专门为美国妇女设计的。法国服装设计大师伊夫·圣·洛朗和皮尔·卡丹之所以享此盛誉，也是因为他们的设计符合西方文化心理和审美标准，并且在此基础上给人以服装更新的启示。假如我们过多地考虑表演效果，而无视观者的实际需求，那就不可避免地脱离群众，落得个孤芳自赏。

时装表演在某些发展中国家，毕竟是门年轻的艺术。如何适应各自国家的欣赏习惯；如何运用时装表演所特有的艺术语言；如何真正在服装流行中起到作用，赢得观众的极大热情，还需要一段艰苦的探索。最主要的，要把着装艺术上升到服装美学的高度上来（图6-43~图6-46）。

着装艺术，听起来颇有亲切感，人们觉得它有实用价值；服装文化，似乎高深莫测。人们以为仅仅是艺术问题，与着装者并无直接关联。事实上，着装艺术也罢，服装文化也罢，从来都不能离开活生生的具体的人。一个人只要穿上衣服，戴上配饰，就必然涉及着装艺术，又涉及服装文化。

图6-43 时装表演（之一）　　图6-44 时装表演（之二）　　图6-45 时装表演（之三）　　图6-46 时装表演（之四）

不错，人靠三分打扮，或是说要讲究穿戴艺术。但是，就着装讲，服装的材质、款式、色彩、图纹、造型、工艺，以至于人的发型、随件（挎包、手绢等）及其配套，只是着装整体形象的外部条件。外部条件的选择与组构比较讲究，在一般情况下会取得一定的外观效果。不过，有时也不尽然。健美裤显示的自应是既"健"且"美"，曾是着装中比较"新潮"的服装。但一经与具体人结合，有的却两腿如圆规，双尖落地；或臀部显得过大，腿部显得更粗；倘是过胖的人穿着则更如倒立的圆锥体。低领衫按着装艺术讲，有方领、圆领、鸡心领、一字领等，有人穿上却展示出肋骨根根，或颈项瘦长，反为不美。更有甚者，穿着上述服装出现在某些场合，特别是比较严肃的场合，很不和谐。"着装艺术"云云，类同潘多拉的魔盒，在留住希望的同时，可能也留下了遗憾。希望与遗憾并存，便使得人们很难圆满实现种种期望值。这也难怪，着装艺术是致力于服装外部组构的活动，领略与思考不好，自然会流于形式上的追求。

常有人提出这样的问题，怎样才能穿得有风度？怎样才能使一身服饰搭配得和谐、美妙？有关这种问题的指导文章并不少，讲得具体又具体：红不能配绿，胖人不宜穿横条等。其实，服装作为物是无生命的，可是着装者却是活的，不仅能呼吸、行走，而且还有意识、心态，有思维并生活在一定的社会形态之中。社会总是复杂而多变，社会的人也总是在寻求新的美，哪能有一条着装的"守恒定律"呢？所以，不适当地寻求这种捷径，对于讲的和听的人来说，都近于刻舟求剑。笔者在课堂上讲服饰配套原则，也曾肯定地说，上衣长下裳宜短小，下裳肥硕且长时，上衣则宜小。当时说起来也不存在什么疑问。但后来有学生为笔者设计制作了一身长裙裤配长上衣的套装，穿起来也别具风采。穿上它去做服装讲座，教学气氛和效果都不错。可是有一次去参加一个颇为严肃的会议，是否穿？笔者犹豫了，终于没有穿。这身衣服就着装艺术讲，效果不是很好吗？为什么有时竟不愿穿呢？

三、流行与个性化

时装流行与着装者追求个性化问题也常常使人困扰。时装流行与着装者追求个性化，不能简单地说存在着矛盾，或完全同一。

时装流行是人类服装文化流变中的必然产物和客观存在。它既像奔腾的大河一样，后浪推前浪，又像四时节气，朔望阴阳一样，富有韵律、节奏，带着浓郁的风趣与情调。假如没有这种表面上看好像循环往复、实际上却从不落在同一点上的时装流行，那么作为文化人类体（与自然人类体相对而言）中的着装者群，就会像死水一潭。即使有突然的闪光，也是星星点点，难以汇集成滚动的、饱含炽热情感的文化现象团，生的灵动、美的光环、新的朝露将从何谈起，从何而来？

着装者追求个性化是人类高度文明的标志。越是边远的闭塞的村寨中，越容易较长时间保持着稳定的民族服装。而相对来说，交流活跃、生产先进、气氛宽松，人的自我意识和自我形象表现欲较强的大都市，服装也就不容易停滞不前。同时，社会越发展，人们对着装个性化的要求也就会越强烈（图6-47、图6-48）。

问题是有些人每当赞赏现今着装从众现象已呈淡化的趋势，实际上就是在充分肯定人们追求个性化的同时，贬低或试图抵消时装流行的冲击力。有人甚至提出根本不要流行的主张，但这是不可能的，正如同风俗传承的稳固性与变异性并存一样。时装流行是一种文化现象，它根源于人类求新以及自我否定和自我超越的天然心理趋向，是文化人类一种自觉的吐故纳新。

追求个性化完全可以在流行的总趋势下进行，实际情况也是如此。我们有时容易将两者对立起来，从而产生文化观念上的混淆，主要是因为一些人曾经误认为从众就是一种绝佳境界，因而把时装认作一种具体款式或具体色彩，于是风行一时中不分谁何，不辨你我。黄裙子、红裙子人身一件，结果是时装掩盖了个性。但是，是不是改变了雷同的着装现象就可以根本甩掉时装流行呢？不可以，也不可能。我们在着装上的审美观念和选择意识必须受社会文化大背景的制约，而这一制约就不会只反映在一个人身上。时光不会倒转，我们偏要讲究完全脱离现代社会的"个性化"，留个小辫，穿个长袍马褂，正常吗？往好听处说，也只能说是求怪，说不好听的，就会令周围人对其心理健康状况产生怀疑了。

图6-47　不停歇的个性追求　　图6-48　时装永远充满新奇

追求个性化必然是在一定的社会意识下进行的。最直接表现出来的潮流又是时装，怎么能够将其对立起来呢？况且，时装也分大流行（如牛仔裤）、小流行（如裙裤），在选择上绿肥红瘦尽可任君自便。如何自便？这就需要懂得着装艺术之外，还有服装美学（图6-49、图6-50）。

图6-49　追寻并创造时尚　　图6-50　时尚饰品

着装艺术的着重点，在于讲求衣服、配饰等人体外的物质品的选择与配套。这是应当关注的。但更重要的，是服装物质品与人构成并产生了一种新形体——着装形象。着装艺术是着装形象的外部活动，服装美学是着装形象的内涵。

这种内涵，从人本体来说，主要包括民族心理（性格、审美）、风俗传承、思维定式、社会思潮、个人情趣等。从客观说，主要又包括宏观背景、中观环境、微观场合。着装形象就是借助着装艺术的外部活动与文化内涵的张力，活动在社会大舞台上的。鲜衣华服、珠光宝气有时显得俗气，粗衣布衫、小帽青衿有时与场合格格不入，原因就在于是否考虑到服装美学。

着装艺术的讲究，也许能形成自我感觉良好的极佳心境，但矛盾是各以其对方为前提而存在的，对服装的接受群（即着装形象受众）是不是也能产生良好的效应，那就还要看看着装形象的文化内涵如何了。

着装艺术与服装美学，这是服装审美教育中应该把握的关键问题。

第三节　服装审美批评的重要性

在这一小节中需要提起重视的，先是服装设计需要文化，尤其是服装设计需要了解和融入现代文化，也许这已成为当今中国服装界的头等大事。

一、服装设计的文化属性

如果我们今日仍以现代时装设计的规范去要求服装设计师的话，可能显得有些不合潮流。因为时装时代自查尔斯·沃思开创以来，已经经历了一个多世纪。这期间无数设计师潮起潮落，有的青史留名，有的已烟消云散。虽然有些经典人物和作品依然脍炙人口，但毕竟已属于上一个时代。当今的设计师已不可能仍与原来一个模样，他们显然不会满足于原有的风格。

20世纪70年代开始，西方社会步入后现代社会。尽管"后现代主义"一词有着很大的模糊性，但所谓后现代理论家伽达默尔、德里达、丹尼尔·贝尔以及哈贝尔斯、杰姆逊等阐述的属于意识形态方面的理论已经与前大不相同。这是一个消费的时代，因而需要考虑市场营销；这是一个"中心衰落"的时代，因而可以众说纷纭；这是一个趋于通俗的时代，因而不用再去正襟危坐。对于时装设计来说，以往的审美观念已无立足之地。以"否定"为主导的思潮，造就了"无规律合成"的带有游戏意味的时装设计（图6-51~图6-53）。

西方自20世纪70年代发展起来的这股反传统、反正规的时装设计潮流，恰值中国改革开放后得以进入这古老文明的国度。也就是说，70年代出生的所谓新生代自一来到这个世界上，就或多或少地受其熏陶，以致不自觉地沾染了这种后现代主义的风气。

但中西有所不同的是，西方20世纪60年代是科技取得突破的十年，微电子技术、遗传工程、航天技术和计算机技术取得重大进展。而中国的60年代中后期正处于意识形态革命阶段。这种状况一直持续到1978年12月18日党的十一届三中全会召开，从此才确定了改革开放的既定方针。我这样比较的意义，在于分析我们国家时装设计的产生和初期的发展状态。可以这样说，中国的现代服装设计本来就缺乏现代时装设计的理念基础和物质条件，又在似懂非懂之中受到后现代时装设计思想的冲击。我们必须承认，中国在历史上曾是衣冠王国，但在现代时装设计史上是落后于西方的，甚至应该说在20世纪80年代之前基本上是空白。改革开放后，时装设计才开始启动并迅速发展起来，这是可喜的。

进入20世纪80年代后期，后现代主义的风气（不是风格）在中国时装设计师身上逐步体现出来，这与信息技术的飞跃发展有着密切的关系。网络时代的现实使得中西方设计师和着装者在原本不同的基础上，同时打破常规，同时追求怪诞，同时寻求复归，又同时渴望环保（图6-54~图6-56）。

后现代主义设计思想的存在是客观现实，这一点是不以个人意志为转移的，而且也不能将这种"无中心、无规律、无权威"的后现代艺术语言贬得一无是处。需要引起中国设计师注意的是，我们不能盲目地、图省事地将西方后现代作品拿来充前卫，更不能原封不动地将其作为时髦服装来炫耀自己。应该看到，即便后现代时装设计对于美的认知已变得十分宽泛，那种伴随着"破坏性"而建立起来的美学主张已经为新一代中国着装者所接受，但不能忽视的是，我们应该努力从更多事物中

图6-51　内衣外穿成时尚

图6-52　新奇服装

图6-53　时装设计不拘一格

图6-54　寻回原生态　　　　图6-55　宁静于今更为珍贵　　　图6-56　狂放又环保的服装
　　　　　　　　　　　　　　　　　　　　　　　　　　　　　　　　　　设计

去汲取营养。那些被列为前卫的时装设计大师，虽然被推崇为敢于打破一切传统，可是他们无一不在学习和实践中获得灵感。

　　法国时装设计师克里斯汀·拉克鲁瓦（Christian Lacroix）经常埋头于祖母收藏的19世纪以来的大量时装杂志以此而获取启发，后又进入蒙塔佩利尔大学攻读古希腊、拉丁文学及文艺史。1971年起赴巴黎在卢浮宫学校攻读艺术史。维维安·维斯特伍德（Vivienne Westwood）曾在回忆时说，当我们终结朋克运动时，我们开始关注其他文化……英国时装设计师胡赛因·查拉扬（Hussein Chalayan）自己曾说："我是从不同的文化中来看待人体的角色，例如科学、建筑以及自然等，再将这些运用到服装中。"我们再寻找有着类似活力的其他文化，可以这样说，无论是传统还是反传统的设计大师，他们创作之所以获得成功，无一不是通过学习和艰苦思考而得到的。中国的设计师要想在创作中有所突破，必须下大功夫学习，这样才有望发展，有望成功。即便是后现代时装设计，依然需要真正的文化元素，而不是轻松地"搬来"。

二、时装设计的审美批评

　　首先说明，这里要谈的是真正的审美批评。

　　从概念上说，时装是前沿的服装，具有明显的"一过性"。时装的流行，可以由个人穿着或由于某一次事件偶发而形成，这属于社会性。尽管有瀑布式（自上而下）、泉水式（自下而上）、浸润式（由中心向四周，由一线向两侧）等区别，但基本上属于群体行为。另一种时装是服装设计师有意推出的，它可能会引起轰动，继而领导服装新潮流，也可能未激起波澜就悄悄地消失了，这一种属于个人行为。无论群体行为还是个人行为，既然成为时装，就是文化的产物。既然能够流行，它必然是顺应了历史的潮流，说明为社会所接受。但是，我们不得不正视的是，流行的时装未必全是好的、优秀的和健康的。这就需要有人出来加以评论，提出看法，以便着装者明辨是非，从而明确自己的观念。如何使广大着装者认识时装，这里必须有专业审美批评，重启发而兼指导，最重要的是给人们以服装知识。尤其是时装设计推出之后，应该有人对此进行客观的评论。所谓客观，应是不讲私情的，不收红包的，只对作品不对人的，是本着对社会、对文化、对艺术，甚至对国家、对民族负责任的原则，认真分析流行的基础与趋势，哪些有进步意义，哪些时装或者时装的哪一部分是好的，而哪里尚觉欠缺，或是应该摒弃。对某一设计师（也可以是某一设计流派）的作品有建设性的意见，提出个人的一些看法，这不等于干涉设计者，而是对设计师有所帮助的。

抛开具体的时装，我们看一下总体上的艺术。艺术创作队伍中有一些人是专门从事审美研究的，从纵横不同的角度去对艺术思潮、艺术表现方法或是某一艺术作品进行美学理论分析，其中当然包括批评。批评当然也是善意的，是有利于艺术发展的。这种艺术批评，在世纪之交却出现了另一种倾向，即"你好我好大家好"。在新闻媒体上，人们看到一味胡吹乱捧的所谓审美批评的文章，这就是大家所熟悉的"炒作"。改革开放40年后的今天，大家对艺术创作和审美批评上的"假冒伪劣"已经深恶痛绝，于是有了对真正审美批评的呼唤，这意味着客观评论的回归。从目前情况来看，由于网络涉及的网民众多，人们对一些文学艺术界的大人物，还有影视界的大腕明星开始敢于批评，而不仅仅是吹捧，即敢于提出质疑，指出他们的不足，这至少说明了一些"真实"。因为每一个人、每一件作品都不会是十全十美的。分析出创作者和作品的优良与不足，才利于作者本人和艺术水平的总体提高。这种新气象（也是正常的评论现象）正在艺术评论中显现出来，我们为之欢呼。

回到时装流行和时装设计上，现在媒体上大都设有相关栏目，对时装的介绍和评述却相当多，几乎充斥了所有包含服饰内容的报刊。"今天流行酷""如何打扮更漂亮"等文章铺天盖地，可惜好文章不多。能够达到研究水平，或说真正有学识的文章不多。大多数文章抄来抄去，改头换面，露露名字，赚上稿费。再加上一稿多投，读者看腻了，也就对此不再感兴趣，这是时装相关审美批评的悲哀。业内人士对此虽认为不屑一顾，却也无可奈何。

关于时装流行的话题有时敢于说点"狠"话，还不至于得罪什么人。但是对国内设计师作品的批评，显然要严峻得多，说不好会引起设计师不高兴。时装是有生命力的，设计师就是将美奉献给社会。有时装流行，才说明人类文化并不闭塞凝滞。为了使时装健康地流行，为了使中国服装设计走向世界，当然需要理论研究，特别是离不了"诤友"——时装审美批评。

对于这一问题，亟须引起业内人士的重视并达成共识。时装审美批评的重要性已为大家所认可，只是接近21世纪第三个10年时，时装设计师已风采大减。别说

是中国时装设计师尚未登上世界时装之都的舞台，即使国际著名的时装设计大师也很难再寻回一场时装秀便引来全球流行的盛景了。世界太多元了，多元得一切都转瞬即逝（图6-57、图6-58）。因此说，还有人搞时装设计，还有人搞时装审美批评，只是社会关注度大不如以前了。

图6-57　饰品的艺术性　　　图6-58　时装：永远有生命

第四节　服装研究的关键在学术高度

要探讨服装研究的美学意义，应该是这本《服装美学》的根本性问题。作为任何一种事物的研究，都是促其发展并提升水平的关键。

众所周知，研究服装不能就服装谈服装，因为服装在社会生活中不是孤立存在的。早在公元前8世纪至公元前5世纪，即中国的春秋时期，就有传为左丘明撰写的《左传》。《左传·桓公二年》中阐述美学观点时，就引用了当时的多种礼服，并以"昭其度也""昭其数也""昭其文也"和"昭其物也"来分类，进而表述治国理论。古希腊、古罗马的哲学家亚里士多德、苏格拉底、柏拉图等在其著述和演讲中，也多处涉及服装美学。这些研究无疑给当今的服装美学教研奠定了坚实的基础。

一、20世纪之前的服装研究

中国先秦诸子百家竞相争鸣时，许多言论涉及服装美学，如孔子说"质胜文则野，文胜质则史，文质彬彬，然后君子。"强调的是内容与形式的统一。用在服装上，即是孔子认为一个人有修养是"质"，懂得着装礼仪是"文"，对于君子来讲，这二者缺一不可。在《论语·颜渊》中曾写道，棘子成认为君子只要具备品德修养就可以了，何必要注重着装礼仪呢？结果遭到孔子弟子的驳斥。《论语·雍也》中说，孔子带着弟子去访问子桑伯子。子桑伯子既不戴冠，也不穿会客的衣服。孔子弟子问：夫子为什么要来见这样一个人呢？孔子说：这个人质美而无文，我要说服他，让他文起来。孔子走了以后，子桑伯子的门人问：先生为何要见孔子？子桑伯子说：这个人质美而文繁，我要说服他，使他去掉文。很显然，孔子在服装美学上强调的观点，正是儒家的"中庸之道"，围绕的则是"礼"字。

墨家学派创始人墨翟在《墨子佚文》中留下了他对服装美学的见解。他说："食必常饱，然后求美；衣必常暖，然后求丽；居必常安，然后求乐。"意思是先要考虑服装等物质的实用功能，然后再寻求审美与艺术活动上的满足。道家学派的创始人老聃，在《道德经》中说："甘其食，美其服，安其居，乐其俗。"意为以其服为美，不必再去创新。

中国的楚辞、汉赋、唐诗、宋词、明清小说中有大量关于服装美学的观点，这些鲜明的观点通过文学的描述和渲染，显得更加灵活生动，这是一笔难得的文化遗产。

相对于中国来说，西方人在时装美学的评论上起始较早，起步也很快。1836年创刊到1881年停刊的法国《优雅巴黎》时装半月刊，到1909年又以同名改为月刊出版。美国纽约在19世纪70年代出版了《描绘者》（原名《百老汇妇女时装》季刊）；另外还有一些同类期刊在19世纪末酝酿并于20世纪呈现出耀眼的光彩。

二、20世纪以来的时装研究

在西方，20世纪30年代有多位人类学家前往仍处于原始社会中的部落去考察探索，试图揭开人类童年时期的社会、宗教和艺术创作意识，这其中必然包含对于服装的描述，等于为服装美学研究提供了第一手难得的实景资料。

美国华盛顿大学布兰奇·佩尼教授，走遍世界著名博物馆，亲临许多地区，甚至是未开化地区，去进行人文探索并写出《世界服装史》。美国瑞·塔纳·威尔阔克斯著《服饰的历史——从古代东方到现代》、奥地利赫尔曼·施赖贝尔的《羞耻心的文化史》、美国玛格丽特·米德的《萨摩亚人的成年》《三个原始部落的性别与气质》、罗伯特·路威的《文明与野蛮》等，都在服装美学研究上具有价值无限的功劳。

宣传和评述时装的杂志有1912~1914年的法国《摩登妇女》杂志、1920~1922年的《当代时装》、1929~1939年的《无尚时髦》等，杂志图文并茂，刊登有关时装、社会名流和艺术修养的文章，以服装为主线，大大提高了人们对艺术、哲学、美学和文学的欣赏水平。

在中国，自20世纪80年代初重新打开了通向世界的大门，服装作为最显而易见的文化现象和重要的文化交流载体，开始引起学者们的关注。短短几年，随着国家教育部在高校设立服装设计专业的春风，先后出现了《中国古代服饰研究》《中国历代服饰》《中国古代服饰史》《中国历代妇女妆饰》等著作。同时，对西欧及日本的服装著作也有集中的翻译作品推出。

我是1983年设立服装设计专业后第一批服装史论教师之一。1989年出版《中国服装史》，经1999年、2007年、2018年三次修订本，至2020年共32年间已印刷38次，成为全国相关专业师生乐于选用的教材。学术著作则有百万言《人类服饰文化学》（1995年出版）、《服饰与中国文化》（2001年出版）、《中国历代〈舆服志〉研究》（2015年出版）和《东方服饰研究》（2018年出版），2019年出版的还有百万言的《人类服饰文化学拓展研究》……我的著作中无疑会涉及服装美学，更有这本名为《服装美学》的教材已是第3版（图6-59、图6-60）。

图6-59　华梅等著《东方服饰研究》

图6-60　华梅等著《人类服饰文化学拓展研究》上、中、下三册

　　随着网络的普及，实际上以各种新形式出现的服装美学研究已经如满天繁星，融媒体更使这些星星闪闪发亮。如今，服装研究空前广泛地深入到社会民众之中，展望未来，服装研究会愈加丰富并取得可喜成果，尤其是高水准的研究，会使服装美学本身乃至大文化的空间与时间更为广阔！

延展阅读：服装与社会语言

　　1. 服装外观与服装行为歇后语

草帽烂了边——顶好

长袍马褂瓜皮帽——老一套

穿袜子没底——装面子

麻布袋子绣龙袍——不是那号料

穿冬衣摇夏扇——不知冷热

穿草鞋戴礼帽——不伦不类

三伏天穿皮袄——不是时候

戴草帽亲嘴——够不着（差一截子）

戴草帽打伞——多此一举

西瓜皮钉鞋掌——不是那块料

2. 服装应用与服装行为歇后语

背心改短裤——降了一级

背心改乳罩——看起来很重要

草帽当锣打——想（响）不起来

穿高跟鞋跑步——想快也快不了

戴木头眼镜——看不透

老虎戴素珠——假充善人

鞋底抹油——溜了

大脚穿小鞋——钱（前）紧

光屁股系围裙——顾前不顾后

无下装坐轿——出来就露馅

3. 西方服装外观谚语

衣装不能成就个人

美玉无须粉饰

讲究的衣着并不能使人成为绅士

戴白帽操菜刀的并不都是厨师

圣衣并不能使肮脏的灵魂干净

最好看的鞋也许会夹脚

美丽的衣服并不能充饥

善良的心肠要比贵族的华冠可贵

刺猬一经打扮，也会像个爵爷

戴绿色眼镜，世界就是绿的

4. 西方服装行为谚语

把床单磨破，不如鞋穿破

借来的大氅不暖身

戴手套的猫捉不到老鼠

老母羊学羊羔的打扮

天晴也不要忘了雨衣

缝缝补补不伤体面，破破烂烂招人讨厌

量布裁衣，量入为出

穿好了靴子并不算准备好了

以时装自炫者，裁缝匠之玩物

想长袍就能穿上长袍，想麻袋就能背起麻袋

5. 世界名人明理名言中的服装

一个问心无愧的人，赛如穿着护胸甲，是绝对安全的，他理直气壮，好比是披着三重盔甲。

——莎士比亚《亨利六世》（中篇）

衣服和风度并不能造就一个人，但对一个已经造就的人，它们可以大大增进他的仪表。

——比彻《出自普利茅斯布道坛的箴言》

当真理穿戴得过分时，她就会显得俗气。

——泰戈尔《春季的循环》序

一件衣服没有穿旧，流行的式样已经变了两三遍。

——莎士比亚《无事生非》

当前的时尚总是美观的。

——富勒《至理名言》

时尚始于独特，终于粗俗，而二者皆时尚之大忌。

——哈慈里特《时尚》

女人有幸福才有诗意，正如穿戴整齐才显得漂亮。

——巴尔扎克《人间喜剧》

没有任何脂粉可以挽救容颜凋残。

——罗曼·罗兰

即使品德穿着褴褛的衣裳，也应该受到尊敬。

——席勒《席勒诗抄》

一个面具套不下所有人的脸。

——高尔基《旧事》

6. 世界名人励志名言中的服装

外貌只能夸耀一时，真美方能百世不殒。

——歌德《浮士德》

必要的时候不妨把衣服穿得马虎一点，可是心灵必须保持整洁才行。

——马克·吐温《赤道环行记》

美德虽身着褴褛，却能使我温暖。

——德莱登《仿贺拉斯》

幸福是最美的最佳化妆品。

——薄伽丘《十日谈》

被人揭下面具是一种失败，自己揭下面具却是一种胜利。

——雨果《海上劳工》

正像太阳会从乌云中探出头来一样，布衣粗服可以格外显出一个人的正直。

——莎士比亚《驯悍记》

外表的文明要同内心的文明一致，外表的整洁和文雅应当是内心纯洁和美丽的表现。

——别林斯基

美德好比宝石，它在朴素背景的衬托下反而更华丽。同样，一个打扮并不华贵，却端庄严肃而有美德的人，是令人肃然起敬的。

——培根

7. 世界名人警示名言中的服装

尽你的财力购置贵重衣服，可是不要炫新立异，必须富丽而不浮艳，因为服饰往往可以表现人格。

——莎士比亚《哈姆雷特》

一切时髦的东西，总会变成不时髦的，如果你一辈子追求时髦，一直追求到老，你就会变成一个受任何人轻视的花花公子。

——舒曼《舒曼论音乐与音乐家》

时尚使人们陷入许多愚行，其中最严重的是使我们成为它的奴隶。

——拿破仑《格言集》

恶行知道自己的丑陋，因此它会戴上面具。

——富兰克林《格言历史》

及时缝一针，省却将来缝九针。

——富勒《至理名言》

礼貌举止好比人穿衣——既不太宽也不太窄，宽裕而不失大体，如此行动才能自如。

——培根《人生论·话礼貌》

爱之无愧的桂冠，可以作为装饰品，而不恰当的桂冠则只会压迫人。

——吕克特《旧行诗》

不应只修饰外表，应该懂得美存在于行为，即存在于每天的生活中。

——台利斯《片段》

课后练习题

1. 怎样理解全球服装文化圈？

2. 你读过的书中有哪些关乎服装美学的章节给你留下印象？

3. 你觉得服装研究应该从哪几方面着手？

参考文献

[1] 爱德华·麦克诺尔·伯恩斯,菲利普·李·拉尔夫.世界文明史 [M].罗经国,赵树濂,邹一民,朱传贤,译.北京:商务印书馆,1987.

[2] 李纯武,寿纪瑜.简明世界通史 [M].北京:人民教育出版社,1981.

[3] 陈兆复.中国岩画发现史 [M].上海:上海人民出版社,1991.

[4] 沈福伟.中西文化交流史 [M].上海:上海人民出版社,1985.

[5] 朱谦之.中国哲学对于欧洲的影响 [M].福州:福建人民出版社,1985.

[6] 罗塞娃.古代西亚埃及美术 [M].严摩罕,译.北京:人民美术出版社,1985.

[7] 尼·伊·阿拉姆.中东艺术史 [M].朱威烈,郭黎,译.上海:上海人民美术出版社,1985.

[8] 翦伯赞.中外历史年表 [M].北京:中华书局,1961.

[9] 杨建新,卢苇.丝绸之路 [M].兰州:甘肃人民出版社,1988.

[10] 成一,昌春.丝绸之路漫记 [M].北京:新华出版社,1981.

[11] 华梅.人类服饰文化学 [M].天津:天津人民出版社,1995.

[12] 华梅.中国服装史 [M].北京:中国纺织出版社,2018.

[13] 华梅.服饰与中国文化 [M].北京:人民出版社,2001.

[14] 华梅,等.东方服饰研究 [M].北京:商务印书馆,2018.

[15] 沈从文.中国古代服饰研究 [M].香港:商务印书馆香港分馆,1981.

[16] 周锡保.中国古代服饰史 [M].北京:中国戏剧出版社,1984.

[17] 上海市戏曲学校中国服装史研究组.中国历代服饰 [M].上海:学林出版社,1984.

[18] 周汛,高春明.中国历代妇女妆饰 [M].上海:学林出版社,1988.

[19] 布兰奇·佩尼.世界服装史 [M].徐伟儒,译.沈阳:辽宁科技出版社,1987.

[20] 乔治娜·奥哈拉.世界时装百科辞典 [M].任国平,李晓燕,译.沈阳:春风文艺出版社,1991.

[21] 日本文化服装学院文化女子大学.文化服装讲座 [M].李德滋,译.北京:中国展望出版社,1983.

[22] 王鹤,王家斌.中国雕塑史 [M].天津:天津大学出版社,2020.

[23] 王鹤.流失的国宝 [M].天津:百花文艺出版社,2009.

[24] 王鹤.服饰与战争 [M].北京:中国时代经济出版社,2010.

[25] 华梅,等.中国历代《舆服志》研究 [M].北京:商务印书馆,2015.

[26] 华梅.中国服饰 [M].北京:五洲传播出版社,2018.

[27] 华梅.新中国 60 年服饰路 [M].北京:中国时代经济出版社,2009.

[28] 张少侠. 欧洲工艺美术史纲 [M]. 西安:陕西人民美术出版社,1986.

[29] 张少侠. 非洲和美洲工艺美术 [M]. 西安:陕西人民美术出版社,1987.

[30] 华梅,等. 人类服饰文化学拓展研究 [M]. 北京:人民日报出版社,2019.

[31] 王鹤,华梅. 科研高度决定学科视野 [M]. 北京:人民出版社,2018.

[32] 华梅,王鹤. 古韵意大利 [M]. 北京:中国时代经济出版社,2008.

[33] 社会学概论编写组. 社会学概论 [M]. 天津:天津人民出版社,1984.

[34] 童恩正. 文化人类学 [M]. 上海:上海人民出版社,1989.

[35] 沙莲香. 传播学 [M]. 北京:中国人民大学出版社,1990.

[36] 玛格丽特·米德. 萨摩亚人的成年 [M]. 周晓红,李姚军,译. 杭州:浙江人民出版社,1988.

[37] 玛格丽特·米德. 三个原始部落的性别与气质 [M]. 宋践,译. 杭州:浙江人民出版社,1988.

[38] 吕思勉. 中国民族史 [M]. 北京:中国大百科全书出版社,1987.

[39] 吴淑生,田自秉. 中国染织史 [M]. 上海:上海人民出版社,1986.

[40] 黄集伟. 审美社会学 [M]. 北京:人民出版社,1991.

[41] 菲利普·巴格比. 文化:历史的投影 [M]. 夏克,李天刚,陈江岚,译. 上海:上海人民出版社,1987.

[42] 宋兆麟. 巫与民间信仰 [M]. 北京:中国华侨出版公司,1990.

[43] 乌丙安. 神秘的萨满世界 [M]. 上海:三联书店上海分店,1989.

[44] 罗伯特·路威. 文明与野蛮 [M]. 吕叔湘,译. 北京:三联书店,1984.

[45] 约瑟夫·布雷多克. 婚床 [M]. 王秋海,译. 北京:三联书店,1986.

[46] 莱斯特·A. 怀特. 文化科学——人和文明的研究 [M]. 曹锦清,译. 杭州:浙江人民出版社,1988.

[47] 祖父江孝男,米山俊直,野口武德. 文化人类学百科辞典 [M]. 山东大学日本研究中心,译. 青岛:青岛出版社,1989.

[48] 任继愈. 宗教辞典 [M]. 上海:上海辞书出版社,1983.

[49] 谢选骏. 神话与民族精神 [M]. 济南:山东文艺出版社,1986.

[50] L. M. 霍普夫. 世界宗教 [M]. 张世钢,王世钧,秦平,等,译. 北京:知识出版社,1991.

[51] 吉林师范大学地理系等. 世界自然地理 [M]. 北京:人民教育出版社,1980.

[52] 威廉·A. 哈维兰. 当代人类学 [M]. 王铭铭,译. 上海:上海人民出版社,1987.

[53] 伊丽莎白·赫洛克. 服饰心理学 [M]. 北京:中国人民大学出版社,1990.

[54] 赫尔曼·施赖贝尔. 羞耻心的文化史 [M]. 辛进,译. 北京:三联书店,1988.

[55] 伊丽莎白·波斯特. 西方礼仪集萃 [M]. 齐宗华,靳翠微,译. 北京:三联书店,1991.

[56] 西塞罗·唐纳,简·鲁克·克拉蒂奥. 西方禁忌大观 [M]. 方永德,宋光丽,编译. 上海:上海人民出版社,1992.

[57] 大汕. 海外纪事 [M]. 北京：中华书局,1987.

[58] 丹纳. 艺术哲学 [M]. 傅雷,译. 北京：人民文学出版社,1981.

[59] 黑格尔. 美学 [M]. 朱光潜,译. 北京：商务印书馆,1982.

[60] 悉尼·乔拉德,特德·兰兹曼. 健康人格 [M]. 刘劲,译. 北京：华夏出版社,1996.

[61] 湖北省美学学会. 中西美学艺术比较 [M]. 武汉：湖北人民出版社,1986.

[62] L. 比尼恩. 亚洲艺术中人的精神 [M]. 孙乃修,译. 沈阳：辽宁人民出版社,1988.

[63] 华梅,王鹤. 冷峻德意志 [M]. 北京：中国时代经济出版社,2008.

[64] 华梅,王鹤. 玫瑰法兰西 [M]. 北京：中国时代经济出版社,2008.

[65] 竹内淳子. 西服的穿着和搭配方法 [M]. 光存,松子,广田,译. 长春：吉林文史出版社,1985.

[66] 曲渊. 世界服饰艺术大观 [M]. 北京：中国文联出版公司,1989.

[67] 高洪兴,徐锦钧,张强. 妇女风俗考 [M]. 上海：上海文艺出版社,1991.

[68] 徐珂. 清稗类钞 [M]. 北京：中华书局,1984.

[69] 段成式. 酉阳杂俎 [M]. 北京：中华书局,1981.

[70] 沈德潜. 古诗源 [M]. 北京：中华书局,1978.

[71] 葛洪. 抱朴子 [M]. 上海：上海古籍出版社,1990.

[72] 王圻,王思义. 三才图会 [M]. 上海：上海古籍出版社,1990.

[73] 李昉等. 太平御览 [M]. 北京：中华书局,1960.

[74] 莱斯特·A. 怀特. 文化科学——人和文明的研究 [M]. 曹锦清,译. 杭州：浙江人民出版社,1988.

[75] 吴同宾,周亚勋. 京剧知识辞典 [M]. 天津：天津人民出版社,1990.

[76] 礼记 [M]. 陈澔,注. 上海：上海古籍出版社,1987.

[77] 宗懔. 荆楚岁时记 [M]. 姜彦稚辑校. 长沙：岳麓书社,1986.

[78] 孟元老. 东京梦华录 [M]. 上海：古典文学出版社,1958.

[79] 吴自牧. 梦粱录 [M]. 杭州：浙江人民出版社,1980.

[80] 许平. 馈赠礼俗 [M]. 北京：中国华侨出版公司,1990.

[81] 全唐诗 [M]. 北京：中华书局,1990.

[82] 中村古郎. 建筑造型基础 [M]. 雷宝乾,译. 北京：中国建筑工业出版社,1992.

[83] 刘一品,华梅. 中国工艺美术史 [M]. 天津：天津大学出版社,2020.

[84] 王朝闻. 美学概论 [M]. 北京：人民出版社,1981.

[85] 刘义庆. 世说新语 [M]. 上海：上海古籍出版社,1982.

[86] 冯春回. 文心雕龙释义 [M]. 济南：山东教育出版社,1986.

[87] 庄子 [M]. 天津：天津市古籍书店,1987.

[88] 徐坚,等. 初学记 [M]· 北京：中华书局,1962.

后 记

这部《服装美学》已是第三版。第一版于2003年推出，第二版是2008年出版，算起来至今又相隔12年，待正式出版时恐怕已到2021年了。

我写的《服装美学》，从一开始就本着隶属于服饰文化学的范畴，并不是美学的分类学科。也就是说，没有遵循美学的基本框架去完成。我觉得，服装具有自己的特征，服装的存在价值以至参与到社会中的身份属性，都不同于其他的人类创作物，它兼有艺术性，是人将其创作出来，然后与人一起构成服饰形象，再进入社会生活之中，已经具有人文、宗教、民族、民俗、社会乃至生理、心理诸门学科的相关属性了。如果再加入现代生活的科技手段、智能意识和虚拟理念，服装更是一个同时体现全人类文化，涵盖现代与传统的多重混合物质了，而这个物质穿戴在人的身上，它就有了灵魂，有了标识和象征，服装所包含和显现的太多太多。

正因如此，服装美学无法等同于其他部门美学。它这种升天入地、纵贯古今、包罗万象的美是很难用一本书去论述的。所以，我只能采用概括的形式，尽可能地展开又收住，需要论述的也不过是点到为止。考虑到教材面对的00后大学生，我适当地多选用图片资料。这样，既可以满足读图时代的学习者需求，同时也可以丰富页面，使教材捧在手中读起来轻松，感觉到兴趣，毕竟学习应该愉悦嘛！更何况服装美学本来就是美的，服装工艺美术加上美学之高深哲理，读起来如行云流水，思考起来又颇有分量，以致不知不觉之中，轻舟已过万重山，学习者豁然开朗又神清气爽，这就是我写服装美学的宗旨。

这一次修订，起手于2019年8月6日，文稿完成时已是12月。开始配图不久便临近春节，而大年除夕就是"新冠"疫情袭来。正因疫情期间教师都不去学校，我的关门弟子、青岛理工大学琴岛学院教师段宗秀终于得以静下心来，帮我找了许多幅图。宗秀帮我找图是严格按照正文需求顺序寻找的，因而我排起图来非常顺手。2020年2月8日，《服装概论（第2版）》草排电子版发来，这是我要求编辑在二校样前先发来的。因为第一版时百余幅图，显然与这套服装史论书修订版的图数不符，因此我下大力量在贾滩和段宗秀的帮助下又增补了近300幅。之后，我又用一个月的时间协助天津师范大学美术与设计学院讲师刘一品完成《民间美术鉴赏》……

今年6月11日，我终于全心全意配这本书的附图了。在段宗秀找来的近200幅时装图的基础上，刘一品又帮我找中外古代和民族服饰图扫描、打印。她提供了许多新的资料和新的研究方法，特别是"延展阅读"部分的军服故事和图片等，显然是增加了许多青春的气氛。在附图整体增补和替换的构思上，中外古代图合适的可以保留，但十余年前的时装图却不能再上书了。原因很简单，古代的没有过时之说，可是十几年前的时装如今看起来太落伍了，如果不替换下来，就直接会影响教材的时代感。

从开始修订这部书，至今整整一年了。我的研究生，已在天津师范大学工作的巴增胜早就和段宗秀分别为这本书的"延展阅读"进行文学打印和整理了。加进一些正文之外的小故事或相关成语，也算是又为读者们提供些阅读时的兴趣吧？需要感谢的还有贾潍为本书制作课件。这套服装史论教材的前四本课件，都是贾潍修改和重做的。他身为美术与设计学院实验室主任，业余时间付出了额外的心血，以保证质量和交稿时间。每一本书都集中了很多人的心思和智慧，我们的想法很单纯，只希望在高校相关专业教学中起到一定的积极作用。

服装美学是一个大课题，它还可以分出无数小课题，期待着年轻学子们去探讨去挖掘，以共同构建服装美学的大厦！

华梅

2020年7月18日于天津